Azure DevOps 顧問實戰

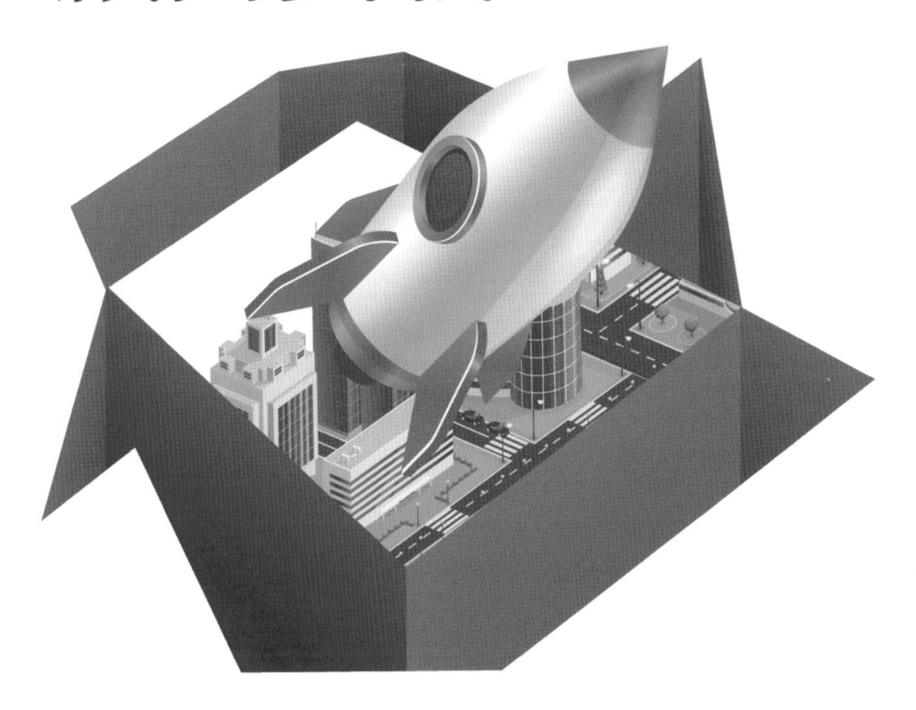

導入 DevOps 不踩坑

從敏捷開發、容器化、CI/CD 及 DevOps，軟體工程的技術及工具不斷演進，但終極目標仍是如何更快、更有彈性的因應市場及需求的變化，但又能確保程式碼品質並提高開發人員效率。在 Azure DevOps 平台中提供了友善及完整的功能，從敏捷開發及看板工具、Git 版控、CI/CD 自動化建置及佈署、整合程式碼品質分析工具等，支援了整個軟體開發生命週期。

David 老師為微軟最有價值專家（MVP）及 LINE API Expert（LAE），擁有多年的教學及軟體開發實務經驗，除了在第一線擔任企業及軟體團隊之技術顧問，協助企業導入敏捷開發與 DevOps，也持續在 Build School 軟體人才培訓學校擔任 Azure DevOps 講師，在工作之餘還投入時間在技術書籍的寫作及軟體人才的培育上，持續將其專業知識及技能分享給軟體工程業界，讓人不得不佩服 David 老師的毅力及樂於分享的熱情。

DevOps 涵蓋了整個軟體開發的生命週期，從觀念與思維的改變，再加上工具及技術推陳出新，常會面對太多的資訊而不知如何開始並學習上手，又擔心在導入的過程中踩到坑浪費了寶貴的時間；現在 David 將這些實務經驗整理成書籍，將導入過程中所需的知識及技能系統性的拆解，從觀念講解與建立到實作，逐步帶領讀者上手 Azure DevOps，並分享第一手的軟體開發實務經驗，除了適合軟體工程領域者學習外，也能幫助產品及專案經理更了解 DevOps 的全貌，也讓開發及維運人員體會到 DevOps 觀念思維帶來的好處，以及工具帶來的自動化及團隊效率的提昇。

吳典璋（Dann Wu）

Build School 創辦人暨執行長

曾任職 Microsoft 台灣微軟開發工具產品行銷經理

讓團隊協同合作更有效率

DevOps 在台灣已然成為一門顯學。近年來，無論在軟體業、科技業或是傳統產業，都逐漸開始檢視自家的開發與維運流程。也聽到許多企業將 DevOps 導入做為新的軟體開發文化與變革。我們常說 DevOps 是包含文化、流程、與工具的變革，完善的工具能加速 DevOps 在工程面的執行動能。畢竟，透過工具可以讓 DevOps 流程效率提升，減少團隊不必要人工浪費，讓團隊協同合作更有效率。

市場上的 DevOps 工具很多，對於企業在審視 DevOps 工具的策略中，首先必須要確保在不同屬性的成員，使用的工具是可以被互相整合。再者，從企業 IT 資源配置來看，若能把花費在 DevOps 工具的維運和不同工具整合的人力與時間，放在創造企業商業價值與創新，對於企業來說才是更有助益。

因此，在這本書中充分說明企業可以如何運用 Azure DevOps 的服務，幫助我們執行持續整合（CI）與持續佈署（CD）進行自動化，也可以透過 Artifacts，建立屬於企業內部的 NuGet 平台。透過 David 精闢的介紹，讓企業只需要使用一套系統，就可以完成所有在 DevOps 需要的自動化資訊工程。同時也可以透過 Azure DevOps 的看板管理，管理團隊專案並用敏捷開發方式，衝刺每一項需求，提升整體團隊動能。

郭家齊

金士頓科技資深 IT 經理

微軟技術社群區域總監 / 微軟最有價值專家（MVP）

這本書，是我最近幾年在客戶端進行微軟 Azure DevOps 教育訓練與顧問服務時，一直想整理出來的內容。

「DevOps」這個主題說難不難，說容易卻也未必。由於近代軟體工具的成熟，如今要在幾分鐘內建立出一條可靠穩定、且可重複使用的自動化 CI/CD Pipeline 似乎已非難事。敏捷與 DevOps 所期待實現的持續整合、頻繁交付，在 2022 年的今天，儼然已經是生活中的常態。而反觀需求面，坊間各大網站、應用服務的更新頻率與需求，比起過去，如今已是十倍數以上的躍昇。當你上網購票的時候、用手機訂餐的時候、登記疫苗的時候、搶購商品的時候...線上網站一但有任何問題，用戶的期待是「立刻」修復，完全容不得一絲一毫額外的等候時間。

另外別忘了，你網站還得要維持日常的持續更新呢！

在這個時代，新需求已經沒有停下來的那一天。不管你的系統上線多久、只要還活著，總是隨時有新的需求出現，這些需求，必須在用戶提出後最短的時間內交付。而你覺得，客戶所期待的最短是多短？一年？一個月？一週？還是一天？

如今，一個軟體產品，必須要能夠在持續頻繁更新的狀況下，同時維持高穩定、高品質、和高可用性，這才是真實世界中 DevOps 所面對的要求。我們被期待，系統必須在極短的時間內，同時完成新功能的上線、又能確保安全性沒有被妥協、確保各種測試已經足夠完善、確保系統的效能足以負荷...，這些，對於開發或維運人員來說，已經是很大的挑戰，而我們還沒提到最原始的需求管理，以及程式碼開發的流程呢。

而這一切，你都可以在 Azure DevOps 當中找到答案。

在這本書中，我們把過去幾年在客戶端的導入與實作經驗，做了一些整理，去蕪存菁，濃縮出這一本書，希望能為讓眾多預計要使用 Azure DevOps 來實施 DevOps 或 CI/CD Pipeline 的技術人員，有更多更完整的資訊可以參考。

Hope It Helps.

董大偉
2022

1 Azure DevOps 實戰

1-1 Azure DevOps 一日實戰 1-2
1-1-1 今晚，你想要來點… 1-2
1-2 你的預備動作 1-2
1-2-1 你需要的各種帳號與軟體 1-3
1-3 正式進入敏捷與 Azure DevOps 的世界 1-4
1-3-1 申請免費的 Azure DevOps 服務 1-5
1-3-2 Azure DevOps 環境介紹 1-7
1-3-3 關於組織與專案 1-8
1-3-4 建立第一個 Azure DevOps 專案 1-10
1-3-5 嘗試將程式碼匯入 Repository 1-11
1-3-6 建立自動化 CI Build 1-14
1-3-7 淺談 CI Build 1-19
1-3-8 問題排除 – No hosted parallelism… 1-20
1-3-9 問題排除 – test fail 1-22
1-4 從版控開始 1-25
1-4-1 版控是一切的基礎 1-25
1-4-2 從程式碼異動觸發 CI Build 1-26
1-4-3 在 Pipeline 中運行單元測試 1-27
1-4-4 修改程式碼，觸發自動化 CI Build 1-29
1-5 實現自動部署 1-31
1-5-1 申請 Azure Portal 1-31
1-5-2 建立 Web App 1-33
1-5-3 實現自動化部署 1-38
1-6 再回頭談談 DevOps 1-42
1-6-1 我們剛才做了些什麼？ 1-42
1-6-2 CI/CD 的目的究竟是什麼？ 1-44
1-6-3 沒有持續整合，就沒有頻繁交付 1-46

1-6-4 沒找到真正的需求，就沒有有價值的成果 1-46
1-7 你怎麼管理需求的？ 1-47
1-7-1 還在 Word？Excel？該用看板（Kanban）了… 1-48
1-7-2 敏捷開發帶來的影響 1-49
1-7-3 建立第一個 Backlogs 1-50
1-7-4 Backlog Refindment 1-54
1-7-5 從 Backlogs 展開 tasks 1-54
1-7-6 迭代、看板、與工作項的生命週期 1-56
1-7-7 未完 1-57
1-8 小結 1-57
1-8-1 Hands-on Labs 1 1-58

2 持續整合的基礎 – 版控

2-1 一切都是為了頻繁交付 2-2
2-1-1 沒有持續整合，就沒有頻繁交付 2-2
2-1-2 團隊合作模式，決定了整合將多頻繁 2-3
2-2 認識 Azure Repos 2-4
2-2-1 在 Team Project 中建立 Repos 2-5
2-2-2 從 Visual Studio 連上 Azure Repo 2-9
2-2-3 從 VS Code 連上 Azure Repo 2-17
2-2-4 從命令列 Clone 與使用 Azure Repo 2-25
2-3 關於分支（Branch） 2-27
2-3-1 為何要建立 Branch？ 2-27
2-3-2 建立 feature branch 2-28
2-3-3 從 backlogs/bugs 上建立分支 2-28
2-3-4 被 Branch 關聯的 Work Items 2-30
2-3-5 從 tasks 建立 / 關聯分支 2-31
2-3-6 從程式碼建立分支 2-35
2-4 關於 PR（pull request） 2-36
2-4-1 從需求（工作項）建立分支（Branch） 2-36
2-4-2 建立 PR（Pull request） 2-40
2-4-3 進行 Code Review 與 Merge 2-42
2-4-4 Branch 與 PR 帶來的價值 2-42

2-4-5 透過 Build Policy 保護你的分支......2-43
2-5 Azure Repos 的其他功能......2-45
2-5-1 為專案建立新的 Repo......2-45
2-5-2 直接匯入外部的程式碼......2-46
2-5-3 關於 InnerSource 與 Fork......2-47
2-5-4 在 Azure DevOps 中使用 Fork......2-49
2-5-5 關於 Public/Open Source 專案......2-52
2-6 小結......2-54
2-6-1 Hands-on Labs 1......2-54

3 讓我們實現持續整合（CI）

3-1 CI 解決了什麼問題？......3-2
3-1-1 故事......3-2
3-1-2 CI 具體能解決什麼問題？......3-3
3-2 重新檢視 CI Pipeline......3-4
3-2-1 CI 的觸發時機點......3-6
3-2-2 CI 的主要產出 – Artifacts......3-7
3-3 建立你的第一個 CI Pipeline......3-10
3-3-1 建立.net framework 專案的 Pipeline......3-11
3-3-2 透過 Trigger 實現 CI......3-21
3-3-3 Azure Repos 中的程式碼線上編輯......3-26
3-3-4 建立.net core 專案的 Pipeline......3-28
3-4 Build Pipeline 的設計細節......3-33
3-4-1 使用 Template......3-33
3-4-2 關於 Build Agent......3-34
3-4-3 調整 Tasks......3-35
3-4-4 調整 Task 的執行順序與行為......3-37
3-4-5 透過 trigger 決定觸發時機......3-39
3-4-6 使用 Build badge 呈現建置狀態......3-40
3-5 關於 PR-CI......3-42
3-5-1 什麼是 PR-CI？......3-44
3-5-2 如何實現 PR-CI？......3-45
3-5-3 PR-CI 要不要進行部署？......3-46

3-6 在 Pipeline 中加上單元測試 3-47
3-6-1 關於單元測試 3-47
3-6-2 建立單元測試程式碼 3-49
3-6-3 運行不同語言的單元測試 3-53
3-7 在 Pipeline 中加上程式碼品質掃描 3-54
3-7-1 安裝 SonarCloud 3-55
3-7-2 申請帳號 3-56
3-7-3 建立含有 SonarCloud 掃描的 Pipeline 3-60
3-7-4 運行程式碼掃描 3-63
3-7-5 在既有 Build Pipeline 中加上掃描 3-65
3-8 在 Pipeline 中加上套件安全性掃描 3-66
3-8-1 套件庫的使用風險 3-66
3-8-2 在 CI Pipeline 中掃描套件 3-67
3-9 關於 Docker/Container 的 CI 設計 3-70
3-9-1 Docker file 3-70
3-9-2 Docker task 3-73
3-10 小結 3-79
3-10-1 Hands-on Lab 1 3-79
3-10-2 Hands-on Lab 2 3-80

4 軟體品質不該是空談

4-1 持續整合是為了什麼？ 4-2
4-2 再談單元測試 4-4
4-2-1 關於可測試性 4-4
4-2-2 使用 fake 類別提高可測試性 4-6
4-2-3 透過 IoC 與 DI 提高可測試性 4-8
4-3 關於專案的相依性與套件管理 4-11
4-3-1 砍斷針對專案的相依 4-15
4-3-2 在 .net core 專案中建立 NuGet 套件 4-17
4-3-3 將套件上傳到 NuGet.Org 4-20
4-3-4 改為針對套件的相依 4-23
4-3-5 Azure DevOps 內建的 Artifacts 4-26
4-3-6 別忘了還有套件的 CI 與自動化發佈 4-27

4-4 在 CI Pipeline 中發佈 NuGet 套件 4-27
4-4-1 設計自動發佈套件的 Pipeline 4-28
4-4-2 自動化 Pipeline 中的版號重複問題....4-34
4-4-3 如何動態改變 source code？....4-36
4-5 使用 Test Plan 管理手動測試....4-38
4-5-1 關於 Test Plan....4-39
4-5-2 建立 Test Case....4-42
4-5-3 進行手動測試....4-44
4-5-4 將 Test Csae 連結至 backlog 4-48
4-5-5 建立 Test Suites....4-51
4-6 小結....4-55
4-6-1 Hands-on Lab 1....4-55
4-6-2 Hands-on Lab 2....4-56
4-6-3 Hands-on Lab 3....4-56

5 持續交付的各種情境

持續交付的各種情境 5-1
5-1 關於持續交付....5-2
5-1-1 真實世界的需求....5-2
5-1-2 實踐頻繁交付的前提....5-2
5-1-3 將傳統的部署行為自動化....5-3
5-1-4 建立 Release Pipeline....5-4
5-2 Release Pipeline 的重要功能 5-10
5-2-1 Stage Template / tasks 5-10
5-2-2 Approver 5-12
5-2-3 Release Gate....5-14
5-3 現代化部署模型....5-15
5-4 實現藍綠部署....5-16
5-5 實現金絲雀部署....5-20
5-6 關於 Feature Toggle....5-23
5-7 小結....5-25
5-7-1 Hands-on Lab 1....5-26
5-7-2 Hands-on Lab 2....5-26

CHAPTER

Azure DevOps 實戰

這一章，我要來帶你體驗 Azure DevOps 的威力。廢話不多說，我們將會直接帶你建立一個自動化的建置與部署流程，讓你體驗近代軟體開發之所以能夠輕易實現一週交付數次、甚至是一天交付數次，卻又能夠同時維持高品質、且兼顧安全性的關鍵。

在體驗所謂的頻繁整合、持續交付的同時，你將完整的看到從需求出現，到功能交付到用戶手上的這整個自動化過程，並且讓你的團隊也可以建立出這個流程，且享有其帶來的好處與價值。

歡迎你立即加入這個旅程。

1-1 Azure DevOps 一日實戰

1-1-1 今晚，你想要來點…

開始前，我們先問自己一個問題。

今天，你的團隊，從需求（或 bugs）出現，一直到將其生產出來並且毫無瑕疵地交付到用戶手上，需要多久時間？

在 2021 年的時候，估計大家都有在網路上預約疫苗或是申請五倍券（或是其他什麼券）的經驗吧？告訴我，倘若你上網登記時發現網站故障了，你希望它多久修復好？倘若你覺得它很難使用，而設計單位也承諾要著手改善，你希望網站多久能夠完成更新？每當我問學員這個問題，答案都是同一個，就是「越快越好」，最好能夠立刻、馬上、隨時。

如果，我們對其他人的網站是這麼要求的，那我們的客戶呢？我們的客戶對我們的期待是不是也是如此？

過去（大概五到十五年前），軟體不管碰到 bugs 或是新功能的交付，往往必須等候數個月甚至數年，還記得以前 Windows 作業系統或是 Office 軟體的更新頻率嗎？然而，如今我們對系統更新頻率的期待已經變更為數週、數天、甚至數小時…。

而持續縮短這個等候時間，同時還能夠一併提升（而非犧牲）軟體的品質與安全性，這才是 DevOps 想追求的核心價值。

如何讓你的團隊實現快速、高品質的軟體更新與功能交付，就是我們這章想和你談論的話題。

1-2 你的預備動作

待會我們會立刻帶你體驗一下 Azure DevOps 的自動化快速建置與部署流程，但在此之前，建議你先做好一些基本準備…

1-2-1 你需要的各種帳號與軟體

在進入本書介紹的 Azure DevOps 之前，我們貼心建議你，先申請好底下幾種帳號與服務，別擔心，大多都是可以免費申請的：

1. Microsoft Account（一切的基礎）
   https://account.microsoft.com/
2. Github 帳號（optional）
   https://github.com/
3. Azure DevOps 站台（這是我們的主角，你非申請不可）
   https://dev.azure.com/
4. Azure Portal Free Trial
   https://azure.microsoft.com/zh-tw/free/

我們會用到的軟體工具包含：

1. Visual Studio Code（可跨平台）
   https://code.visualstudio.com/
2. Visual Studio 2019 +（optional）
   https://visualstudio.microsoft.com/zh-hant/vs/
3. Postman（可跨平台）
   https://www.postman.com/
4. PowerShell（可跨平台）
   https://docs.microsoft.com/zh-tw/powershell/scripting/install/installing-windows-powershell?view=powershell-7
5. Azure CLI（可跨平台）
   https://docs.microsoft.com/zh-tw/cli/azure/install-azure-cli?view=azure-cli-latest

先知道有上面這些，我們接著會介紹如何申請。

1-3 正式進入敏捷與 Azure DevOps 的世界

當你要開始體驗 Azure DevOps 的強大功能前，第一件事情當然是申請服務，申請的方式很簡單，只需要以 Microsoft Account 到底下網址申請即可：

```
https://dev.azure.com/
```

稍待片刻，我們會帶你走整個申請流程。

而 Microsoft Account（MSA）基本上就是網域名稱為 outlook.com, Hotmail.com 這類的 email 帳號，雖然現在你也可以用 gmail.com 的 google 的 email 帳號來申請 Microsoft Account，但我們**不建議**你這麼做。

如果你從來沒有申請過 Microsoft Account，請到底下網址申請：

```
https://account.microsoft.com/
```

進入上述網址之後，你會看到底下畫面[1]：

[1] 如果你看到的不是這個畫面，而是進入某個帳號的管理畫面，那你很可能其實已經申請過了。如果不確定，我們建議你先登出，重新申請一個新的帳號。

建議你依照底下短網址連結到的動畫中的操作步驟，來建立一組新的帳號：
https://wwjd.tw/673k914

當你建立好一組可用的 Microsoft Account 之後，就可以使用該帳號來申請免費的 Azure DevOps 與 Azure 雲端服務了。

1-3-1 申請免費的 Azure DevOps 服務

Azure DevOps 其實就是以前的 TFS，微軟現在依舊有地端 On-Premises 版本的相同服務，名稱就叫做 Azure DevOps Server，詳細資訊你可以參考底下網址：

https://azure.microsoft.com/zh-tw/services/devops/server/

而我們要申請的，則是雲端版本，完整的名稱是 Azure DevOps Services，進入申請網址「https://dev.azure.com/」後，你會看到「類似[2]」底下的畫面：

點選「Start Free」之後，就可以開啟申請，過程中如果需要你登入，請用你剛才申請好的 Microsoft Account 登入即可。

2 為什麼說「類似」？因為 Azure DevOps 站台似乎有做近代網站常見的 A/B Test，不同的帳號登入可能會有不同的 UI/UX。再加上，現在雲端網站的改版異常迅速，可能每 1-2 個月就會有些異動。因此，我們也只能說「類似」了。如果有相當大的改版，我們會在本書的網站上補充。

接著會出現類似右方的畫面：

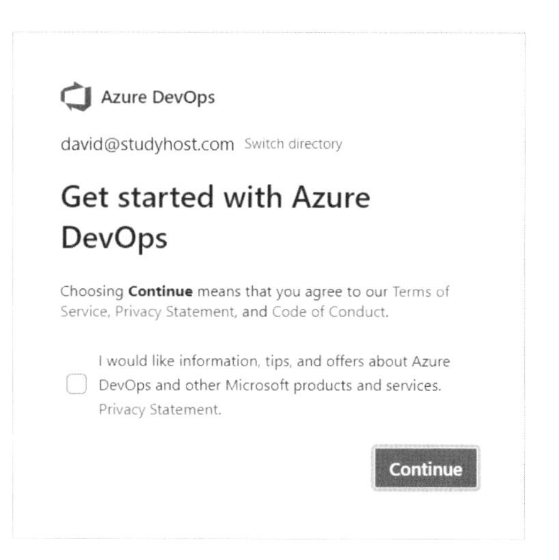

請直接按下 continue 即可，然後會是建立站台的過場畫面，請耐心等候：

完成後，會引導你到底下畫面，建立第一個專案：

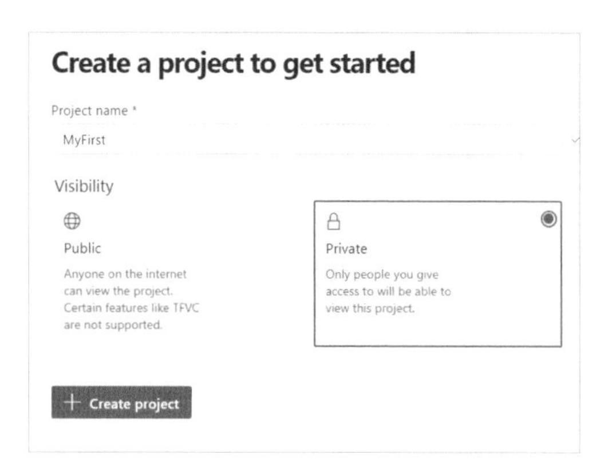

請隨意輸入專案名稱即可，Visibility 選擇 Private，然後按下 Create Project，你的第一個站台與專案就建立好了。

上面的操作過程中，如果有需要你輸入個人資料，請依照畫面需要照實輸入即可。

1-3-2 Azure DevOps 環境介紹

好，我們來看一下剛才到底建立出了什麼。我們建立出的網站大概是底下這樣：

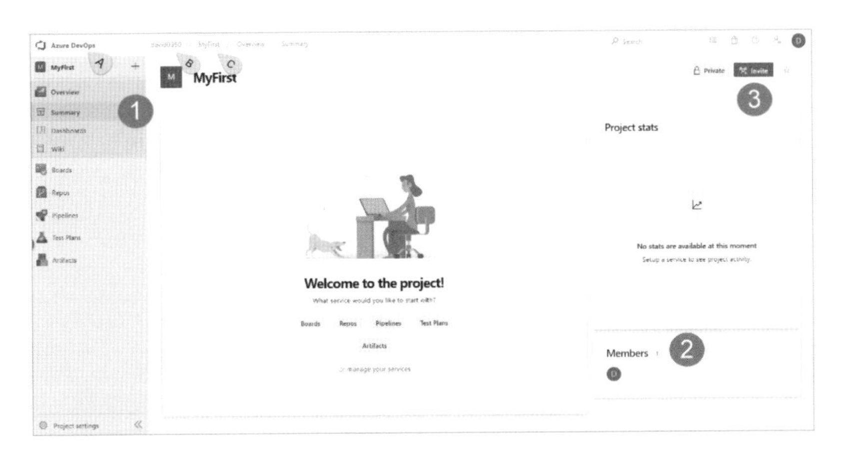

請看上圖，標示（1）的地方是主選單，（2）是當前的專案成員，（3）是邀請專案成員的按鈕。若你要邀請專案成員加入，你可以輸入對方的 Microsoft Account 以邀請其他用戶作為該專案的成員。

微軟有兩種帳號類型，一種是 MSA（Microsoft Account），另一種是組織帳號（Organization Account）。一般來説，你自己申請的 outlook.com 或 hotmail.com 屬於 MSA，公司申請的 Microsoft Office 365 之類的帳號則是「組織帳號」。

當你的站台是以 MSA（Microsoft Account）所建立的時候，我們不建議你混用公司的組織帳號。但，如果貴公司有使用 Azure 的 AAD（例如有在用 Microsoft Office 365），那建立站台與使用 Azure DevOps 的帳號時，是可以直接使用貴公司的 AAD Domain Account。如此一來，可直接使用貴公司在雲端的 AAD 作為帳號來源，且利於管理權限。

上圖中，你所看到的畫面，是專案（Project）主畫面，上圖 A 的地方，是 Azure DevOps 服務的 Logo，若按下去，會回到站台（組織）管理首頁

（Organization settings），一個站台（組織）下可以建立多個專案（稍晚介紹）。

而上圖左上角的 B 連結，其實也是回到你所建立的站台（組織）管理介面（組織首頁），而 C 連結則是回到你的專案首頁（也就是當前畫面）。

1-3-3 關於組織與專案

我們來看看整個 Azure DevOps 服務的專案結構，一般來說，我們依照剛才的流程，建立好站台之後，其實系統是在背後幫我們建立了一個組織，以及一個在該組織下，預設的專案（Team Project）。

組織一邊對應到的是你的公司（或團隊），而專案大多是指一個軟體 Project。

整體來說，其結構如下：

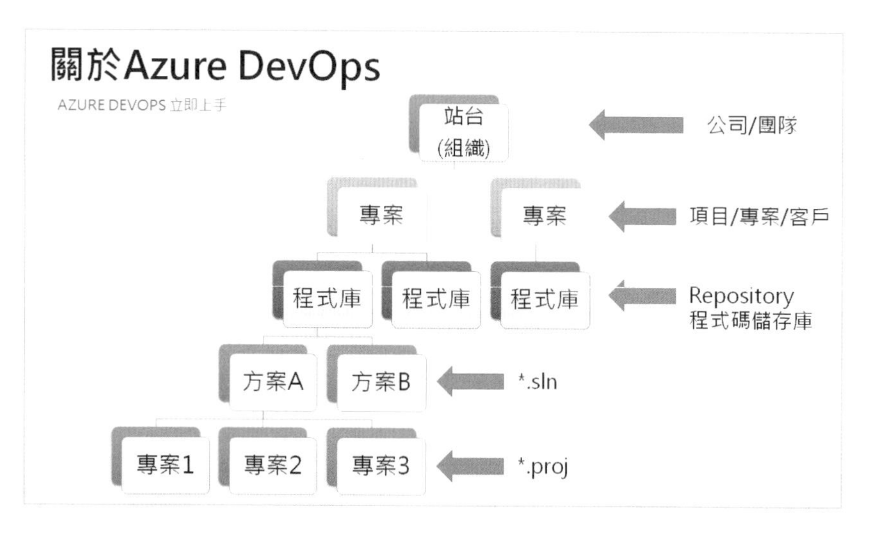

從上圖中你可以看到，一個公司（組織、團隊）其實只需要建立一個站台即可，站台底下則可以建立多個專案（依照公司或公司客戶的軟體專案實際狀況建立即可）。

而一個專案底下，則可以建立多個 Repository（Git Repos），也就是上圖中的程式庫，每一個程式庫中可以有一個或多個方案（solutions，這是微軟 .net 開發技術使用的名稱，當然，你也可以用其他開發技術（例如 Java, Python），不限於微軟 C#或 .net 技術），然後其中又可以有多個 Projects，如此這般。

若你不是使用微軟的 .net 開發技術，那只要關注到 Repos 這一層即可，因為該 Repos 其實就是標準的 Git Repository，至於 Repos 底下如何存放程式碼，就由你自行依照你使用的開發技術而定了。

我們可以隨時點選最左上角的「Azure DevOps」標題，回到組織的首頁：

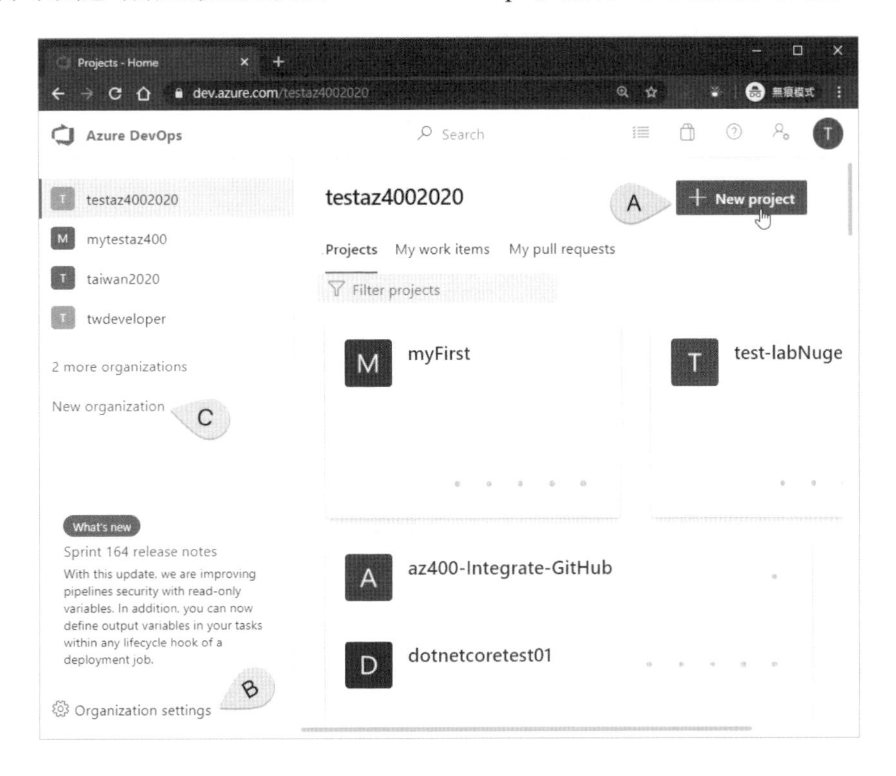

你可以在首頁的頁面上，建立新的專案（上圖 A），或是進行組織管理（上圖 B），甚至是建立新的組織（上圖 C[3]）。

[3] 雖然同一個 Microsoft Account 帳戶底下，可以建立多個組織，也可以加入多個組織。但其實在實務上，不太會有建立多個組織的需要，除非你擁有多家公司。至於同一個帳號被加入多個組織則是可能的，因為同一個人可能會以不同的身分（例如外包）參與不同公司的不同團隊。

1-3-4 建立第一個 Azure DevOps 專案

接著，我們再來重新建立一個新的專案試試看。請點選上方「New Project」按鈕，將會出現底下畫面：

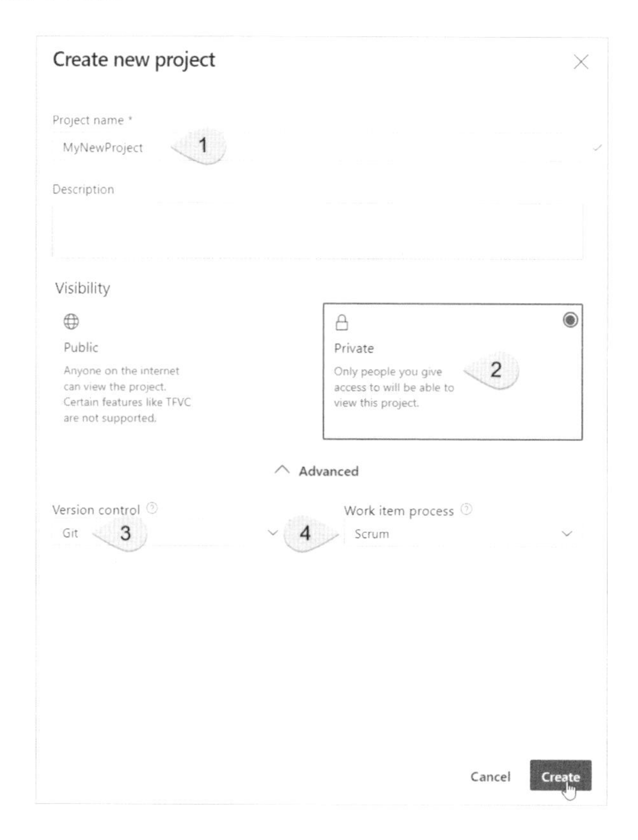

在這個畫面中，你可以建立一個新的專案，請輸入專案名稱（雖然可以用中文，但我們強烈建議你用英文[4]）（上圖 1），然後選擇專案的 Visibility，先選擇 Private（上圖 2），程式碼版控的部分，我們選擇 Git（上圖 3）[5]，開發流程的部分我們先選擇 Scrum（上圖 4）。

[4] 因為站台名稱會在未來你呼叫 Rest API 的時候用到，屆時可能需要在 http get/post 呼叫上作為 endpoint，用英文名稱可以避免網址的編碼問題。

[5] 還有另一個選擇是 TFVC，但現在版控的主流是 Git，因此建議你採用 Git 做為未來新專案的版控機制。

完成資料輸入後，按下「Create」鈕，即可建立一個新的專案。

1-3-5 嘗試將程式碼匯入 Repository

完成後，我們立即來嘗試看看如何使用這個剛建立好的專案，我們會先使用到 Repository（程式碼儲存庫，俗稱 Repo）。剛建立好的專案畫面類似底下這樣，請注意主選單左方的 Repos：

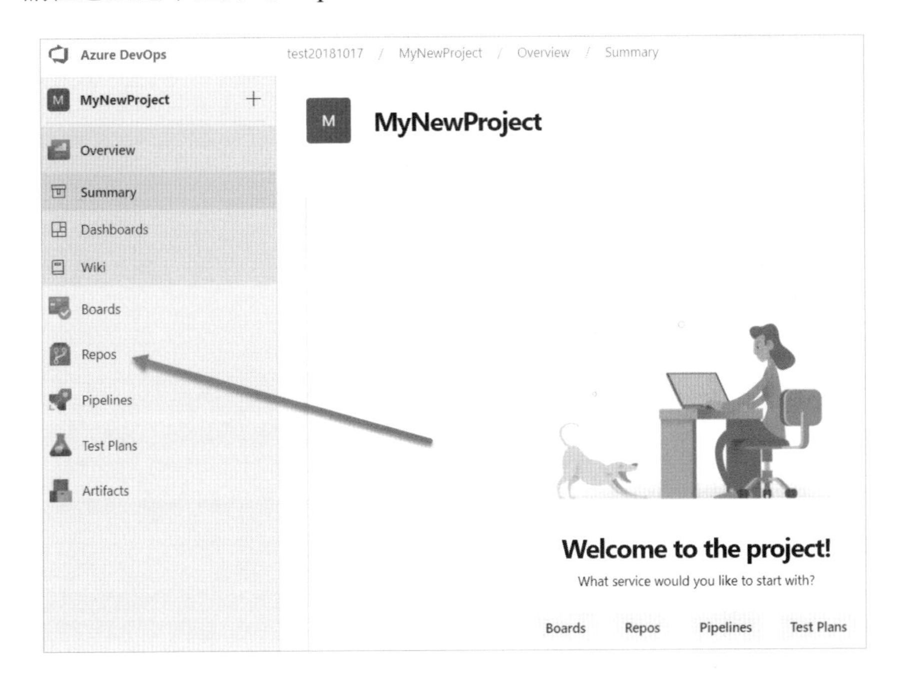

你可以點選上面 Repos 的部分，會出現底下畫面：

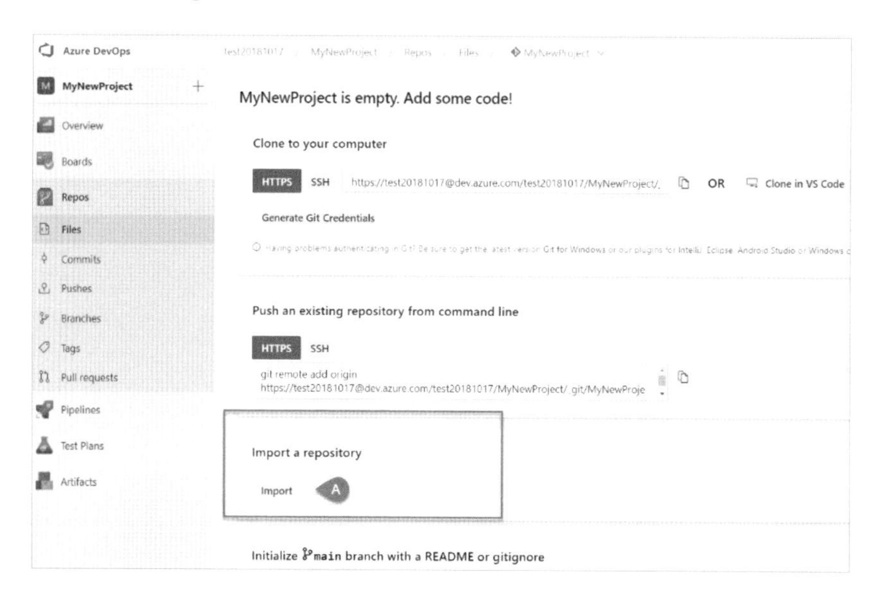

站台中的 Repos，是讓開發人員儲存 source code 的地方，也是我們讓開發團隊協同運作的開始。

上圖的這個畫面當中，包含了開發人員如何以標準的 Git 指令連上這個 Repos 的相關資訊（後面的章節我們會詳細討論）。你可以將你團隊既有的程式碼放上這個 Git Repos，也可以從這個 Repos 展開新的專案，當然，也可以匯入位於其他版控系統中的專案（Repos）。

我們先來試試看，匯入一個筆者已經存在於 Github 上的測試專案，其 Git Clone 網址為：

```
https://github.com/isdaviddong/dotNetCoreBMISample.git
```

操作的動作很簡單，請點選上圖 A 的 Import 按鈕，在跳出的視窗中，輸入上述的 git 網址後，按下 Import：

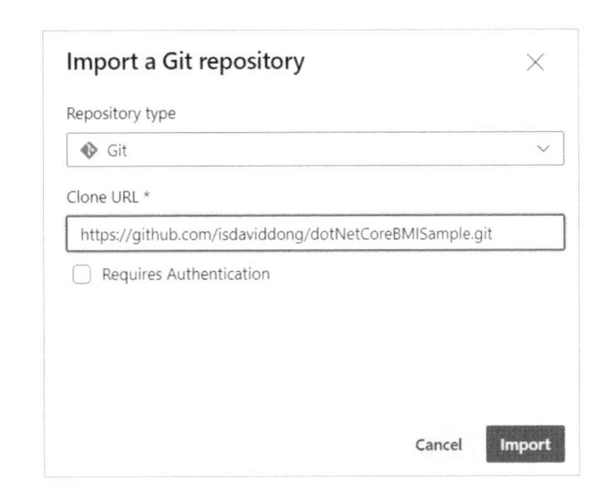

接著你會看到類似底下的畫面：

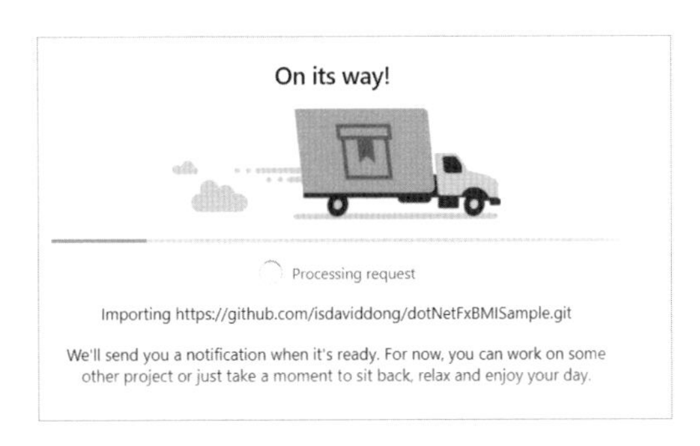

這是系統正在為你匯入專案（由於我在 Github 上的專案是設為開源的，因此不需要額外輸入帳密權限之類的資訊），匯入完成後，你會看到底下畫面：

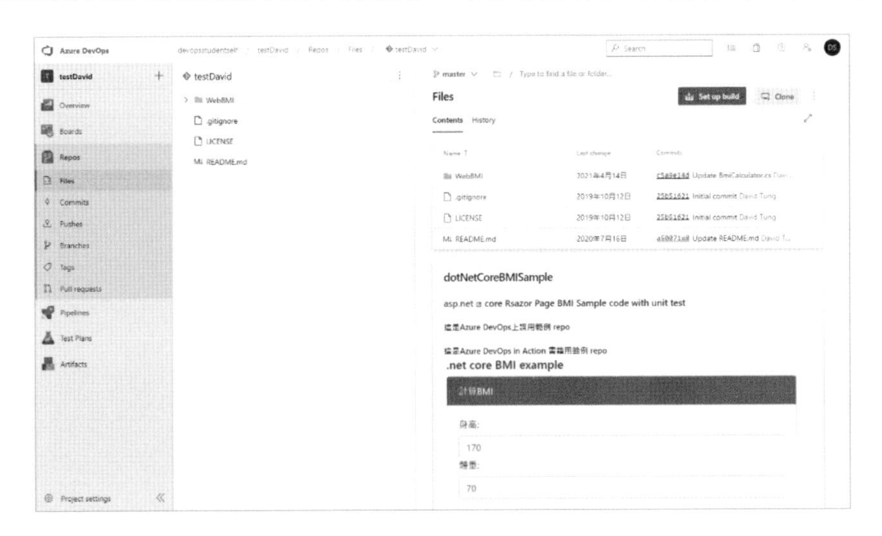

就這樣，你已經把我們在 Github 上的 ASP.NET Core 專案範例程式碼匯入進來囉。

匯入這個範例專案程式碼，是為了讓你搶先體驗一下 Azure DevOps 在 Git Repos 的使用與 Pipeline 設計上的便利性，並且，立刻帶你實際上著手建立一個自動化 CI/CD Pipeline。

未來，你應該會和你的開發團隊一起在 Repos 中重新建立專案的程式碼，細節的部分我們會在後面的章節中介紹。

1-3-6 建立自動化 CI Build

在成功的匯入程式碼之後，你就可以嘗試建立一個雲端的自動化建置流程 --「CI Build Pipeline」。

請在左方的主選單中，選擇 Pipelines 分類，並且點選其中的 Pipelines 項目，視窗正中間應當會出現如同底下的畫面：

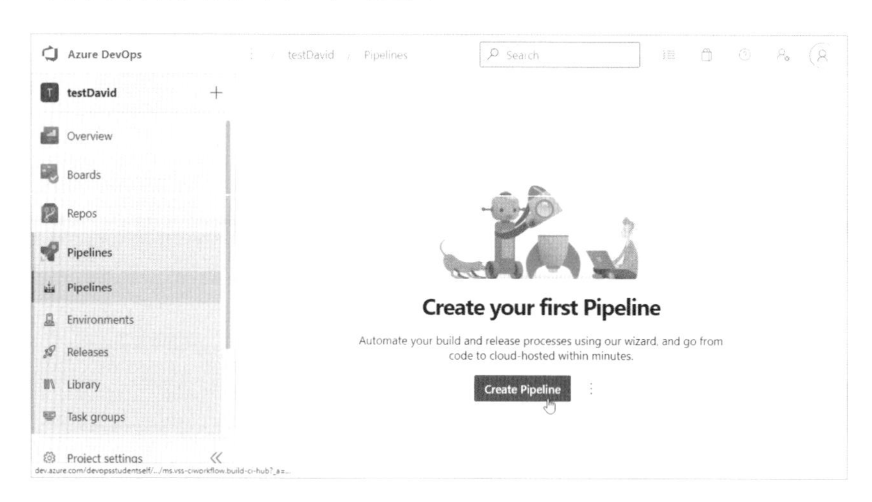

請點選上圖中的「Create Pipeline」，在出現的右方畫面中，點選最下方的「Use The Classic Editor」：

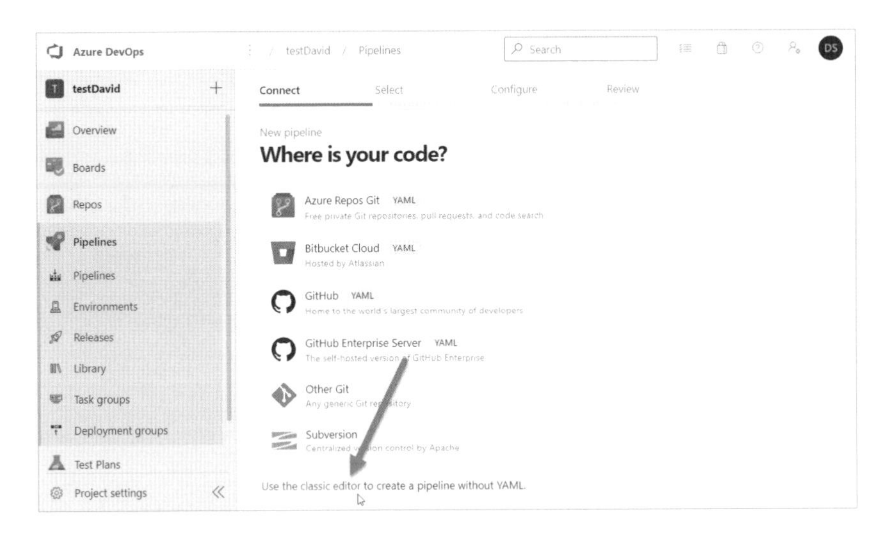

接著，會出現選擇 Repo 與分支的畫面，請點選「Continue」即可：

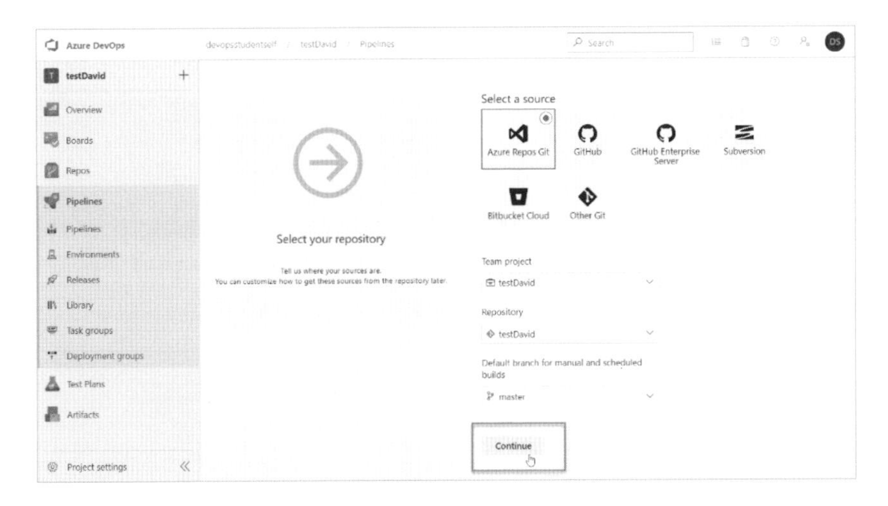

接著，會出現選擇 Pipeline Template 的畫面，請往下拉，找到黑色「ASP.NET Core」的範本（如下圖），點選 Apply：

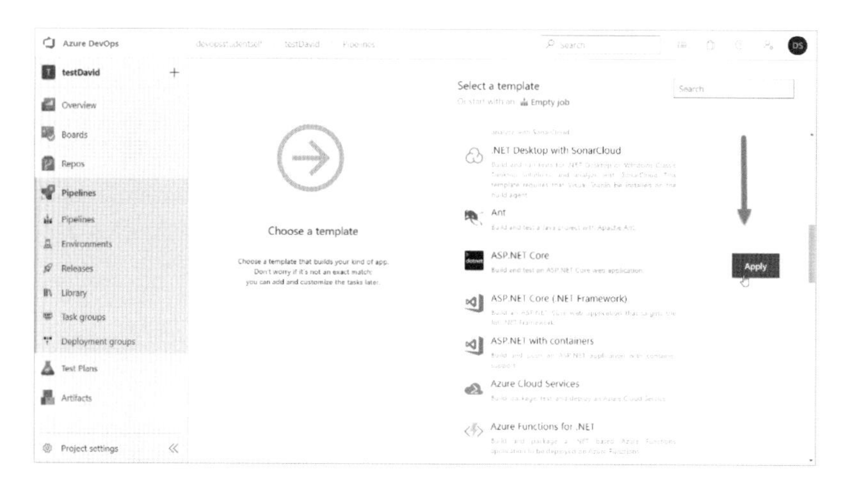

上面這些動作，是在選取適用於 ASP.NET Core 專案的建置流程範本[6]，來建立一條自動化的 Pipeline 定義，系統當然也有適用於其他不同開發技術的範本。

上圖中點選 Apply 之後，畫面將會顯示如下：

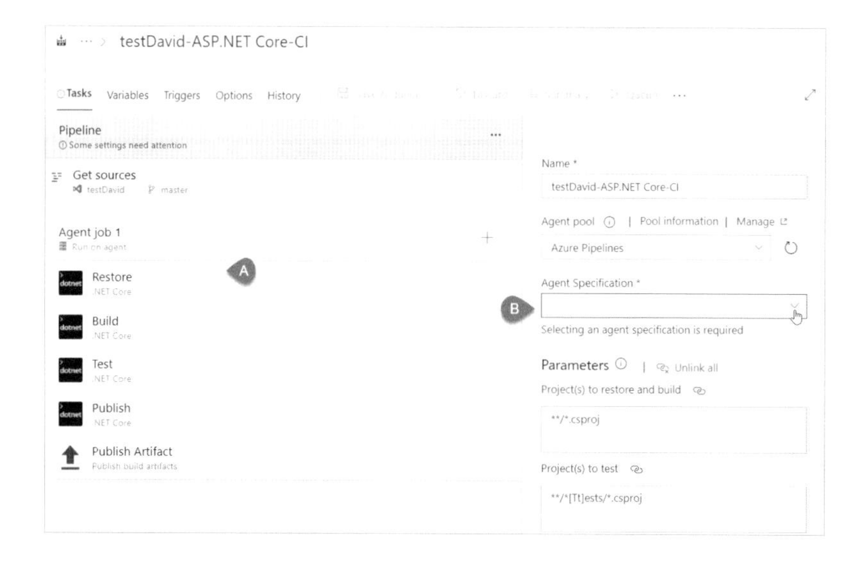

6 Azure DevOps 內建有許多 Pipeline 範本，讓我們不需要從零開始設計。且支援的類型不只是微軟的 .net 開發技術，也包含 Java, Node.js ...等坊間常見的開發技術。

上圖 A 的部分，是我們選的 Pipeline 範本流程。其中每一個黑色的方框都是自動化建置的每一個步驟（Tasks, 如果你是.net core 開發人員，應該很熟悉 restore, build, publish...這些指令），後面我們會再逐一解釋其中的每一個 Tasks。

而右方的 B 部分，請下拉幫我們選擇 ubuntu-latest：

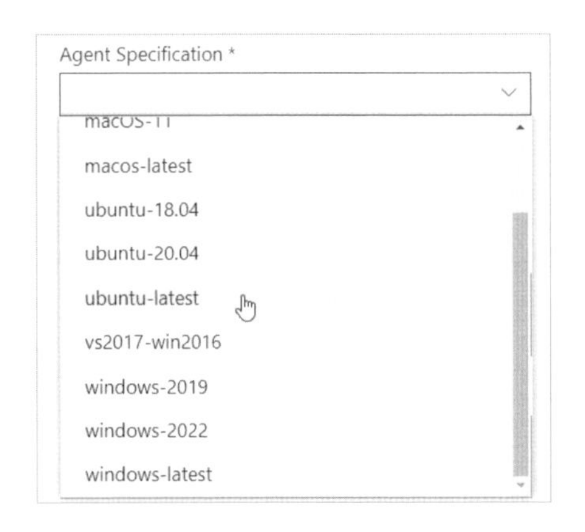

如果沒有該選項，則選擇最新（版號最大）版本的 ubuntu 環境即可。

這個選項，是選擇 Pipeline 在被執行的時候，所運行的環境，雖然 ubuntu 是 Linux 環境，但由於現在的微軟 .net core 開發技術已經支援 Linux，因此我們可以選擇以 ubuntu 環境來建置 .net core 應用程式。

這邊我們也想特別強調，微軟 Azure DevOps 是支援當前的 Linux 環境上所有可運行的開發技術，並非只有支援 windows 平台上的.net core 或傳統 windows 應用程式而已。

選好之後，直接按下選單上的「Save & queue」，接著，在出現的 Run Pipeline 畫面中，無須輸入任何東西，繼續按下「Save and run」即可運行：

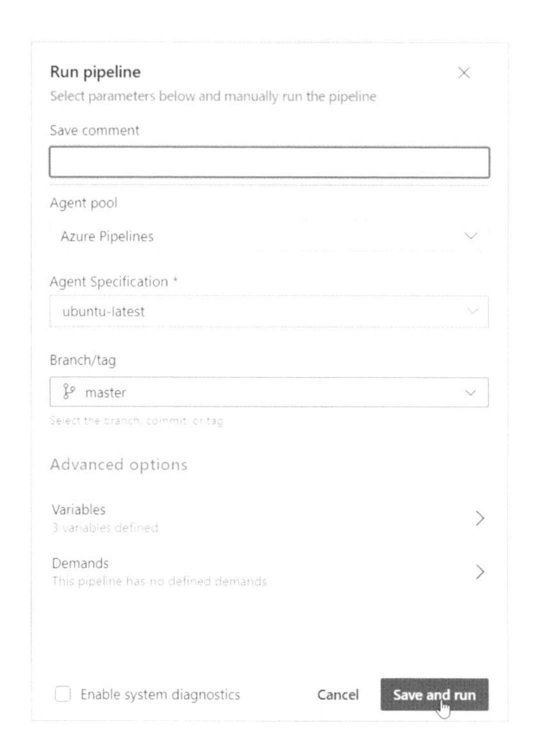

所謂的運行，是指針對剛才我們所建立出的流程，啟動（Run）一個執行個體（Job Instance）。這時候，你會看到我們剛才設計好的 CI Build Pipeline 已經觸發了一個 Agent Job，並且被放入排隊中：

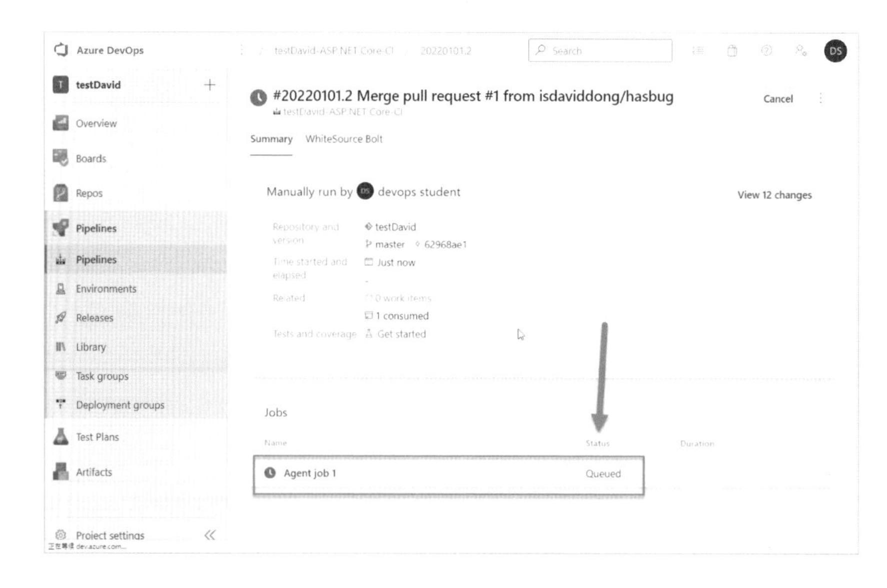

稍待片刻，在雲端中排隊的自動化建置與測試工作待會就會開始被運行。執行會需要一點時間，待會我們可以點進去看執行結果。但，在這同時，我們先來談談什麼是 CI Build。

1-3-7 淺談 CI Build

CI 是 Continuous Integration 的縮寫，意即持續整合。建構 CI Pipeline 的目的，在於讓團隊中每一位開發成員各自手中的程式碼，能夠更加頻繁的整合（一天數次這麼頻繁），並且在每次整合時，運行自動化建置、測試、掃描...等流程，以確保程式碼有一定的品質。

也就是說，當你如同剛才這般，設計好一個 CI Build Pipeline 之後，只要團隊中有任何開發人員將程式碼簽入（Commit & Push）到 Repository 之後，我們的 Pipeline 自動化流程就會在雲端被觸發，一連串的自動建置（Auto Build）、程式碼分析（Code Analysis）、自動化單元測試（Unit Test）將會被啟動。（所有的前提當然是你的程式碼有納入 git 版本控制）

系統會自動 Build（建置）位於 Repository 中的專案程式碼，並且在 Build 完之後進行自動化單元測試、程式碼分析掃描...等工作，最後將結果即時通知團隊。

這讓團隊的合作有了一致的工作流程，不僅可以大幅度提升程式碼品質，同時也讓合作開發有了更高的效率。

如此一來，若有任何開發人員因為修改了程式碼而造成了整體專案的問題（例如無法整合、Build 失敗、無法通過單元測試...等），我們也可以立即知道、立即處理。

甚至，也可以在自動建置和測試無誤之後，將建置好的系統自動部署到測試（俗稱的 Dev 或 Testing）環境。這個部分的細節，我們將在本書後面介紹 CI（Continuous Integration）的章節中更完整的說明。

1-3-8 問題排除 – No hosted parallelism…

你可以回頭檢視剛才我們執行的 Pipeline，可能會發現它發生了類似底下這樣的錯誤訊息：

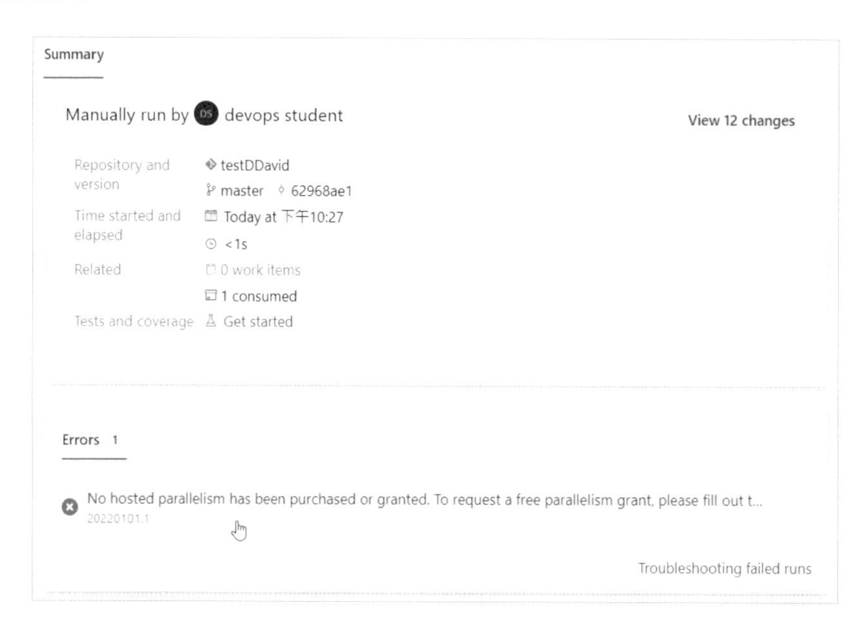

完整的錯誤訊息是：

```
##[error]No hosted parallelism has been purchased or granted. To request a free parallelism grant, please fill out the following form https://aka.ms/azpipelines-parallelism-request
```

這段錯誤訊息的起因，是由於 2021 年 3 月之後，微軟已經取消了預設的免費 pipeline 使用，若你要使用免費的 pipeline，必須依照上述的訊息，填寫申請表（網址如下）：

```
https://aka.ms/azpipelines-parallelism-request
```

但因為填寫申請表曠日廢時（大概要 2～3 個工作天），若你不想等待，我們還有一個更簡單（但可能需要點費用）的方法。你可以用登入 Azure DevOps

相同的帳號，申請一個免費的 Azure Trial 訂閱[7]，接著將該訂閱綁定於 Azure DevOps 服務即可：

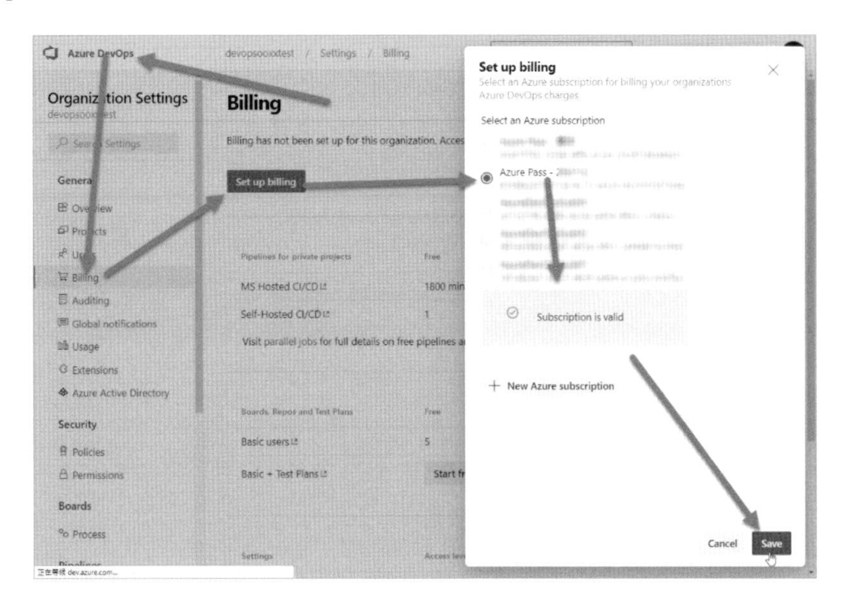

當成功設定好訂閱（Subscription）連結之後，你必須將 Paid parallel jobs 設定為 1（參考下圖）：

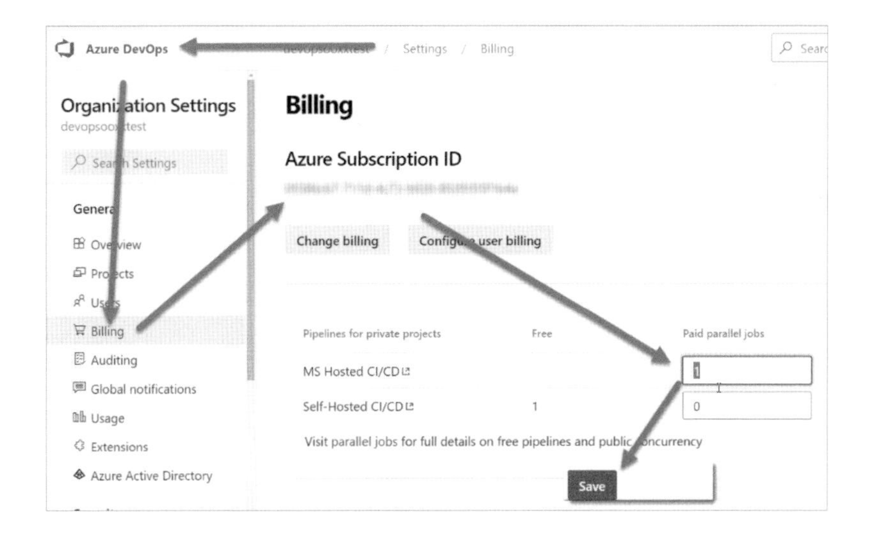

7 具體的做法後面會詳細介紹

設定完成儲存之後，立即可以使用 Pipeline。[8]

1-3-9 問題排除 – test fail

如果你沒碰到上面那個問題，或是上面那個問題排除後，就可以順利地透過底下這樣的方式，重新運行一個新的 Pipeline 執行個體（Run）：

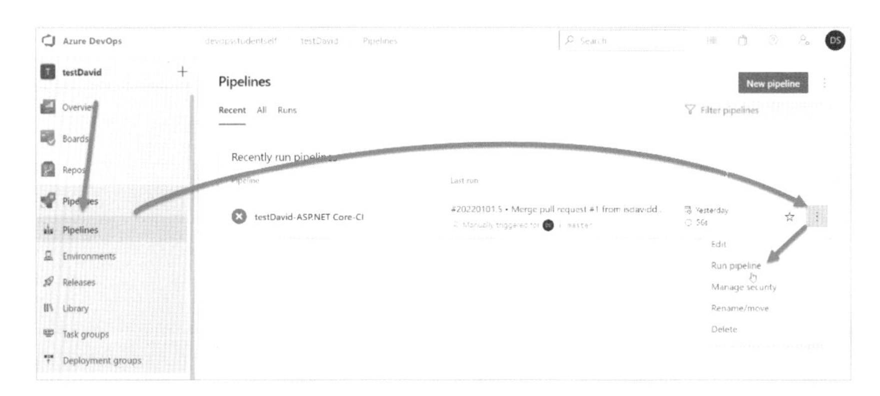

接著，你會發現 Pipeline 可以正常執行了：

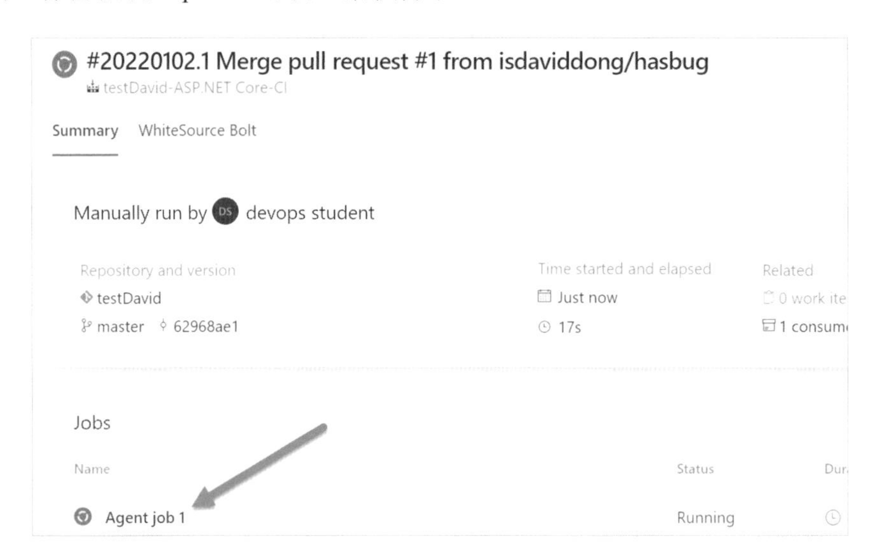

8 請讀者特別留意，這個數字高低會和費用有關。也就是說，如果你設定的愈大，可能被收取的費用就愈高，建議你設定 1 即可，目前的費用大概是每月$40 元美金。詳細的金額請參考 https://azure.microsoft.com/zh-tw/pricing/details/devops/azure-devops-services/

但你可能會碰到第二個問題（別擔心，這是正常的）：

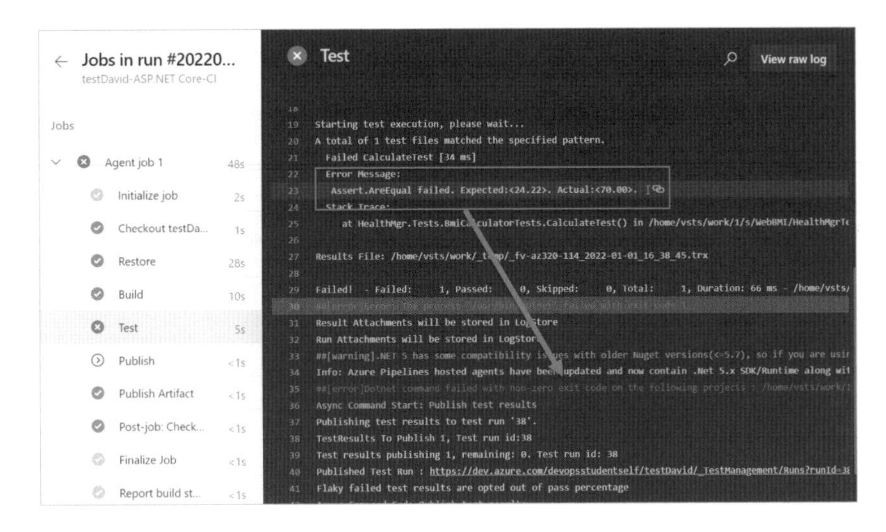

這個問題是因為，我們刻意在程式碼中留下了一個邏輯上的錯誤，同時在專案中加入了「單元測試」，好讓你能夠體會自動化建置過程當中，單元測試的價值。單元測試是 CI Pipeline 當中非常重要的一環，它可以幫助我們提前找到程式碼中可能的問題。我們後面會有更多機會介紹它，在這邊，我們先回到 Pipeline 的編輯畫面：

先在下圖 Test Task 上按下滑鼠右鍵，暫時註銷（disable）單元測試 Task 的運行，然後點選「Save & queue」：

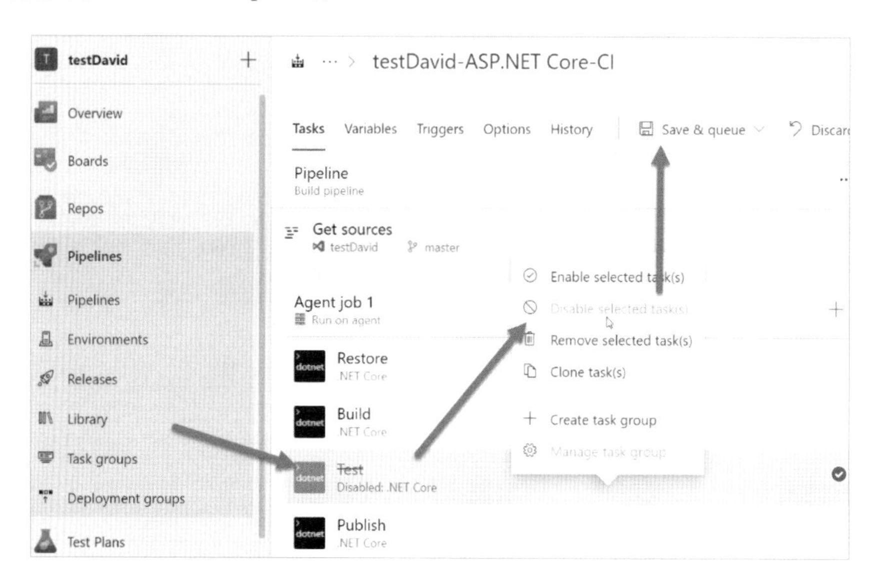

這樣可以儲存並且重新觸發這個 pipeline，以運行一個新的 Run：

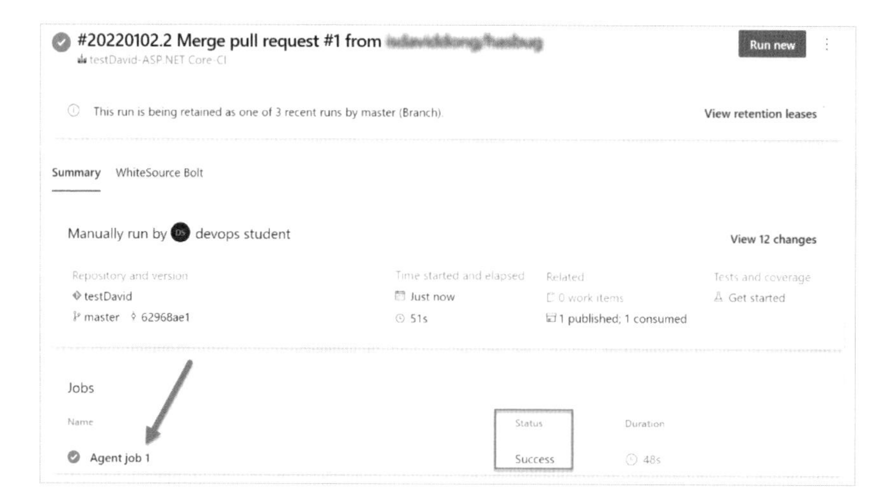

這次，你會發現整條 Pipeline 已經可以成功的運行，並且完成了在雲端的建置（Build）動作：

上面全線「綠燈」的成功畫面，就表示 Pipeline 當中的每一個 Tasks（除了被我們槓掉的 Test Task）都可以正確的運行，並且完成了一個在雲端上的建置。未來我們可以將 Pipeline 設定為，每當有任何開發人員把程式碼簽入的時候，就自動在雲端上執行這樣的 Build，以確保程式碼可以正常的建置與運行。我們甚至可以在 Build 完之後，把這個網站（是的，我提供給你的範例程式碼是一個小網站），自動部署到測試站台。我們待會就要這麼做，但在此之前，我們先回頭談談版控的部分...

1-4　從版控開始

1-4-1　版控是一切的基礎

如果你依照上面的介紹，整個跟著操作了一次，那應該已經成功的實現了自動化的建置功能。但這樣還不夠，我們要回頭連結 Git 版控系統。

因為，版控才是一切的基礎。微軟在最近這幾年，自己也開始使用坊間普遍使用的 Git 版控，因此若過去你使用的是集中式版控（像是 TFVC、SVN），我們會建議你，可以切一個時間點，將你的原始程式碼整個移轉到 Git 版控環境，主要的好處在於，透過 Git 我們可以充分地落實 PR（Pull-Request）與 Code Review。

我們會在後面的章節，更詳細的介紹 Git 版控以及你選擇的分支策略（branch strategy），了解它們是如何影響著整個 DevOps 以及 CI/CD 流程。

在這邊，我們先聚焦於如何透過版控機制來觸發 CI Build 的進行。

1-4-2 從程式碼異動觸發 CI Build

所謂的**從程式碼異動來觸發 CI Build**，在意義上是，專案團隊中的任何一位開發人員，只要修改程式碼（Commit）且上傳（Push）到伺服器端的任何分支（或主幹）上，就自動觸發 CI Build Pipeline 的這個動作。

這個動作是頻繁整合的基礎。它要幫助開發人員解決（面對）一個影響開發效率的核心問題 - 原始程式碼整合。

你一定有這個經驗，程式碼在你的電腦上是好的，可以運行，但是和其他開發人員的程式碼合併之後，系統突然不能動了（甚至還有不能 build 的!!）。

可能的原因很多，千奇百怪、族繁不及備載。可能是引用套件衝突的問題，可能是 Runtime 版本的問題，可能是程式碼相依性的問題，可能是檔案修改的衝突...等等等，總之一句話，程式碼合併的頻率愈頻繁，問題愈少。反之，如果開發人員各自分開寫 code 一直不整合，時間愈長，將來合併時將會愈痛苦。

不只如此，有時候好不容易整合好，在某人的電腦上可以運行，但 build 好部署到測試機上，又掛了！（問題是什麼呢？誰知道，慢慢查吧）。

因此，最好的情況是每天整合、時時刻刻整合，甚至時時刻刻將整合好的程式碼建置部署到測試環境。所以，我們鼓勵開發人員頻繁的將程式碼簽入版控，每當有開發人員把自己寫的程式碼簽入版控，我們就在伺服器端自動觸發一個

Build Pipeline Instance，來進行整個專案的建置動作。如果有任何問題，我們可以及早面對。

這要怎麼實現，請看下圖：

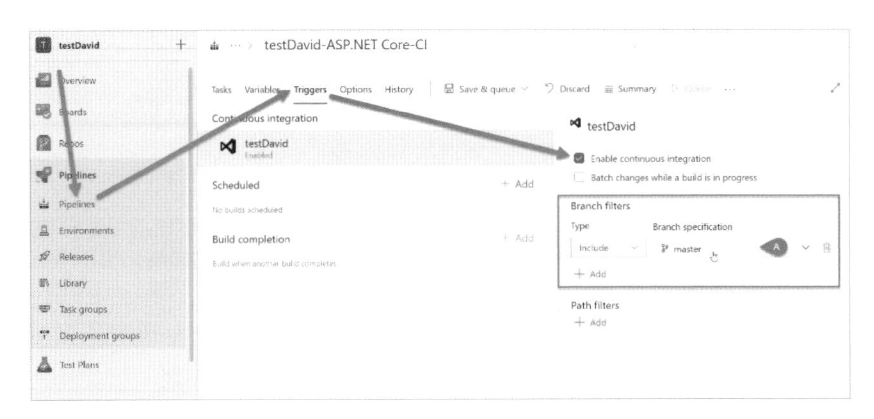

你只需要在編輯 Pipeline 的畫面中，選擇「Triggers」，並且設定（選擇）要在哪一個分支（例如 master）被異動時自動觸發這個 CI Build 即可（上圖 A）。我們這就可以立即來試試看，但你先別急，這次，我們要同時加入**單元測試**。

1-4-3 在 Pipeline 中運行單元測試

還記得嗎？前面我們在實作時，因為 Build Process 會失敗，所以我們將 Pipeline 中的 Test Task 暫時拿掉了，如果你在剛才（上一段）勾選完「Enable continuous integration」後，順便切回 Tasks 畫面，應該會看到 Test 被槓掉的狀態：

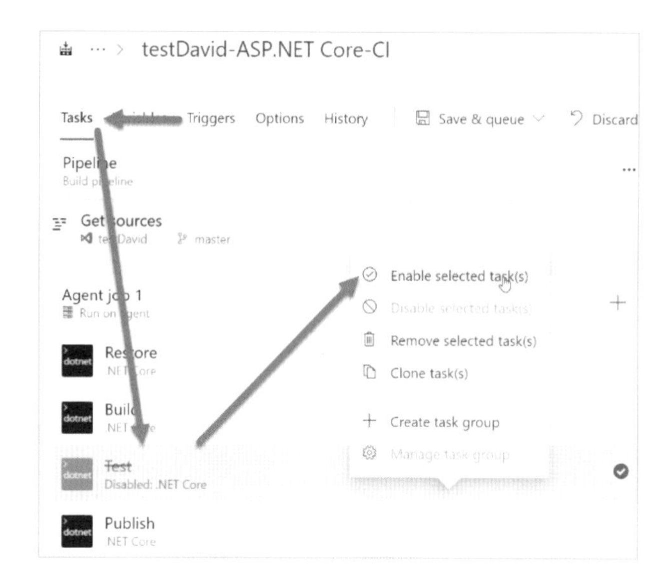

這時，請點選滑鼠右鍵，選擇「Enable selected task（s）」，將其還原，然後點選 Save（不要選 Save & queue）：

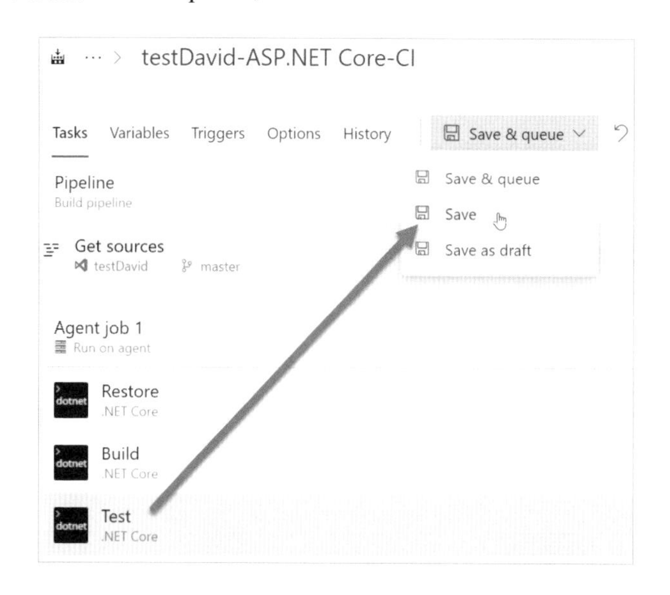

1-4-4 修改程式碼，觸發自動化 CI Build

接著，請到 Repos 的 files 畫面，選擇 BmiCalculator.cs 這隻程式，點選編輯（Edit），將 24 行程式碼中的（int）改為（float）：

完成修改並確認無誤後，請點選 commit：

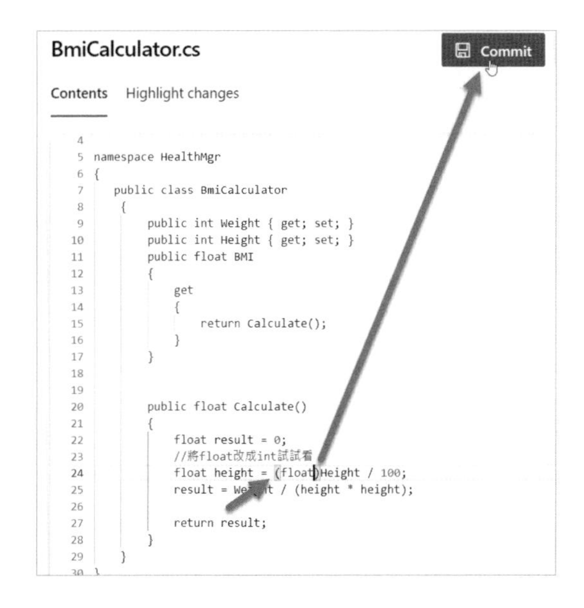

請注意，你現在做的這個動作，是直接修改 master 分支上的 code，由於是在伺服器端直接修改，等同於是開發人員在自己的電腦上 commit 後，將變更直接 push 到伺服器端。

因此，這將導致 master 分支上的程式碼被更新了，這時，請立即點選「Pipelines」，你應該會發現，剛才我們設定的 CI Build 被**自動**觸發了：

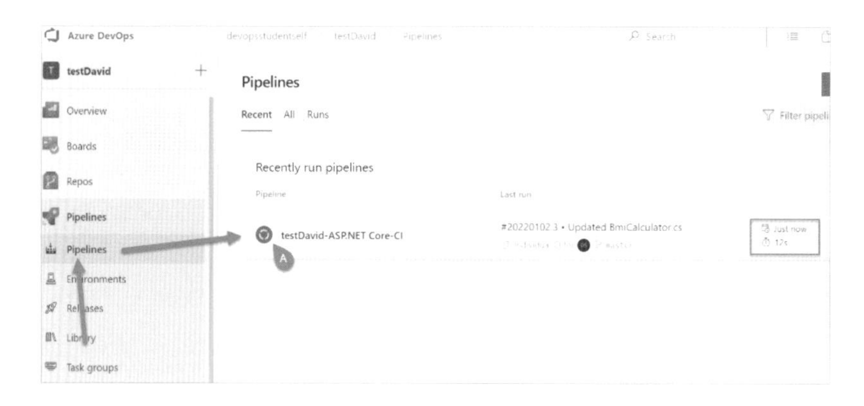

剛才，我們實現了什麼？

我們建立了自動化 CI Build，並且成功的完成設定，讓未來團隊中任何一位開發人員簽入程式碼的時候，就自動觸發雲端的建置動作。而且這一次，我們加上的「單元測試（Unit Test）」的運行，並且把錯誤的程式碼修正了，所以你應該會發現，整個 pipeline 不僅可以正常的運行，全線也是綠燈的（特別是 Test task）：

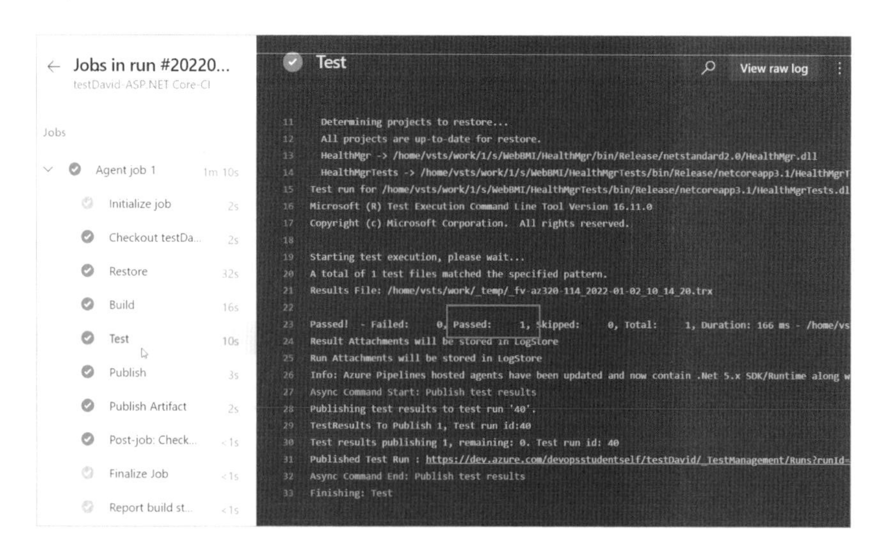

單元測試，是透過撰寫驗證程式碼，來驗證我們程式中的運算邏輯。順利通過（pass）單元測試，表示我們的程式碼有著一定程度的品質檢核。我們應該要盡可能的，讓單元測試幫助我們驗證核心邏輯的正確性，並且減少重複犯錯的機會，這部分細節我們後面介紹 CI 的章節會再詳細一點討論。

現在，我們要先將建置好的成品，直接部署到特定網站。

1-5 實現自動部署

嚴格來說，自動化部署，我們應當放到 CD（Continuous Delivery）Pipeline 當中來進行。這部分在 Azure DevOps 當中，是屬於 Release Pipeline 的範疇（後面會有專屬的章節介紹）。不過，我們現在可以先在 CI Pipeline 中讓大家體驗一下。

要將剛才在 CI Pipeline 當中建置好的成品（Artifacts），部署到特定網站，變成真正可以運行的系統，那我們當然得先建立出一個網站。底下，我們會帶大家在 Azure 雲端上建立一個 Web App 網站，並且將系統透過自動化 Pipeline 部署上去。

1-5-1 申請 Azure Portal

建立網站之前，你必須有 Azure 雲端服務訂閱（Subscription），我們採用 Azure 雲端服務，你可以在底下網址免費申請（但若你並非學生，則需要註冊信用卡，不過也是免費的）：

```
https://azure.microsoft.com/zh-tw/free/
```

除此之外，你也可以選擇加入 Visual Studio Dev Essentials 方案，這是微軟提供給開發人員的免費方案，一口氣提供開發人員許多好康，其中也有我們需要的 Azure 服務與 Azure DevOps：

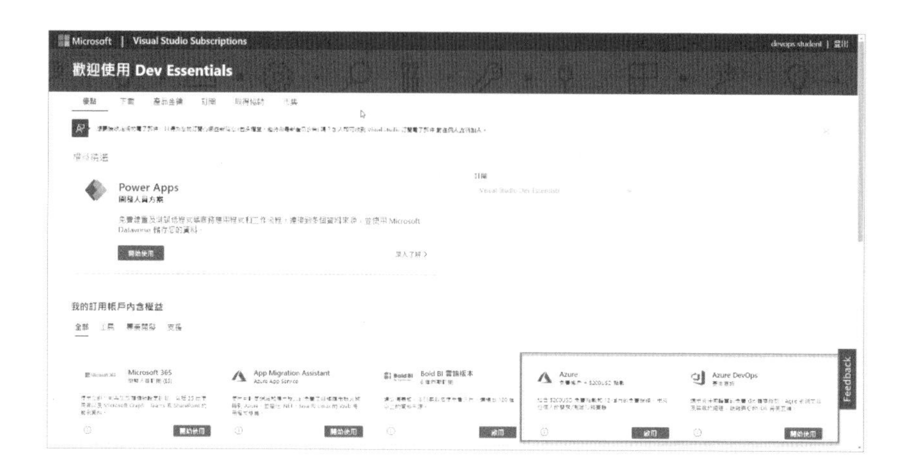

在這邊要強烈的建議你，申請 Azure 服務的 MSA 帳號，必須跟先前申請 Azure DevOps 服務的 MSA 帳號相同，這樣在後面做網站部署的時候，才會比較方便，否則很有可能在網站的帳號權限設定上，需要花比較多的時間。

當你申請好之後，可以透過 https://portal.azure.com 進入雲端服務的主頁面：

如果你可以成功進入上面這個畫面，並且有一個 Active 的 Azure Subscription，就可以開始建立 Web App 了。

1-5-2 建立 Web App

Web App 是 Azure 的網頁服務，請在 Azure Portal 左上角的主選單中，點選「建立資源」：

接著，在出現的畫面，點選「Web 應用程式」：

接著請依照下面的步驟來建立一個網站。

首先，請建立新的資源群組，請自行輸入名稱，類似下圖的英文名稱即可：

接著，依序輸入網站名稱（建議可以用「testwebsite」開頭加上日期）、執行階段堆疊（ASP.NET V4.8），地區（East Asia）：

請特別留意上圖（D）的部分，建議你將 S1 改為 F1（免費）。要這麼做，你可以點選「變更大小」，會出現底下畫面：

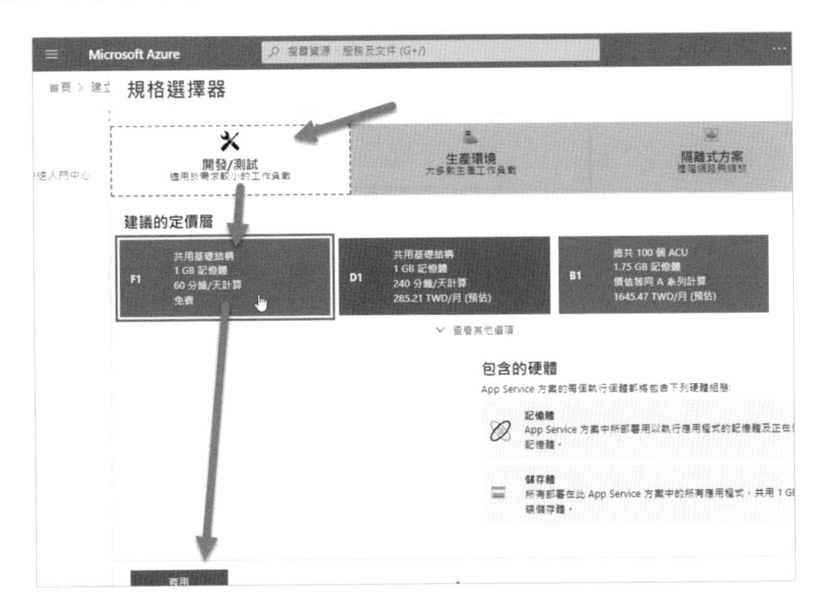

請選擇「開發/測試」分類中的 F1 選項，點選之後，按下套用鈕。完成之後，按下「檢閱+建立」：

接著會出現右方畫面，讓你重新檢視所有設定是否正確，如果沒有問題，請按下「建立」鈕：

不用一分鐘的時間，你的網站就會建立好了：

點選前往資源之後，會看到底下畫面：

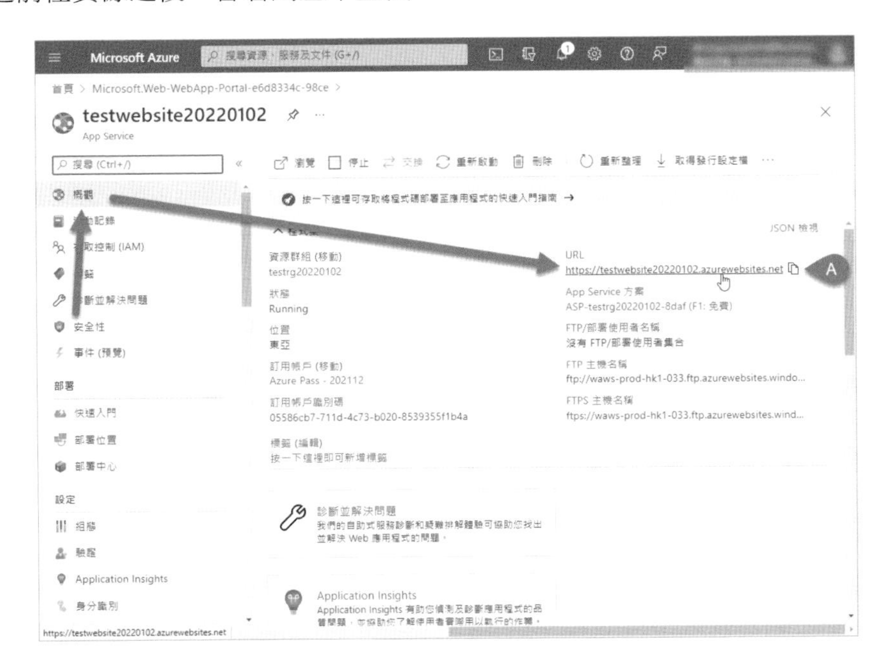

若你點選上圖（A）的網址，會看到你已經建立好了一個全新的網站，當然，目前的網站還是空的：

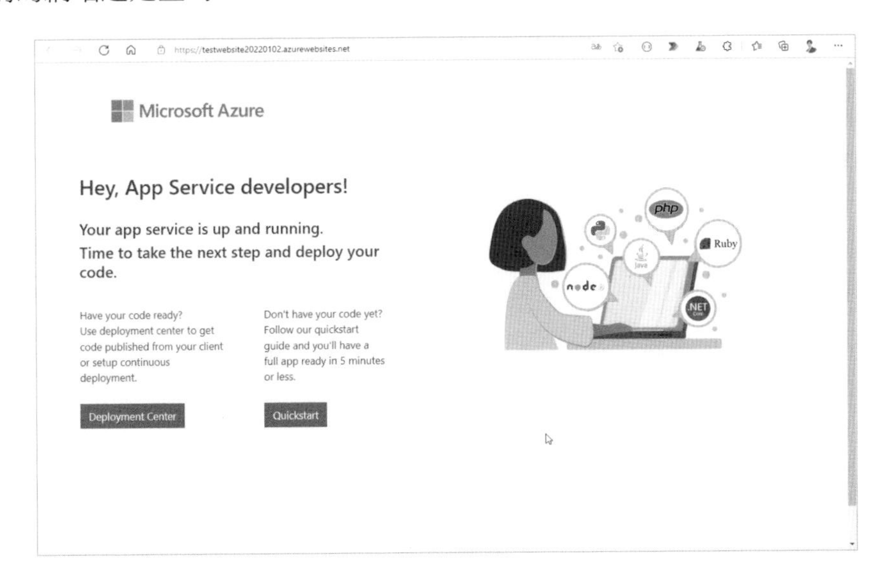

接著，我們就可以開始進行自動化部署了。

1-5-3 實現自動化部署

回到 Azure DevOps 我們先前建立好的 Pipeline，我們來看看如何進行自動部署。請點選 Pipeline 的 Edit，進入編輯模式：

接著，在出現的畫面中，點選 Tasks：

請按下上圖（C）位置的+號，然後在上圖（A）出現的視窗中，輸入「web app deploy」過濾條件，接著在出現的「Azure App Services deploy 」task 上按下「Add」，即可將該 task 加入 pipeline 中：

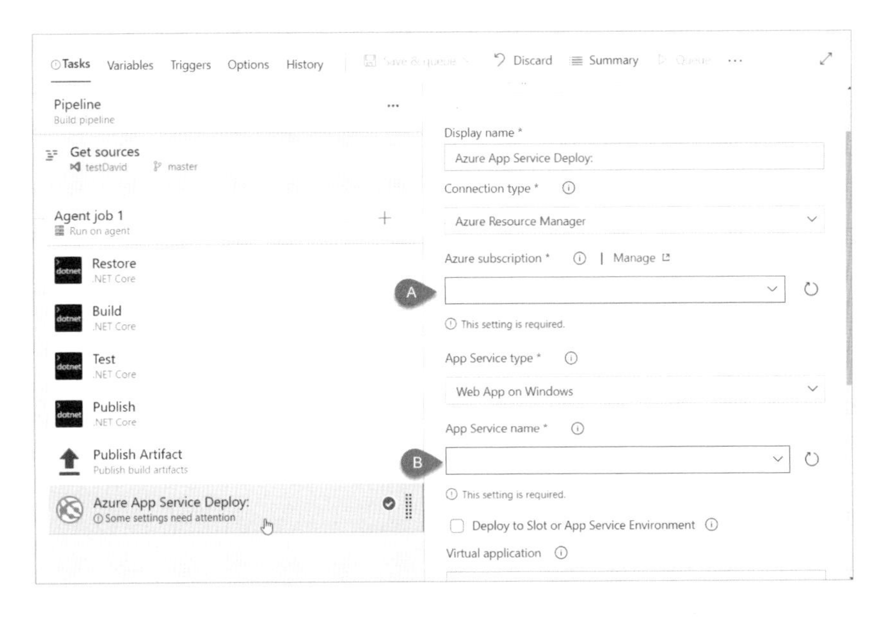

我們前面說過，上圖左方的每一個 task，都是 pipeline 中的一個步驟，當點選這些 task，畫面右方則會出現可以填入的參數，像是上圖（A），你可以下拉選擇先前建立好的 Azure 訂閱（Subscription）[9]：

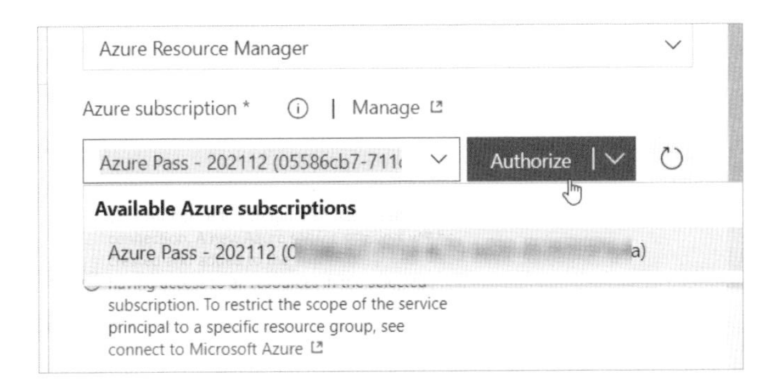

過程中可能會像上圖一般，出現要你驗證的 Authorize 按鈕，請按下該按鈕，並輸入該訂閱（subscription）的 admin（owner）的帳號密碼（前面提過，最好與 Azure DevOps 的 admin 帳號相同）。驗證成功後，即可在底下的 App Services name 部分，找到你剛才建立的網站：

---

[9] 請留意，如果你的 Azure DevOps 和 Azure 訂閱是以同一個帳號申請，後面的身分驗證會比較容易完成。這也是前面建議你用同一個帳號來申請這兩種服務的原因。

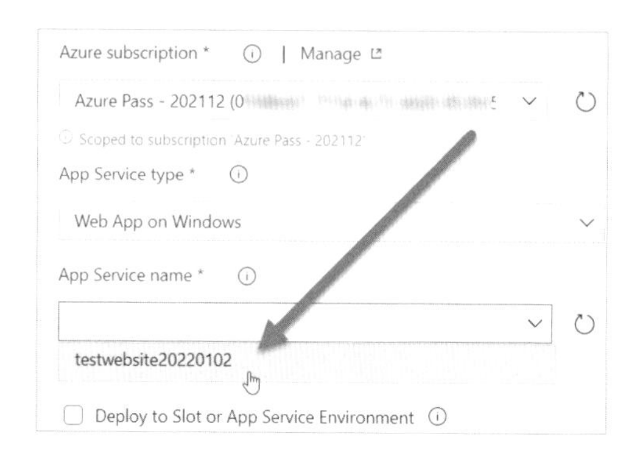

點選該網站，完成之後，剩下最後一個步驟，請將 Package or folder 中欄位的值：

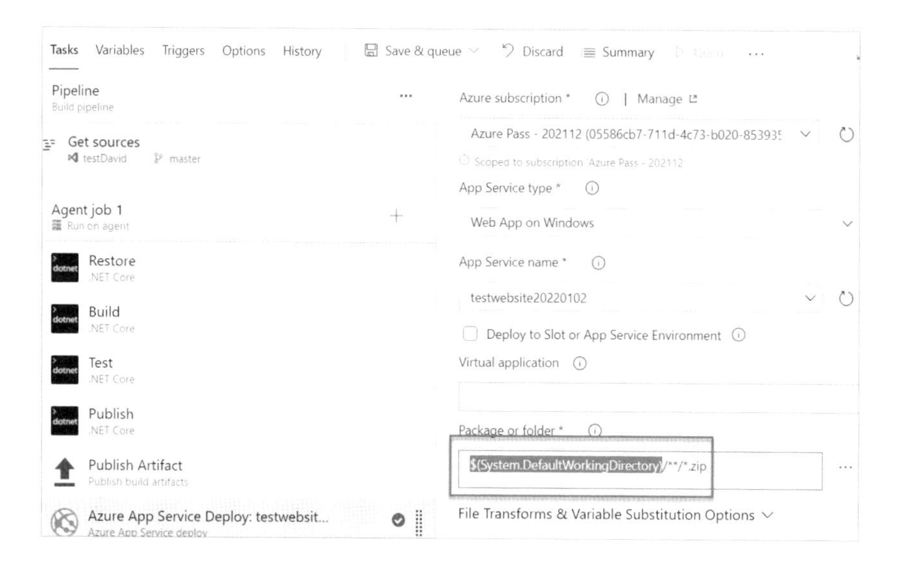

從

```
$(System.DefaultWorkingDirectory)/**/*.zip
```

改為

```
$(build.artifactstagingdirectory)/**/*.zip
```

並且按下「Save & queue」：

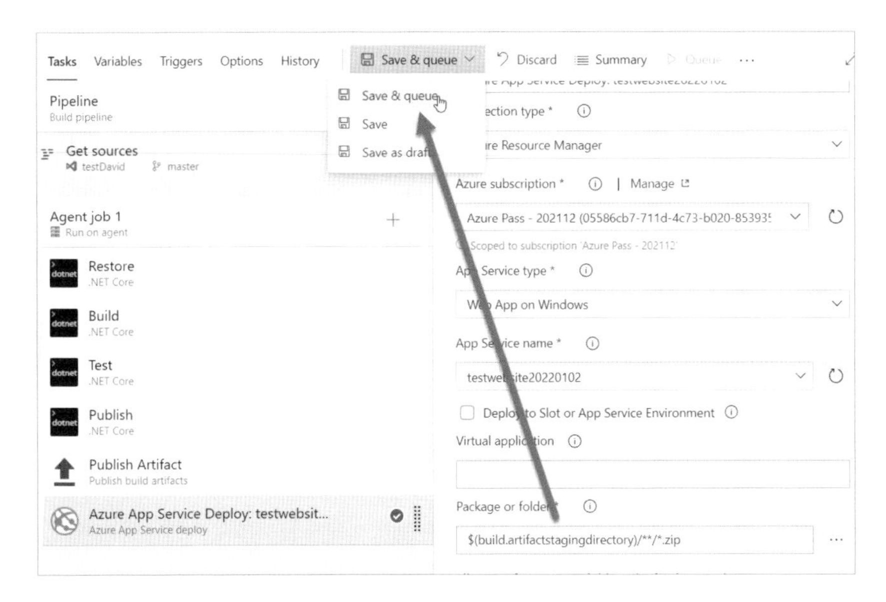

接著，請按下「確認」鈕讓 pipeline 開始運行：

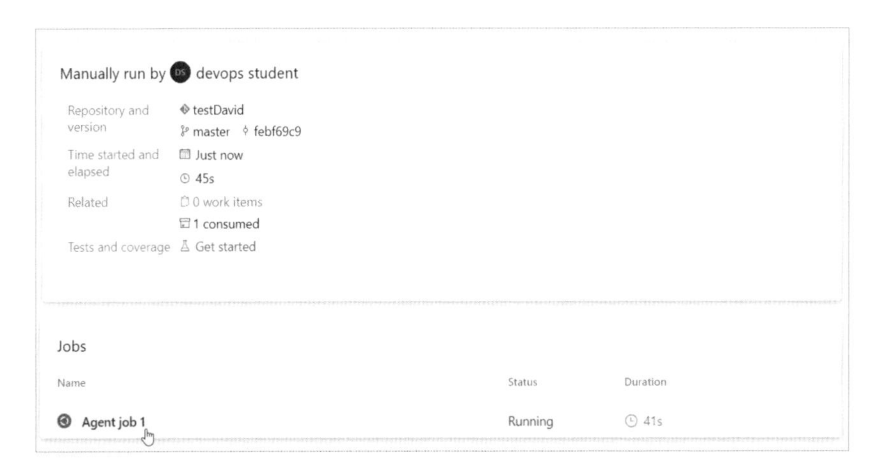

你會發現，等 pipeline 運行完成之後，網站也真的自動部署好了（如下圖）：

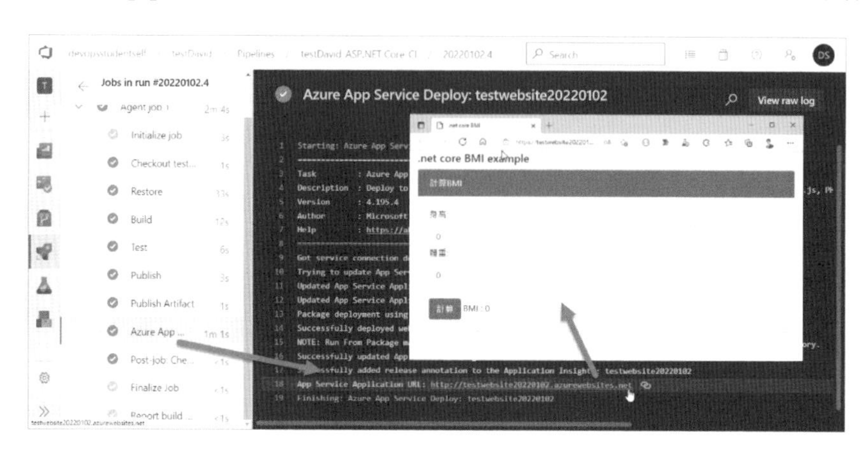

更重要的是，你建立出的這個 Pipeline，是一個可以被程式碼變更所自動觸發的流程。也就是說，未來團隊中只要有任何一個開發人員，將程式碼修改後簽入（Commit）並且上傳（Push）到伺服器端的 Repo 中，這個流程就會被自動觸發，然後新版的網站就自動出現了！

如此一來，我們的程式碼不僅能夠自動整合，在 CI Build 的過程中，還經歷了自動化的單元測試，成功之後，還自動部署到測試網站上了。而這一切，只需要花你十幾分鐘的時間，透過 Azure DevOps 將一條自動化的 Pipeline 建立完成即可。

很方便，是吧？

1-6　再回頭談談 DevOps

1-6-1　我們剛才做了些什麼？

回顧剛才的整個動作，我們做了什麼？

我們約略的把 DevOps 中核心的 CI/CD 做了一次，CI 是 Continuous Integration，中文翻作持續整合，而 Continuous Delivery（CD）則是持續交付。

在我們剛才建立的 Azure Pipeline 當中，我們使用到了 Azure Repo 中以 Git 方式作為版控的程式碼，程式碼是來自於我在 GitHub 上的範例。

這個 C#範例裡面包含三個部分，分別是主程式（下圖 C）、類別庫（下圖 A）、以及單元測試（unit test）程式（下圖 B）：

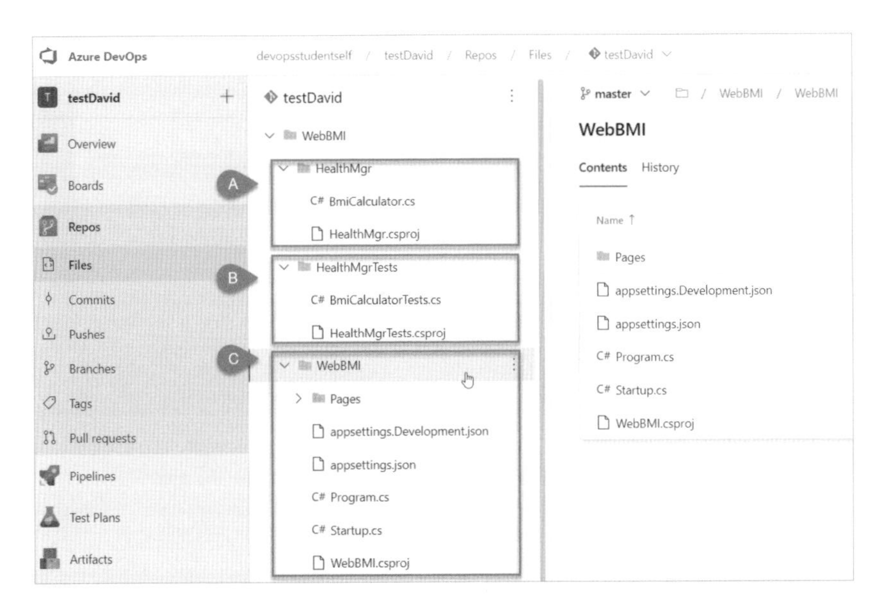

我們透過 Azure Repo 的 Clone 功能，將 Source Code 從我的 Github 複製過來 Azure DevOps 站台。在一開始，我在程式碼中故意留了一個小 bug。

緊接著，我們設計了一個 Pipeline，這個 Pipeline 有幾個特色：

1. 它是運行在 ubuntu 上的，因為.net core 支援 Linux 環境。
2. 它從內建的範本建立，一開始就包含了運行單元測試。
3. 我們將 Triggers 設為 CI，只要有任何程式碼異動（在 master 分支上），就會自動觸發整個流程。
4. 一開始我們先把單元測試 Task 給槓掉了（disabled），後面修改更正過程式碼之後，才又將其加回來。也就是說，Pipeline 中的 Task 可以在 Pipeline 中隨意調整。

5. 最後我們加上了部署功能，當 Pipeline 中的建置（Build）、單元測試（Test）都無誤之後，我們透過 Azure App Service Deploy 這個 Task，將建置好的網站，直接部署到雲端站台上，然後，它就真的可以運行了：

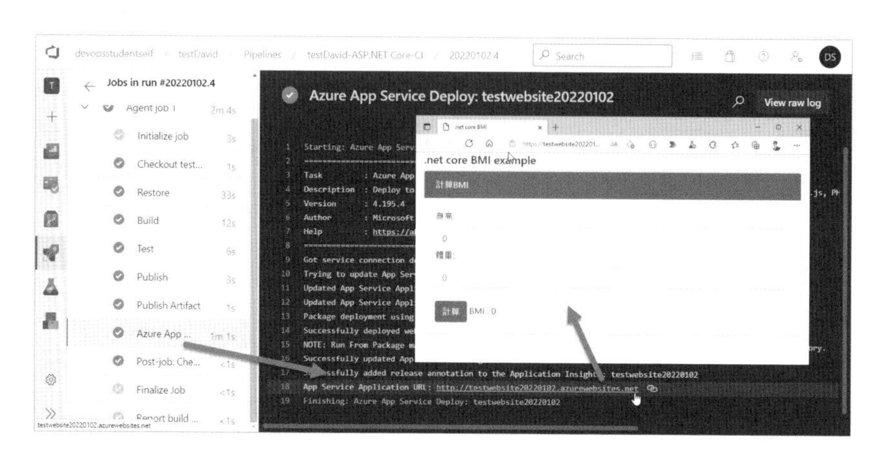

到目前為止，我們可以知道，整個 Pipeline 是個一連串透過 Task 建立起來的行為，幫助我們自動化整個流程，這流程可以一路從程式碼版控，一直到把網站部署上去。[10]

1-6-2 CI/CD 的目的究竟是什麼？

倘若，CI Pipeline 的主要目的是為了實現持續整合，而實現持續整合的主要目的則是為了持續交付。那…為何需要持續交付呢？

我最近上課的時候都會這麼問學員，過去一年，你一定有上網預約疫苗的經驗，如果沒有，你大概也有上網登記五倍券還是某種 OO 券的經驗，再沒有你疫情期間總有過上網購物吧。

10 嚴格來說，更複雜的部署行為應該建立在 Release Pipeline 當中，我們這邊只是用 CI Pipeline 淺嘗一下。

倘若，你上網登記或購物時，網站突然有問題，或是購物車的金額計算不太正確，你通知了網站營運單位，他們也告知你會立刻著手處理，這時候的你，會希望網站多久可以更新或修復？

一小時？一天？還是一兩個月？

同學幾乎都跟我說：「立刻，不然我就換一家網站購物囉~」。

是啊，立刻。

既然我們都這麼要求其他人，那我們自己所建立起來的網站呢？能不能經得起這樣的要求？當我們的網站有問題，或是客戶提出新的需求時，我們能夠多快的將新功能或修正交付到用戶手上？

而且你知道的，緊急狀況下，往往兵荒馬亂，即便你知道程式碼在某個地方可能有錯，但這段程式碼最初不是你寫的，你敢動手改嗎？你怎麼知道不會改了這邊，就壞了另一邊？你怎麼知道這個修正會不會引起其他額外的副作用？有些時候，程式碼明明在你的電腦上是好的，但整合了團隊中其他人開發的程式碼之後，部署到測試機上，就是無法運行，怎麼回事呢？！

就算開發人員真的把所有問題都在測試機上改好了，是不是還要經過 QA 的人工測試把關才能交付給客戶呢？但測試需要時間啊，如何才能實現「立刻」將成品交付給客戶？

上面這些，都是 CI/CD 想幫助你解決的問題。

持續交付，聽來很容易。也確實，因為技術的進步，現在要快速的把更新後的程式碼變成軟體成品，部署到正式機上讓用戶使用，也許真的也不難。但你有把握在「快速」的同時，還能保有高品質與安全性嗎？你有勇氣讓開發人員把程式碼修改完之後，透過 Pipeline「全自動」的直接上版到正式機上嗎？

從你收到 bugs 或需求，一直到交付到用戶手上的這一刻，你能夠多快呢？你的交付頻率，可以達到一週數次甚至一天數次嗎？

1-6-3 沒有持續整合，就沒有頻繁交付

也是，一週數次或一天數次的高品質交付，在幾年前聽起來似乎有點不可思議，但現在市場上很多網站或是應用服務，正以這樣的速度在和你的產品競爭，而你心中理想的交付，想要多頻繁呢？

然而，請記得，**頻繁交付不是問題，真正的挑戰其實在於品質**。

現在很多網站或軟體服務的廠商，更新 bugs 也是挺「頻繁」的。只是這個頻繁，完全是「人工」所堆積出來的。當碰到問題，要求工程師加班熬夜立刻解決，一旦改好程式碼，開發人員自己在電腦上隨便按兩下測試一下，接著就直接把成品手動複製貼上到正式機，然後就...祈禱不要再出問題。這也難怪綠色包裝的乖乖會成為長銷商品了。

吃燒餅哪有不掉芝麻的，有 bugs 在所難免，特別是高壓又加班的緊張環境下，品質肯定會大打折扣，但工程師就在這樣的輪迴下一天天的過著日子。是啊，大夥拚著新鮮的肝，快速地把一堆含有潛在問題的產品交付到用戶手中，然後再快速的修復 bugs，然後再快速的收到用戶傳來的新 bug，然後...就這樣日復一日、年復一年，你覺得很有趣嗎？

高強度持續交付的基礎，是頻繁的程式碼整合。

而且，我們必須要在 CI Pipeline 當中，設法加入各種快速的檢查，以確保持續維持著高品質的產出，前面提到的單元測試，就是其中之一。但單元測試只是基本，除了單元測試之外，我們還應該要做靜態程式碼掃描，還應該要做套件的安全性掃描，我們要讓團隊適當地做 Code Review，並且對程式碼的品質有方法、有步驟的持續進行提升，這些都是持續整合要做的事情，都做到了，你「才」算是有了一個持續交付的基礎。

1-6-4 沒找到真正的需求，就沒有有價值的成果

是不是這樣就夠了，差不多，但還缺一個重點，就是「需求」。

軟體開發的一切都是從**需求**來的，如果我們對需求沒有作好的管理，我們的快速交付只是徒勞，有點像是薛西弗斯那個巨大的石頭，我們只是一次又一次，

一再一再的奮力把成品快速的交到用戶手上，但卻沒辦法讓用戶滿意 -- 如果，你忘了需求才是一切的核心。

而需求是得要被探索和釐清的，特別是這個快速變化的時代。時間有限、資源有限，當我們想要快速將成果交付到用戶手上的同時，我們必須和時間賽跑，如何能夠快速地將用戶最需要的功能，在第一時間「先」交付到用戶手上，然後「再」持續慢慢地補齊用戶想要的其他功能，如何在交付功能之後，持續的蒐集用戶的真實反饋，調整開發的優先順序，把用戶真正需要的功能先實做出來，這其實是一門藝術。困難，但必須。因為找到真正能幫用戶產生價值的需求，才是軟體開發一切的根本。

1-7　你怎麼管理需求的？

從進入專案開始，各種**需求**就如影隨形的跟著我們，所有的開發工作，都是從需求（或 Bugs）所產生的，所以我們不可能放著需求不去管理。

一個好的專案管理與程式碼版本控管機制，可以輕易的得知目前這個變更（Change）是從哪一個需求（或 bug）來的，我們應該要能夠從系統上輕易地查看到需求、工作項、程式碼版本之間的關係。

例如，底下這個 Azure DevOps 的畫面，**可以讓管理者輕易地看到，程式碼的變更是由哪一位開發人員，因爲哪一個需求，在什麼時候建立的：**

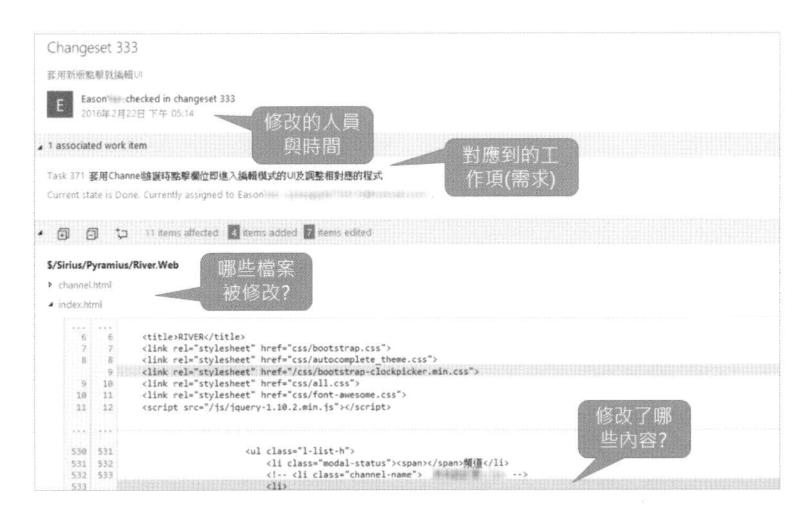

除此之外，由於敏捷（Agile）與迭代（Iteration）觀念的加入，我們透過迭代開發，需求也有底下這樣的生命週期：

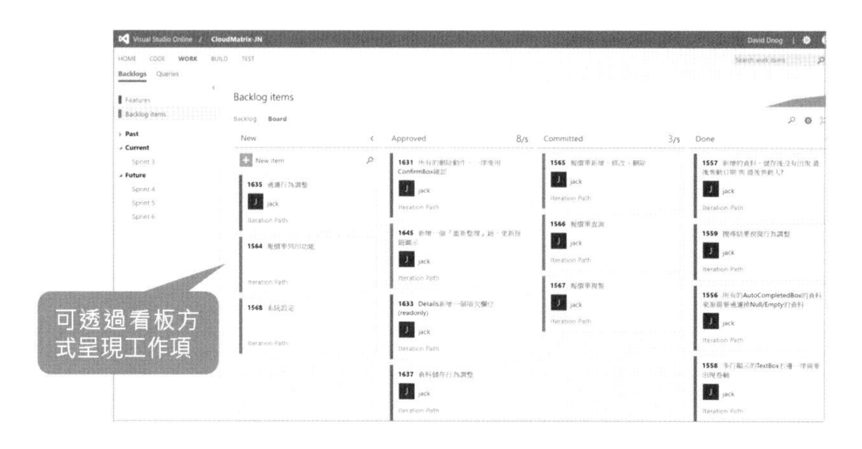

如果你細看上圖，你會發現需求被分為四個狀態，分別是 New、Approved、Committed、Done，這個是 Azure Board（Scrum Template）看板上 Backlog Items 的生命週期。

1-7-1 還在 Word？Excel？該用看板（Kanban）了...

配合敏捷的迭代與 Scrum 的 Activity，當我們開始訪談，進行需求的蒐集時，每一個新蒐集到的需求（Scrum 稱之為 Backlog），都會先被放在看板上的『New』這個 Column，這表示該需求還是 PBI（Product Backlog Items）的狀態，尚未決定要開始進行開發。那...什麼時候開始開發呢？

還記得嗎？我曾說過，搜尋到這些需求之後，最重要的事情是什麼？沒錯，是排出優先序[11]。

[11] 一般來說，排出優先序這個動作，會是 PO(Product Owner)與用戶之間去討論協調的，在 Scrum 的安排中並沒有傳統的 SA(系統分析師，過去主責需求訪談)這種角色。在台灣的敏捷轉型中，許多團隊對 PO 這個角色會有所混淆，具體這個排序的動作是交由哪一個人主導，可能會依照導入時的實際狀況來決定。

我們先假設選擇兩週[12]作為一個迭代（Iteration）。這樣，排出優先序後，團隊可以把兩週能夠做完的份量的 backlogs，從「New」挪移到「Approved」，這表示要開始**專注地**進行這些 Backlogs 的開發了。

被移入 Approved 的 Backlogs，我們稱之為 SBI（Sprint Backlog Items），因為要在這個迭代中被開發，且這個迭代的最後一天，舉行 Demo Meeting 的時候，我們就要將這些 Backlogs 的開發成果，展示給用戶來看。

1-7-2 敏捷開發帶來的影響

你會發現，敏捷的概念讓我們拋開了以前複雜的規格書、以及用 Word、Excel（我甚至還有看過用 Power Point 的）來蒐集和撰寫需求的作法。

而是把初期訪談的需求先寫成很簡單的 Backlogs（可能是只有幾行文字描述的 User Story），然後就先放著，和用戶一起排好優先順序（這比較重要），等到差不多準備開發（也就是快要將 Backlog 從 New 移入 Approved 這個 State 變成 SBI）的那一刻前，再跟用戶確認具體的需求內容與規格細節，確認 Acceptance Criteria。

再強調一次，如果你真的有跟用戶把需求排好優先順序，你就不難抓到這個時間點[13]。

我們不先把規格都**完全談定**嗎？是的，**我們不**。

還記得嗎？因為我們不相信規格不會改變。我們認為規格會隨著時間改變甚至過期失效，那既然規格有可能改變，還沒準備進入開發的需求，又何必花時間去詳細談內容呢？請注意，這不表示我們完全不談或不重視規格，而是，只需要用 User Story 先框出一個範圍就好，等到要開發前（只要有排好優先

---

[12] 當然你也可以選擇其他週期(1 or 3 or 4 週)，但一般來說，決定了就不會改變，如果選擇更短的週期，專案的節奏會更緊張，但開會會更加頻繁。如果選擇較長的週期，則可以在一個迭代中實現更大的功能點(用戶每次看到的 demo 會更完整)，但這樣會更需要留意每天的站立會議，避免團隊發生到了 demo 前才趕工的過往惡習。此外這也表示得到用戶反饋的週期變長，可能過去令人困擾的需求變更的可能性又增加了。

[13] 反過來說，如果 PO 抓不準這個時間點，表示你的需求優先序並沒有排好，也不夠重視。

序，你不難知道接下來要開發什麼 item），再跟用戶確認這些 Backlogs 的規格細節即可。

會不會和過去所理解的做法有些不同？

我知道，這個作法可能跟大家以前談規格的方式完全不同，甚至有點顛覆了我們對需求的認知。我也同意，當企業開始進行敏捷轉型，一開始很難就直接這麼做，過程中會有太多的懷疑和擔心。你可能會想，這樣我們怎麼預估出專案成本和時程？ 客戶心裡也許也會懷疑，這樣你真的知道他想要的是什麼嗎？會不會客戶反而更擔心，覺得你沒有認真了解他的需求？

但很神奇的是，在實際將這個作法導入到專案中執行之後，將可以大幅的降低專案中的浪費，讓開發團隊專注於開發真正對用戶有用的功能，由於我們盡可能的縮短需求**開發到談定規格之間**的時間差，因此過去三五不時碰到需求變更的狀況也將會大幅的降低。

1-7-3 建立第一個 Backlogs

好了，知道 Backlogs 與需求之間的關係之後，我們來看在 Azure DevOps 的環境中，如何建立 Backlogs 來記錄需求。

在系統中，我推薦兩個地方來建立 Backlogs。

第一個是底下這個畫面，它適合一次輸入大量 Backlogs。我自己會建議讓 PO，在專案啟動、一開始跟用戶談需求的時候，用 Azure DevOps 底下的這個介面：

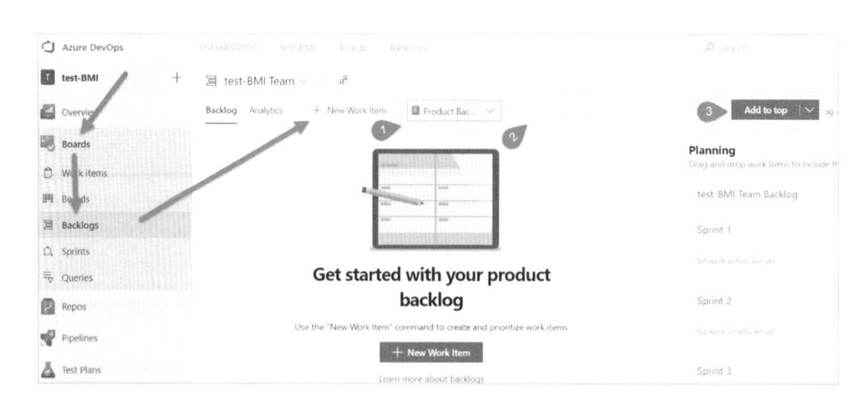

這是主選單中 Boards 分類裡面的「Backlogs」功能，**第一次**點選時，會出現上面這個畫面，然後你可以選擇「+New Work Item」來建立新的工作項目，由於我們正在跟用戶蒐集新的需求，所以我們選擇「Product Backlog item」[14]即可（上圖 1）。

然後把用戶想要的功能（Wish List），逐一填入到畫面中的文字方塊（上圖 2 的位置，我知道，你只有一行字的空間...而不是一大塊可輸入長文字的文字區塊），然後按下「Add to Top」按鈕（上圖 3）。

That's it.

用戶可能會告訴你他需要很多功能，你就一筆一筆地敲到系統中，不需要逐筆討論細節，就先輸入進去。因為現在我們只是先框一個範圍（scope）。你如果真的操作，會發現這個畫面有個好處，你直接在下圖的欄位中，輸入完用戶提的需求，直接按下 Enter，又可以輸入下一筆：

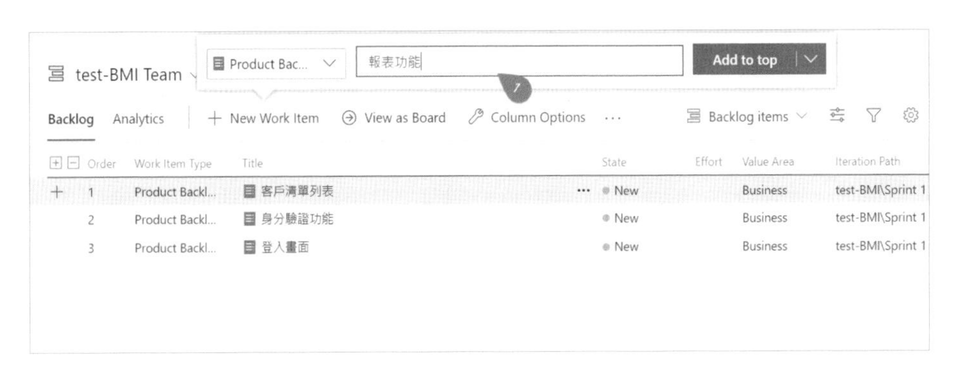

不久之後，你大概可以蒐集到上百個項目（item），或許每一個項目的顆粒度[15]大小並不一致，先別擔心，我們後面還有時間可以整理。如此這般，我們先把每一個需求列進來即可。

---

[14] 請注意，你建立專案時必須選擇 Scrum Process，否則這邊的名稱可能不同。

[15] 所謂的顆粒度，差不多就是預計工作量或是預計工作時數。

如果某一個需求你真的有必要記錄一些細節，你還是可以 Double-Click 它，將 Backlog Item 開啟，進行編輯：

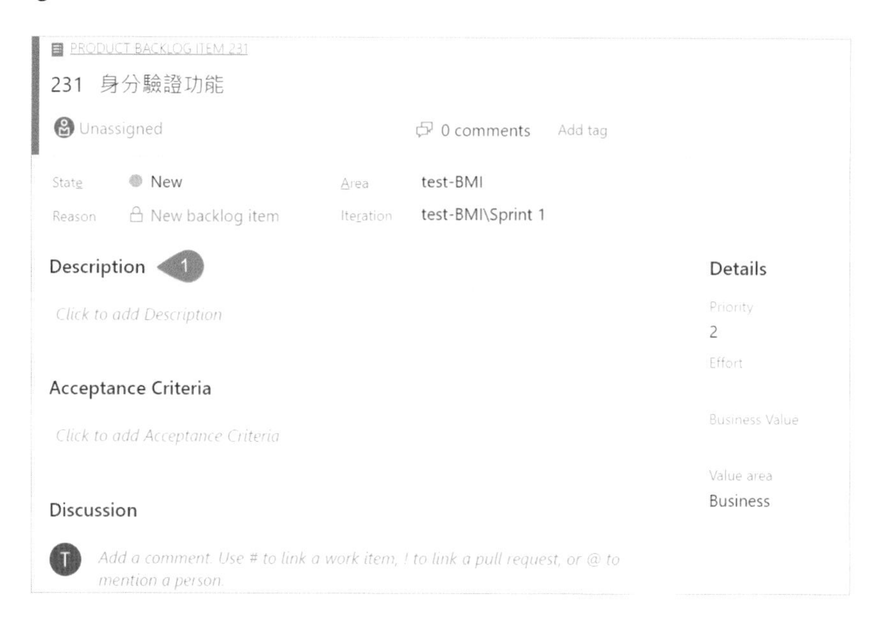

在 Description 這個欄位（上圖 1）中，你可以輸入跟這個需求有關的一些說明，可以輸入文字、貼上圖片、或是超連結...當然也可以只是簡單的使用 User Story 的形式來描述。我們後面會再找機會更仔細地談談 Backlogs 的輸入，目前讀者先知道這些已經足夠。

現在，我們去談需求時，只管需要把筆電帶著，到客戶端的時候，投影出來，不再需要用什麼 Excel/Word/PowerPoint，而是與用戶面對面訪談時，直接開啟 Azure DevOps 上面這個畫面，並且把需求逐一輸入進去。

我知道，要你忍住不去談需求的細節，可能會有點難受。甚至你也會擔心用戶是否覺得你不夠專業，相信我，並不會 -- 只要他看到你在談需求時，認真的輸入了每一個**他在意**的項目。

也因此，我常常用投影直接一邊談一邊輸入。我得再次提醒，你在採用敏捷開發時，必須把需求的不確定性時時放在心裡，現在這樣做，並非不在意用戶的需求，恰恰相反，我們在意他**真正要做的**需求、我們在意系統真正要實現的**價值**。

過去，我們蒐集了看似豐富、完整的需求，撰寫了漂亮的規格書，但最後呢？最後規格書上的每一個需求都變了（還有一大堆是根本用不到的功能），歷史已經證明了過去的作法不可行，因為產出的並非用戶真正可用的軟體。

反之，敏捷用**迭代**的概念來面對需求的不確定性，我們先把用戶的 wish list 整理出來，然後跟用戶一起排好優先序，當優先序確定了，我們認真地、專注地、仔細地，跟用戶好好把接下來這一兩個迭代要開發的需求仔細談清楚並且賺寫成 Acceptance Criteria，這才是專業的表現。

對了，我剛才說還有另一個地方也可以輸入 Backlogs：

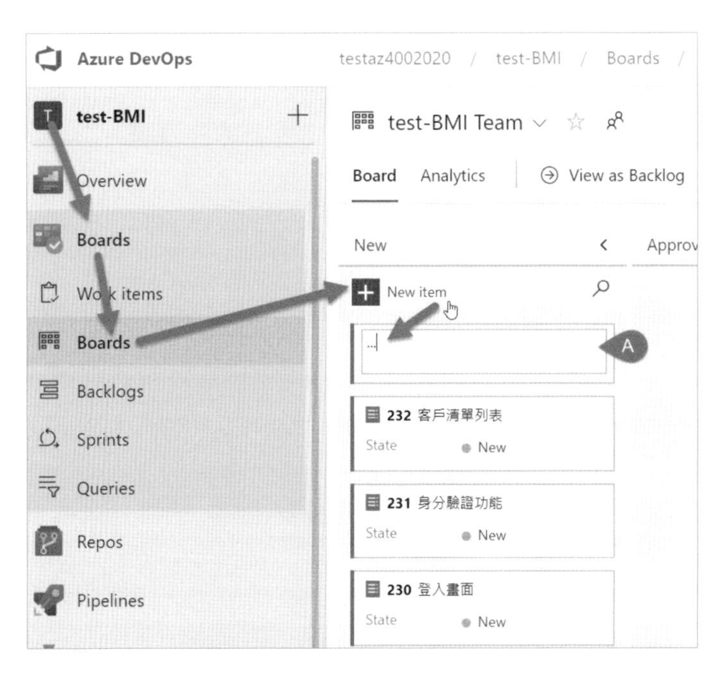

你可以從主選單的 Boards 進入該功能，他是看板檢視模式，在看板模式中，一樣可以輸入新的 Backlogs。只不過這個畫面更適合管理 Backlogs 的生命週期（New→Approved→Committed→Done），用來作為輸入有一點不夠便利（因為不適合連續輸入，但很適合在專案開始後，作為 Demo Meeting 的展示畫面，以及和用戶對談需求的顯示畫面）。

1-7-4 Backlog Refindment

大致框完一個系統的需求範圍之後，我們會針對所有蒐集到的需求進行整理，PO 需要把顆粒度太大的需求切割成幾個較小的需求，這是一個難度不低的工作，一般來說愈有經驗的專案管理人員，愈能夠勝任。顆粒度大小會跟你選擇的迭代週期有關，例如你的迭代選擇兩週，那每一個 backlogs 的開發就不可能大於兩週，這也跟團隊人數有關，一般來說，我會讓每一個迭代能夠大約放入 3～8 個 backlogs 這樣的大小比較適當。

除此之外，PO（Product Owner）還必須整理出優先序，當然這必須跟用戶討論，依照用戶的期待，把功能點完成的先後順序整理出來。另外，還有一個超級重要的事情是，PO 必須確保每一個迭代所交付出的 Backlogs 能夠為用戶帶來價值（Value），也就是我們說的，**潛在可交付產品增量**。

價值，這聽起來很抽象，如果要具體一點講，我會說，你每一次 demo meeting 所交付出來的成果，必須讓用戶覺得系統的功能又往前了一步、又實現了某個需求、又帶來了某些進展。最重要的一點是，用戶必須要**能夠真的使用**、並且能夠針對你的開發**提出反饋**。

用戶要能夠真的使用，能夠提出反饋，這兩點很重要。

如果依照這樣的原則，那你就不可能去 demo（交付）一個架構設計、資料庫設計這樣的 Backlog，你可以交付一個**登入功能**，因為用戶可以真的拿來使用，這功能有讓系統更完善一些、更往前一步，用戶也可以在使用後提出反饋。

但「資料庫設計」不行，甚至「登入畫面」也不行，這兩者都不是一個好的交付，因為用戶不能用，無法提出反饋。這就是我們說，**潛在可交付產品增量跟雛形**（prototype）的不同。我們在 Demo Meeting 所交付的**潛在可交付產品增量**，必須要是一個可以真的使用，真的為用戶帶來價值，用戶要可以在使用後提出反饋的功能。

1-7-5 從 Backlogs 展開 tasks

如果你看我們剛才撰寫的 backlogs，你會發現，Backlogs 中沒有技術用語，他就是一個連用戶都看得懂的功能描述（如果真有必要，你可以把技術用語寫在 backlog 的 description 當中，或是寫在其他地方，用附件或連結的方式填在

description 裡）。但當我們把 backlogs 從 New 移動到 Approved 之後，我們會在 Scrum[16]的 Planning Meeting Part 2 這個會議中，將 Backlogs 展出 Tasks，這 Tasks 中就可以有技術用語了，例如：

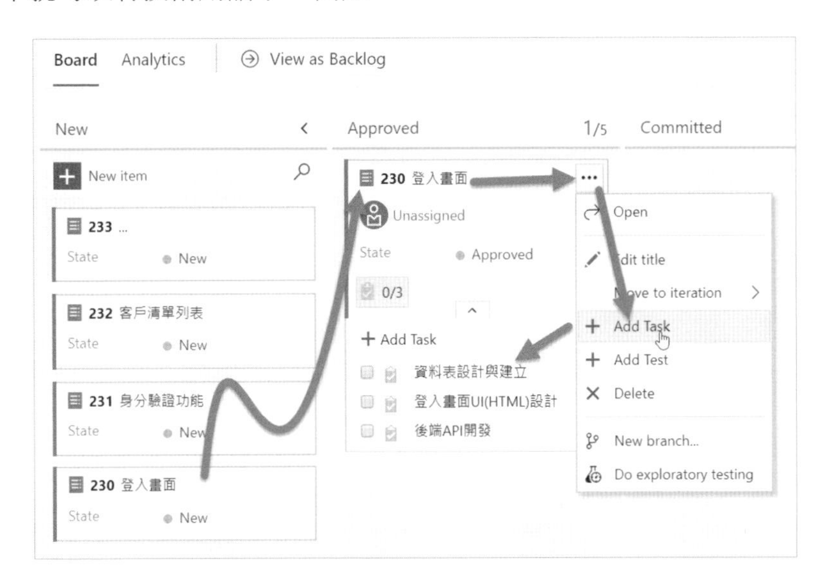

請看上圖，這是前面提到過的 Boards（看板）畫面，這個畫面就很適合把整理好要開發的 Backlogs，從 New 拖移到 Approved，當一個 backlogs 從 New 被拖曳到 Approved 之後，意味著我們要開始進行開發。然後我們會從藍色的 Backlogs 展出（新增）黃色的 Tasks，這 Tasks 就可以有技術用語，因為關注 Tasks 的主要是團隊成員（技術人員）。

例如，上圖中的 Backlog「登入畫面」，就展出了「資料表設計與建立」、「登入畫面 UI（HTML）設計」、「後端 API 開發」這幾個 Task...

然後，我們可以把 Task 指派給團隊中的開發人員，開始進行開發工作。到這邊，你大概對需求以及工作項的管理開始有初步的概念了。一般來說，開發人員（團隊成員）會聚焦在 Tasks 上，而 Product Owner 和 Scrum Master、Team Leader、用戶，則會聚焦在 Backlogs 上。

[16] 由於本書並非討論 Scrum 的專書，因此在這邊就不多介紹 Scrum，建議讀者可以參考中文版的 Scrum Guide，將可以瞭解更多關於敏捷開發與 Scrum 的觀念。

如果有必要，其實這個看板很可以分享給用戶檢視，雖然用戶大概不太會去看 Tasks（也不一定看得懂），但開會（demo meeting）時，我一定會把這個看板打開，投影出來讓用戶看到，展示這個迭代我們完成了哪些 backlogs，並且讓開發人員 Demo 我們所完成的功能。

備註

其實，除了 Backlogs 之外，Backlog 上面還有一個層級 Feature、 Feature 上面還有 Epic。Azure DevOps 中針對 Scrum Tempalte 的 work item 層級大致如下：

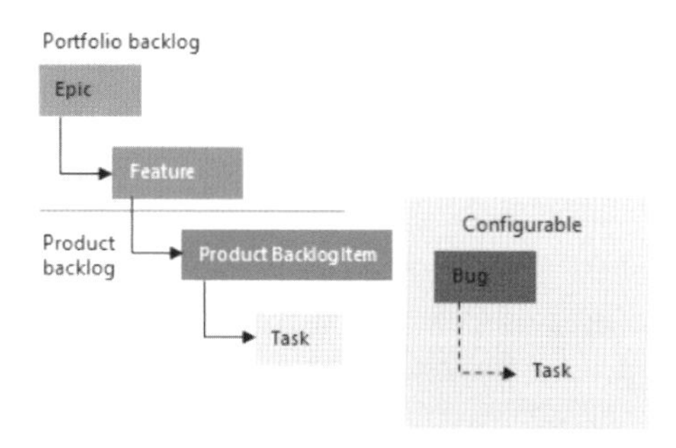

後面我們找時間再來談這些細節。

1-7-6 迭代、看板、與工作項的生命週期

到這邊你大概知道了我們怎麼向用戶蒐集需求，並且建立到 Azure DevOps 系統當中，以及如何在正式進入開發之後，從 Backlog 展出 Tasks。其實，Tasks 也有自己的生命週期：

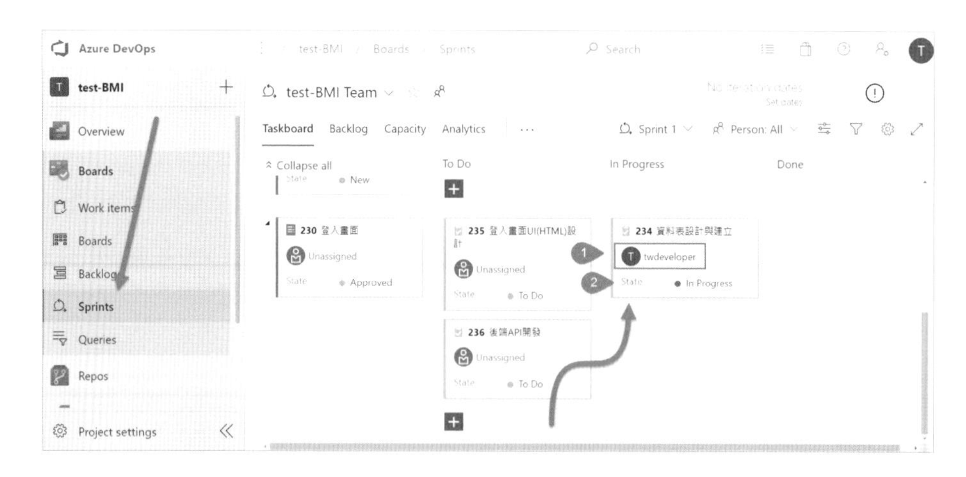

如果你切換到 Sprints 這個畫面，會看到在當前迭代中，剛才我們展開的 Tasks 位於「To Do」這個狀態，一旦開始開發，指派了開發人員（上圖 1）之後，開發人員可以將其拖曳到 In Progress 這個狀態，如果完成了，就把它拖曳到 Done[17]。

1-7-7 未完

關於需求的管理，我們先看到這裡，其實，我們還沒講完，甚至可能還不到所有我想介紹的內容的一半。

不過我要先在這邊打斷，因為底下我們要立即把程式碼版控加進來，讓您直接體驗到程式碼與需求之間的整合。然後，未來有機會，我們再更仔細地談談需求管理的部分。同時，你也可以稍微醞釀一下，因為我覺得你可能會對敏捷開發的需求管理有一些疑惑，特別是前面我說，「不用把每一個需求都談清楚」的這一塊。

請讀者在這部分再稍微思考一下，然後把你對於敏捷蒐集需求和對專案做規劃預估的疑惑，慢慢整理出來，我們後面將會一一回答。[18]

1-8 小結

這一章，我們初探了 Azure DevOps 的基本功能，從需求、版控、一直到自動化的持續整合與部署。同時，也稍微談了為何我們會需要 DevOps、為什麼我們會需要自動化的 CI/CD。

但這只是一個開始，從這章中的範例，你已然看到，如今建立一個自動化流程已經是相當容易的事情了。那為何我們還需要學習 Azure DevOps 呢？關鍵在於，快速的自動交付必須同時兼顧安全性與品質，而這往往才是真實世界裡最大的挑戰。

---

[17] 不過，其實現在有更好的辦法，開發人員無需自行拖曳，工作完成之後會自動變成 done。這部分我們將會再介紹 PR(Pull Request)的時候說明。

[18] 也歡迎您可以隨時將閱讀中碰到的問題，上網與筆者討論或分享，您可以造訪筆者的 FB 專頁。https://www.facebook.com/DotNetWalker

在後面的章節裡，我們會從版控和 Azure Repos 繼續談起，讓讀者瞭解，為何 Git 版控對於 CI/CD 如此重要，並且和讀者談談關於團隊合作的工作模式與分支策略選擇。

1-8-1 Hands-on Lab 1

請參考本章內容，依序完成下列工作：

1. 建立 Azure DevOps 站台與專案。
2. 在新專案中，Import 筆者在 GitHub 上的原始程式碼 https://github.com/isdaviddong/dotNetCoreBMISample.git
3. 為此專案建立 Build Pipeline。
4. 嘗試運行 Build Pipeline。
5. 觀察結果是否正確？ 如果不正確，請修正程式碼或環境問題。
6. 在 Azure Portal 上建立 WebApp（網站）。
7. 修改 Build Pipeline，實現自動化部署，將 Build Pipeline 建置好的 Artifacts 自動部署到 Azure Portal 的 WebApp 上。
8. 設定 Build Pipeline 的 Trigger，將 Pipeline 調整為 CI Pipeline。
9. 修改程式碼，觀察 CI Pipeline 是否被自動觸發，網站是否有更新？

CHAPTER

持續整合的基礎 － 版控

我們非得在介紹 CI（持續整合）/CD（持續交付）之前，先來談談 Azure Repos 與 Git 版控這些個議題。因為，所有自動化流程的觸發，其實是由 PR 開始的。

版控（特別是 Git）與分支（Branch）策略的選擇，很大幅度的影響後續自動化流程的進行，以及團隊合作的順暢與否。而 PR（Pull Request）則是後續 CI/CD 被觸發的源頭，這些都是 Git Repos 之所以如此重要的原因。

在這一章中，我們不會介紹基礎的 Git 觀念（請讀者自行選擇其他教材補足相關概念），而是直接介紹 Azure Repos 中如何使用 Git 版控機制，以及如何透過 PR 來進行所有的工作。不論你過去是否熟悉 Git，都別錯過本章的介紹與說明。

2-1 一切都是為了頻繁交付

2-1-1 沒有持續整合，就沒有頻繁交付

前面我們提過，想要實現頻繁交付，且交付給用戶的成果不能充斥著品質上的瑕疵，要能夠符合一定的水準，程式碼持續整合是必須的。

當你有夠多的開發經驗後，應該會發現，寫程式並不難。有時候，一個人寫程式也不難。困難的地方是**團隊合作**。而且，在合作過程中，團隊等於是在共同編輯一份彼此有高度相依性的程式碼。也就是說，團隊共享著一份位於相同 repository 的程式碼，在同樣的基礎上持續的累積成果。

過去，大型團隊常常透過將程式碼切出分支（branch）來進行協作，也就是說，開發人員（團隊）可以依照自己的需要，從主幹（master）上將程式碼複製（其實是分支）一份出去，然後開始修改程式碼，待完成之後，再合併回主幹。

這樣做當然有好處，因為開發的過程當中，我們可以隨時保有一份可運行的原始程式碼（在 Master 主幹上），待分支上修改的程式碼都完成的差不多了，最後再合併（Merge）回主幹上。一方面不怕改壞程式碼，另一方面可以因應不時之需（例如用戶的正式機壞掉了，需要重新部署一份）。

但真實世界並非總是那麼美好，由於 Git 版控進行分支（Branch）太容易了，儲存成本也低，導致初學的開發人員常常隨意的就 branch 開了出去。也有另一種狀況，是開發人員會為了不同運行環境（例如正式機、測試機、開發機...）的需要，從主線上又開了分支出去。

本來沒什麼問題的分支，隨著分支的數量愈來愈多、分支的生命週期愈來愈長，未來造成的問題將愈來愈大，什麼問題？就是「合併」。

不管你最初因為什麼理由切出的分支，終有一天，分支上的程式碼異動必須被合併回主幹。而合併常常是開發人員最痛苦的時候，有時候碰到衝突不打緊，因為切出很多分支，等於是有很多版本，這些不同的版本由不同的開發人員施工，時間一長，開發人員很容易忘了一週前寫的這段 code 到底是跟哪些其他程式碼有關？每個分支又有不同的修改，到底要保留哪一個分支上的 code 才對？還是該怎麼整合幾個分支之間的差異？有時在合併時，發現不同分支上的程式碼似乎根本彼此互斥，完全無法合併成一個版本，得花時間從頭看過程式碼才行。

只要有過這種經驗，你應該會發現，Git 的分支確實好用，但分支切的愈多、分支的生命週期愈長，合併時就可能會產生愈大的災難。合併時所額外花費的大把時間，可能把團隊合作所產生的綜效吃的一乾二淨。

早期很多大型團隊，甚至有所謂的合併日，在每月合併日的當天，把所有程式設計師通通找來會議室，大家盯著螢幕，由其中某位手腳比較快的程式設計師來整合程式碼，其他人盯著看並適時的解釋或提供意見...，花一個下午甚至一整天才能把所有分支上的程式碼給合併起來。

可以想像嗎？倘若團隊合作時，每一次的合併，都需要花上大把的時間，那我們怎麼可能實現一天交付數次或一週交付數次的目標呢？

2-1-2　團隊合作模式，決定了整合將多頻繁

因此，我們先說結論，若要實現愈高強度的 CI/CD，分支的數量得要愈少愈好，分支的生命週期則是愈短愈好。簡單的說，程式碼有多頻繁的整合，系統才有可能多頻繁的交付，沒有頻繁整合，頻繁交付顯然會淪為空談。而團隊採用的版控機制與工作流程，則會成為限制團隊能夠多頻繁整合的主要因素。

舉例來說，如果你的團隊採用 Gitflow（你可以很容易 google 到這種分支策略的圖形），做為團隊的版控與合作方式，對於需要進行高強度（一天數次或一週數次）的 CI/CD 來說很可能是不利的，Gitflow 中的 develop 分支，造成了過

長的生命週期以及未來 Merge 的需求。而相較之下，Github Flow 分支策略則相對較適合 CI/CD。不過，如同我們前面說過的，若真的要進行一週數次甚至一天數次的高強度交付，那程式碼整合勢必也是一天數次。在一天數次整合的狀況下，你還能走 Github Flow 做 Feature Branch 嗎？很難。

會不會，其實沒有多餘分支的 trunk-based development，比較起來更為適合呢？

上述這些，都是團隊合作時可選擇的分支策略，團隊想要實現多大強度的頻繁交付，勢必也得要選擇搭配的分支策略，我們在後面的章節中，將會繼續討論這個部分。

而上面提到的這一切，都是基於 Git 版控。因此，現在我們先回頭來看看 Azure Repos 的使用基礎。

2-2 認識 Azure Repos

如果你是微軟技術的愛好者，你大概之前就知道，Microsoft 早期自己有一套版控機制，是謂 TFVC（Team Foundation Version Control），過去我也是採用這個集中式的版控技術，特別是如果你用 TFS 或早期的 VSTS，那當時確實也都是以 TFVC 為主。

但時間來到了 2015，差不多就是在 2015 年的前後，這幾年微軟發生了很大的改變，從這個時間軸開始，微軟彷彿走入了另一個平行世界。微軟面對社群與 Open Source 的改變愈來愈顯著。微軟在面對外部市場與用戶有所改變的同時，其內部也發生許多質變，這一段歷史我們就不談了，但差不多從這個時間點開始，微軟對版控技術的看法似乎也作了調整。

時至今日，微軟自己內部採用的版控技術也大多是使用 Git，而 Azure DevOps 的版控環境中，也陸續的在 Azure Repos 當中，加上了許多 Git 相關的服務和整合，同時在微軟的官方文件上，也不乏介紹如何從 TFVC 轉換到 Git 版控的方式[1]。今時今日，我們大概幾乎底定是以 Git 版控技術作為未來程式碼版控技術的主軸了。

2-2-1 在 Team Project 中建立 Repos

很多人一開始使用 Azure DevOps 的時候並不知道，其實 Azure DevOps 有內建的 Git Repos，也就是說，你根本無需自行建立 Git 版控環境或伺服器，就可以享有相關的功能。不僅如此，使用 Azure DevOps 內建的 Git Repos 還有諸多的好處，像是可以在看板（Azure Board）的需求卡片（Backlogs）上，直接建立/關聯到版控的 Branch（分支），連帶著讓 PR（Pull Reuqest）串起整個開發流程。千萬別小看這件事。這件事是提升你的程式碼品質和控管的一大關鍵，如果沒有使用這個功能是很可惜的。[2]

讓我們先從頭開始，你只需要從首頁的左上角，點選「New Project」即可：

[1] Migrate from TFVC to Git
https://docs.microsoft.com/zh-tw/azure/devops/learn/git/migrate-from-tfvc-to-git

[2] 我知道有一些企業，因為對程式碼的儲存有自己的 Policy，所以並不一定方便存放在雲端的 Git Repos 當中，不過，這個現象愈來愈少見。如今，台灣幾各指標型的大廠，都可以允許把程式碼放到 Azure DevOps 的 Git Repos 中了，我想未來會愈來愈普遍。

在出現的畫面上，請務必點選 Git 版控（下圖 3）：

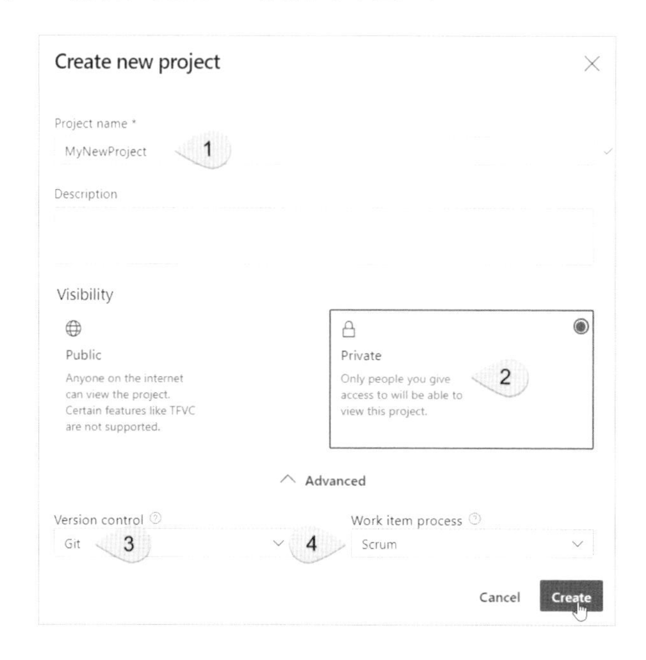

如此一來，建立出的專案就會預設擁有一個 Git Repository。

我們接著仔細看，當你在 Azure DevOps 中建立好一個新的專案之後，可以點選左方主選單 Repos 中的 Files，你會看到底下畫面：

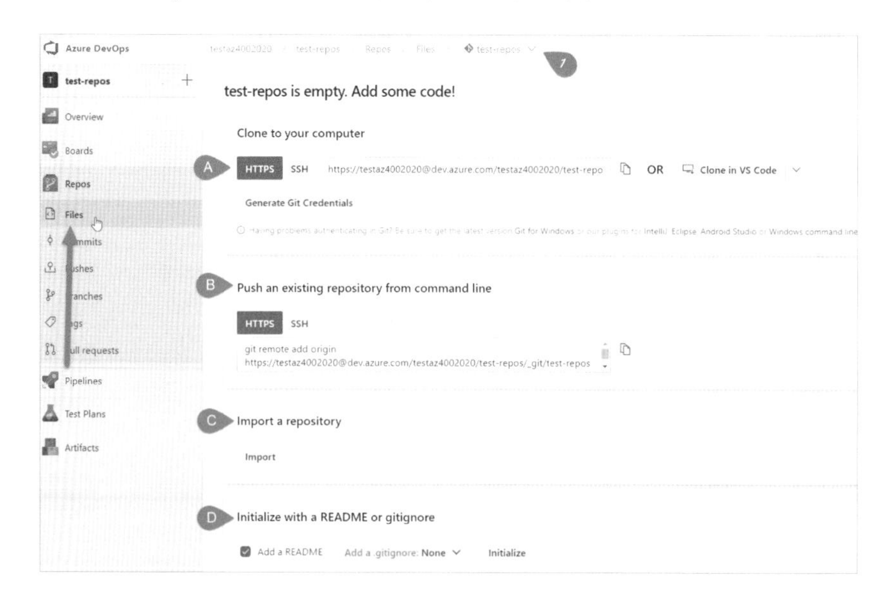

一個新的專案會內建一個空的 Git Repos（上圖 1），但其實你還可以為這個專案建立更多 Repos（這個以後有機會我們再談）。剛建立好的 Repo（或是沒有任何檔案的 Repo）顯示畫面會如同上圖的說明畫面。

你可以很簡單的匯入既有的 source code 到當前這個 Repo 中（使用上圖 C 的 Import 按鈕）。例如，我們可以從 GitHub 或其他 Git Repos 匯入程式碼，這個動作我們前面章節曾經做過。

若你的用戶端已經有既有的專案（且在用戶端也已經透過 git init 建立好版控環境），那你也可以透過很簡單的幾個 Command Line 指令，就把用戶端的程式碼推上 Azure DevOps 雲端中的 Repo（指令碼可參考上圖 B 為置所示），你也可以直接使用各種開發工具以 HTTPS 或 SSH 的方式連結到這個 Repo，像是下圖這樣：

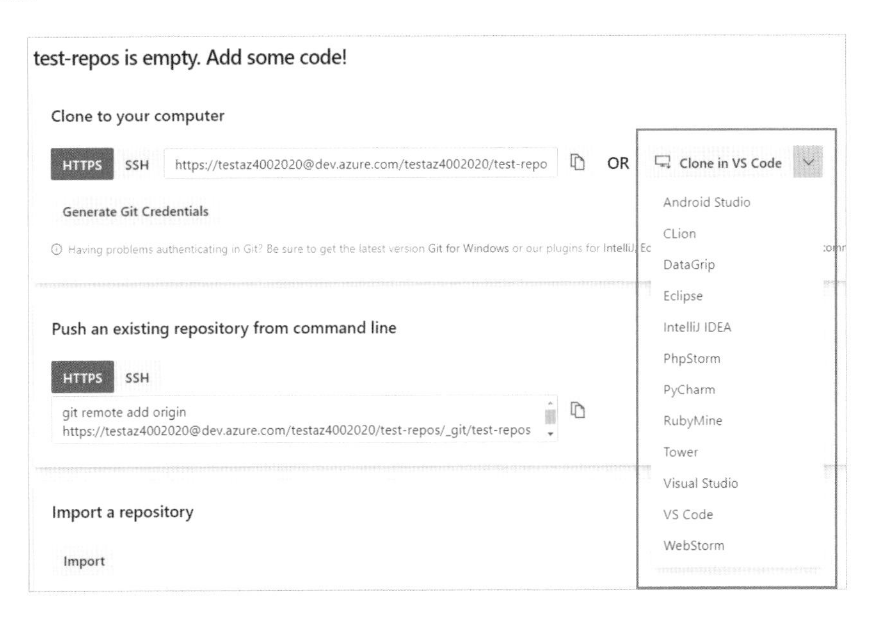

你會發現，大概所有主流的開發工具 Azure DevOps 都支援了。總之不管是你要把開發端既有的程式碼推上去、或是 Clone（Import）其他 Repos、還是直接連上空的 Repos...其實都很簡單。

關於 Azure DevOps Repos 的使用，我自己喜歡的流程是這樣：

1. 先建立好一個新的 Azure DevOps 專案。
2. 透過上面（上上圖中的 D 所示）的「Initialize with a README or gitignore」功能，為預設的 Repo 建立好初始檔案。
3. 以用戶端的開發工具（Visual Studio 或 VS Code）連上這個 Repo，把該 Repo 給 Clone 下來。
4. 如此一來就可以在開發環境上直接進行開發和程式碼簽入與上傳了。
5. 至於團隊中其他成員，則只需要進行上述 3, 4, 兩個動作即可。

我們就來看一下該怎麼做。

首先，我們在建立好一個專案後，可先進入 Azure Repo 的 Files 功能，透過 Initialize 功能進行初始化（下圖 2）：

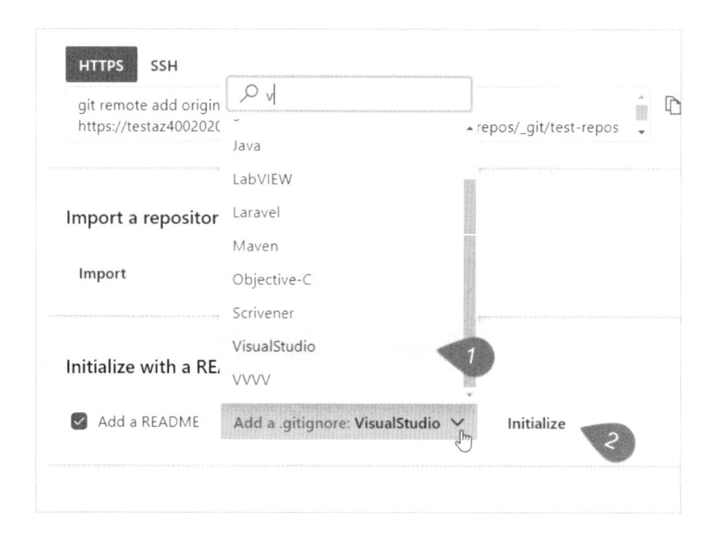

如果你是.net 開發人員，你可以在初始化時，選擇 Visual Studio（上圖 1）的 gitignore 範本（這會幫助你排除一些不需要簽入上去 repo 的檔案，例如.dll）。至於「Add a README」檔案這個選項我是會勾的，它會幫你建立一個 markdown 格式的 README，請依照你使用語言開發工具，選好之後按下 Initialize（上圖 2）即可。

你會發現，完成後，repos 中已經有兩個檔案了：

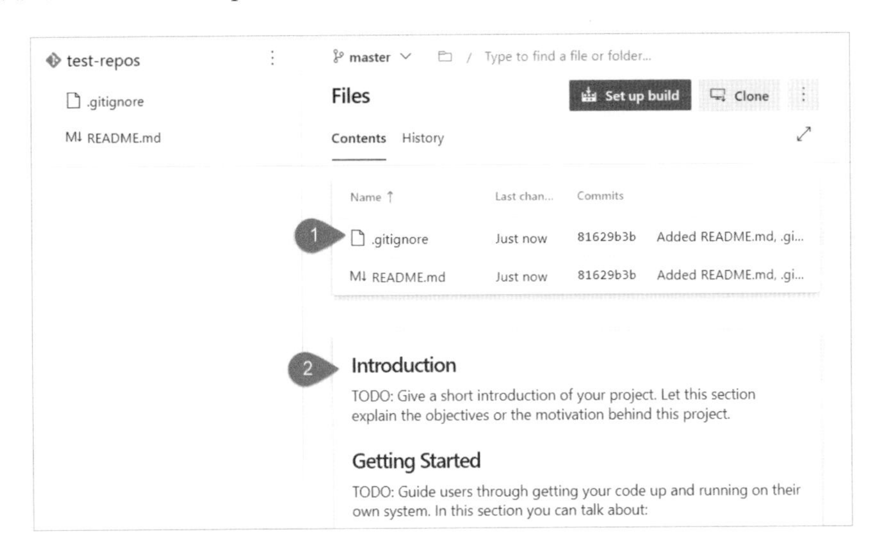

（上圖 1）的部分就是自動建立出的 gitignore，而 Readme.md 也為你建立好了（上圖 2），接著，就是讓開發人員在自己的開發環境，連上這個 Azure DevOps 雲端的 Repos 即可。

2-2-2 從 Visual Studio 連上 Azure Repo

Azure DevOps 是微軟自家的雲端服務，那使用號稱地表最強的微軟開發工具 Visual Studio 要連上 Azure DevOps 自然沒什麼問題。

開啟 Visual Studio，輸入你的帳號，在 Team Explorer 頁籤的位置（下圖 1），點選「管理連線」，接著依序點選下圖 2→3→4）即可連結到 Azure DevOps 的 Repos，不管你是用哪一個版本的 Visual Studio（免費或付費的[3]）都行：

[3] 請注意，由於 Visual Studio 持續改版中，因此你下載最新版的 Visual Studio 2022 可能會看到與本書稍有差異的畫面，但操作上大同小異。

連結時會出現底下畫面：

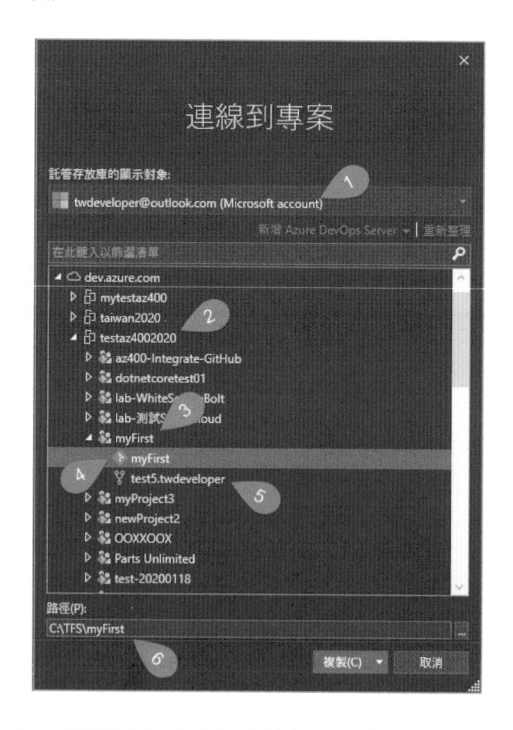

在（上圖 1）的地方，請選擇正確的帳號，該帳號必須是你要連接的 Azure DevOps 專案的 Owner 或 Member（總之必須是團隊成員），Visual Studio 會列

出所有你有權限存取的專案。如果你沒有找到某個站台或專案，請檢查你的帳號，如果有需要可以點選（上圖 1）的地方切換帳號。

然後，請點選你要連接的專案（上圖 3），將其展開，會看到該專案底下所有 Repos，如果是 Git Repos 會以紅色 Git 符號呈現（上圖 4），如果是 TFVC Repos（上圖 5，我們不建議在未來新的專案中使用）版控，則會是灰色符號呈現。

點選好你要連接的 Repos 之後，請在路徑（上圖 6）的地方輸入該專案你想要 Clone 到本機的哪個路徑，設定完成後按下「複製」鈕即可。

過程中如果有跳出視窗需要你輸入帳號密碼，請用你登入 Azure DevOps 的帳密即可。

成功 Clone 專案之後，你會看到類似底下這樣的畫面：

由於一開始剛初始化的專案中，並沒有 .net 開發專案中常見的 .sln 或 .*proj 之類的專案檔，因此會先以上圖這樣的資料夾檢視模式來顯示，你會看到剛才我們建立好的 README.md 和.gitignore 檔案都已經在其中（上圖 1）。

這時，你可以點選（上圖 2）的 Team Explorer，會切換到底下畫面：

你可以在這個畫面中，透過「新增...」連結（上圖 1），來建立一個新的專案（或方案），當你的專案建立好之後，可以透過「同步」（上圖 2）功能，將用戶端的檔案同步（上傳）到 Azure DevOps 雲端的 Git Repo 中。

例如，底下我們隨意建了一個.net 專案（project）：

這是一個基本的 Console 專案，建立好之後，你可以看到，在方案總管中，有新建立的程式碼（上圖 1），而上圖右下角的地方，你會看到目前有哪些尚未 Commit 的檔案（上圖 2），以及當前連結的 Repo（上圖 3）和目前正在使用的分支（Branch, 上圖 4）。

你可以透過點選上圖 2,3,4 這些圖示，來進行相關的操作。例如可以點選上圖 2 進行 Commit，當你點選之後，會出現底下畫面：

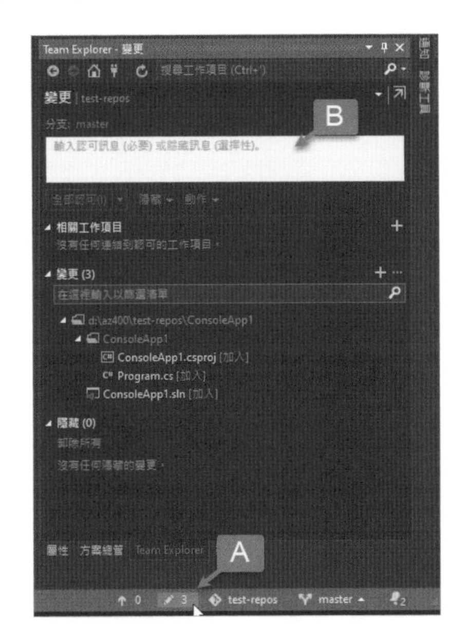

你可以在上圖 B 的地方填寫 Comment，然後選擇 Commit：

上面是中文版的翻譯，認可是 Commit，推送是 Push，同步是 Sync（他會先拉再推，這樣可以避免程式碼衝突），我們可以試著選擇「全部認可並同步」，結果會把所有程式碼同步到 Azure DevOps 雲端的 Git Repos：

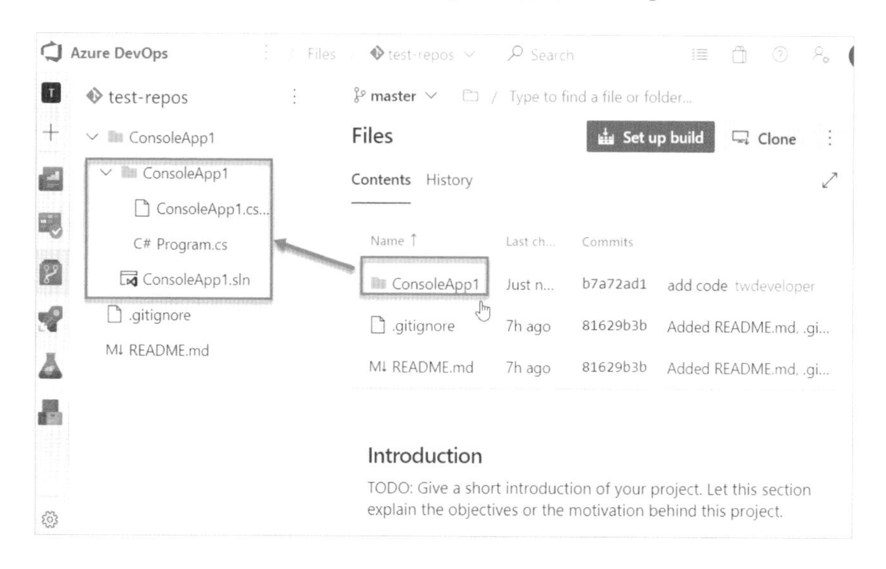

你會發現在原本站台的 Repos 中，出現了我們剛才簽入的檔案。如此這般，基本上，所有操作跟一般的 Git 版控使用原則完全相同。

當我們在本機的開發環境，修改了某一段程式碼之後，你會看到 Visual Studio 的畫面有些許變動：

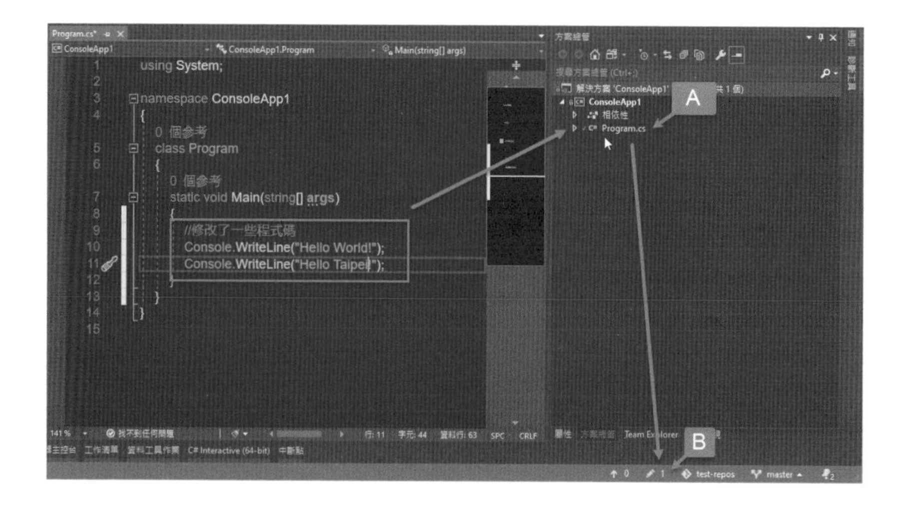

你應該不難發現，那隻被改過的程式碼檔案的前面，多了一個紅色小勾勾（上圖 A），同時右下角出現了尚未 Committed 檔案的數量（上圖 B），這是提醒你，你的程式碼尚未簽入。

而未 Committed 檔案數量左邊的「↑0」，則是已經 committed 卻尚未推上雲端 repo 的 change 數量（目前是零）。

備註 有時候我們不會每 commit 幾個檔案，就立刻 push/sync 到雲端的 repo，而是多幾次 commit 之後，才一口氣 sync 到雲端，特別是離線開發的時候。

好了，如果你平時有在使用版控，這些應該相當熟悉。若過去你完全沒有使用任何版本控制軟體的經驗，我建議你可以針對這個主題，在坊間找 1-2 本有關的書籍參考，畢竟目前版控已經是軟體開發的基本功。

當你讓團隊中所有開發人員都連上同一個 Azure DevOps 的 Git Repo 之後，即便是團隊成員在遠端，大夥兒一起開發軟體也不是問題。更重要的是，所有團隊中的開發人員，大夥有共同一致的基準點，只要頻繁地（每天數次最好，最差也得一兩天一次）把個人開發環境的程式碼與伺服器端的 Git Repos 同步，如此一來，即便是多人合作，程式碼也不會發生衝突。（當然最好是不要同時兩個人改同一支程式碼，如果真有必要，可以考慮利用 partial class 把同一個類別切成兩個檔案。）

而未來（下個章節）我們馬上會介紹到 CI（continuous integration）/自動建置（Auto Build），屆時我們可以設計 CI Pipeline，並將其設定為當分支有 merge 時被觸發，也就是說，當團隊中有任何開發人員，把寫完的功能（程式碼）簽入系統，並成功推入程式碼儲存庫（Repo）之後，Azure DevOps 就可以自動觸發一個自動化的 CI 流程，把雲端上（Azure DevOps Repo 內）的程式碼拉出來，自動在雲端上進行 Build 的動作（甚至 Build 完可以自動部署，如果你願意的話），一週（甚至一天）數次。

如此一來，即便開發團隊中有多位開發人員（就算根本是在遠端而非在同一個辦公室一起工作），我們也可以頻繁的整合，提早發現程式碼中可能的潛在問題與衝突。

而非像是過去，直到準備把系統交付給客戶的時候，大家才把各自手上的模組拿出來整合，結果跟本兜不起來，更罔論想要正確的執行了。

如今，對於許多新創團隊或是企業而言，CI（continuous integration, 持續整合）、頻繁交付..這些個概念已經跟喝水一樣自然。但誰能想像，也不過才 10 幾年前，沒有 CI 工具的時候，軟體開發完全不是現在這麼一回事。每當開發團隊要把所有成員分別開發的程式碼，合併在一起執行的時候，屢屢都像是作戰一樣，每個人的程式碼跟一大串攪成一坨的粽子線一般、模組衝突的一堆、套件不合的一堆、版本錯亂的一堆…剪不斷理還亂。當年，每次要進行整合都是噩夢一場。

對了，我們也可以透過 Visual Studio 建立或管理分支（Branch）：

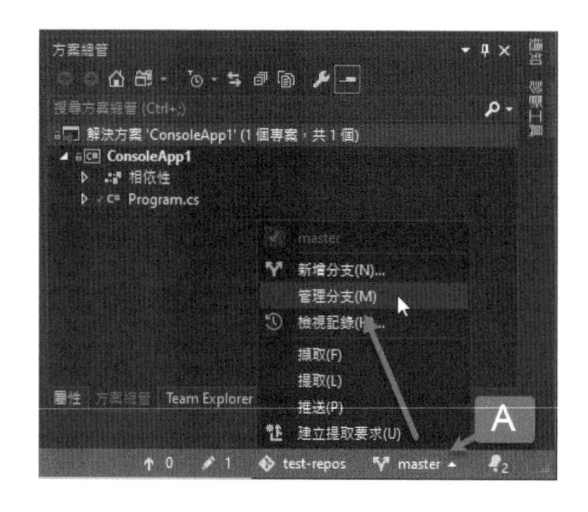

點選上圖中 A 的部分，你會看到管理分支、新增分支的選單，你可以在用戶端新增分支，然後同步到雲端。也可以透過管理分支切換到其他團隊成員所建立的分支上開發或檢視。

分支是 Git 版控中相當重要的機制，你使用 Git，幾乎沒有任何理由不使用分支，但過多的分支又對 CI/CD 不利，因此開發人員對於分支策略一定要有基本的認識（我們後面會找機會更多的介紹）。

2-2-3　從 VS Code 連上 Azure Repo

除了使用 Visual Studio，.net core 開發人員也可以採用 VS Code，它是跨平台的開發工具，在開發.net core 程式的時候頗為好用。事實上，現在也頗多 Python、Node.js 開發人員在使用它。

由於是跨平台的，所以你可以在 MAC 或 Linux 環境執行，而無須一定要使用 windows 環境，這是一個很大的優點。

從 VS Code 上連結 Azure DevOps 也非常簡單，前面的步驟都相同：

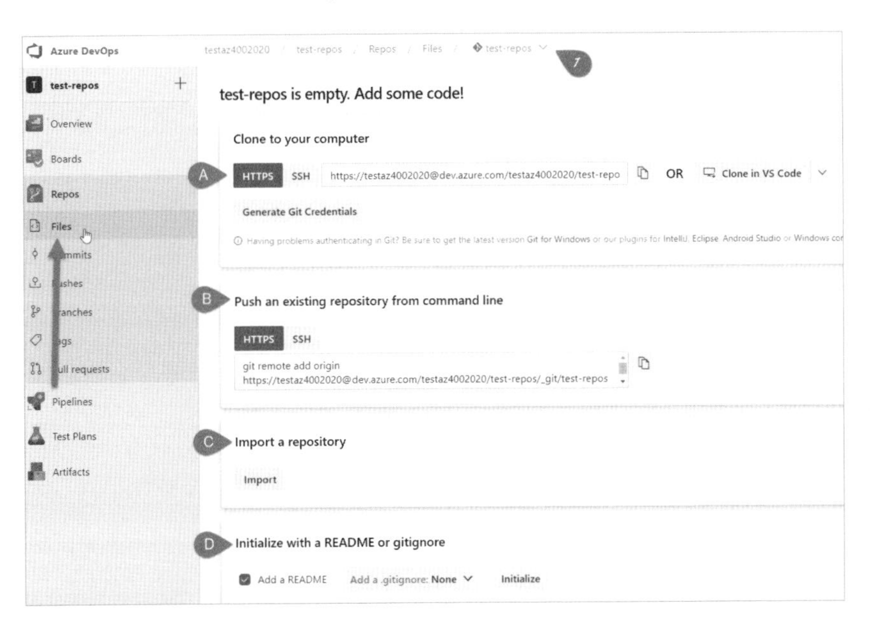

你可以在（上圖 D）的地方先完成初始化，然後透過（上圖 A）直接在右方選擇「Clone in VS Code」即可。你可能會發現，按下（上圖 D）的 Initialize 之後，畫面就變了，別擔心，你可以點選 Repo 的 Files 右上角的 Clone 來進行一樣的功能：

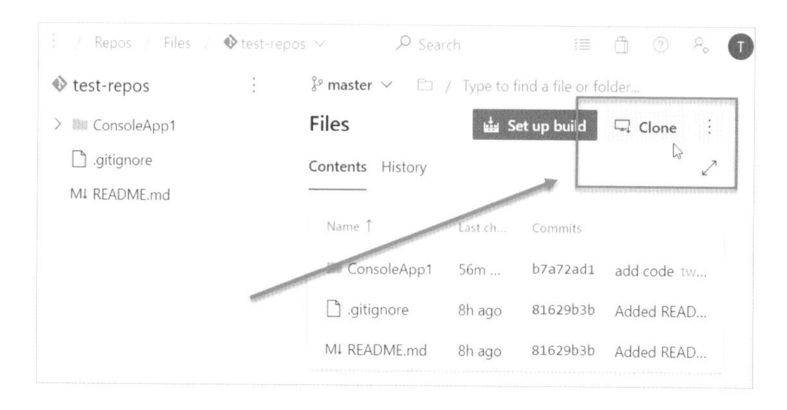

點選後，會出現底下視窗：

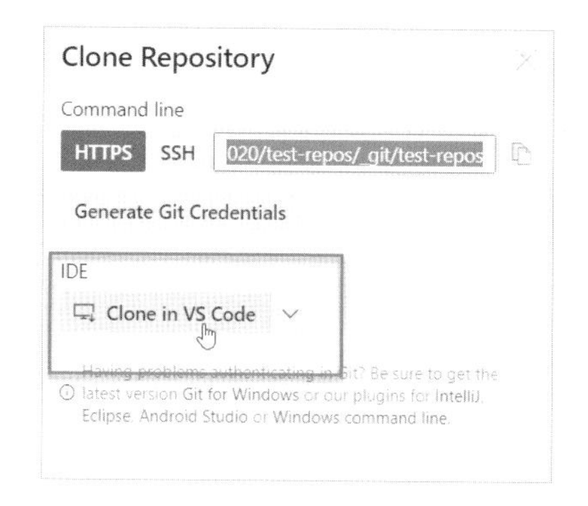

請點選「Clone in VS Code」即可，接著系統會試圖開啟 VS Code，請選擇開啟：

如果出現底下畫面，依舊選擇「開啟」：

VS Code 被開啟之後，會出現底下畫面，讓你選擇要把 Clone 下來的檔案放在哪個資料夾：

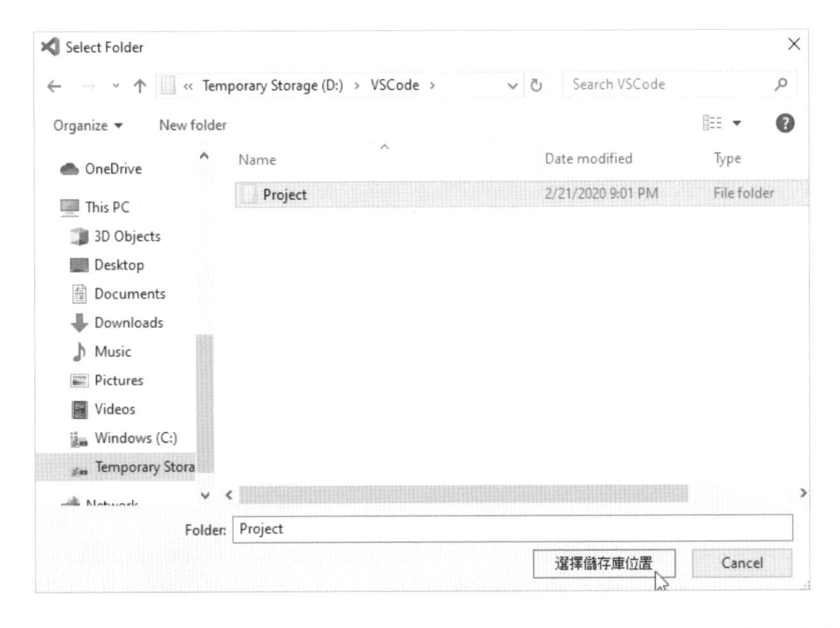

請自行選擇，完成後，你會看到底下視窗（一般出現在 VS Code 右下角）：

這時候就在複製 Azure DevOps 上的 Repos 了，完成後，請選擇：

開啟新視窗之後，你會看到果然整個專案已經被 Clone 下來：

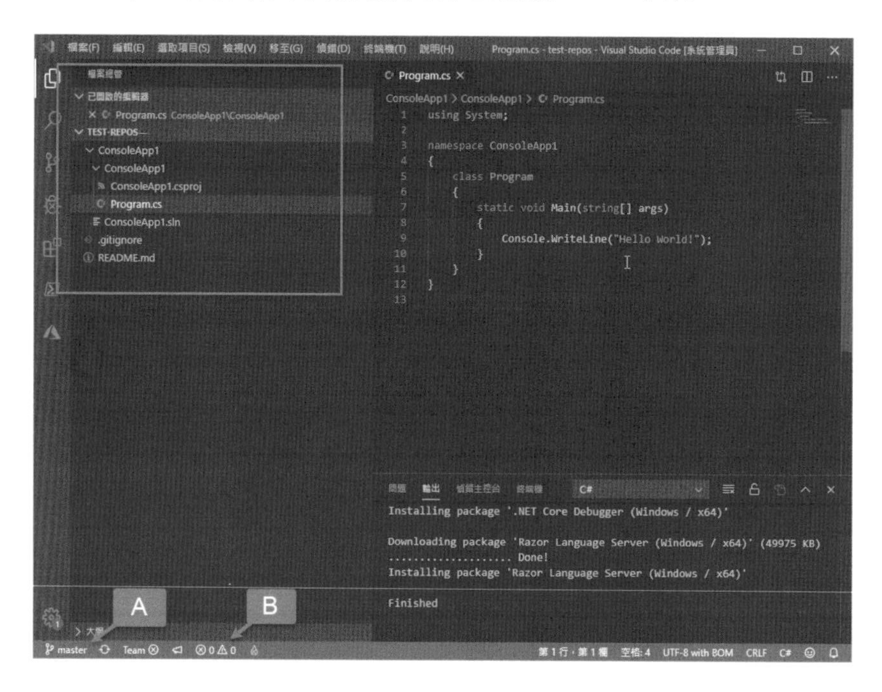

你一樣可以在 VS Code 環境中進行所有版控相關的工作。你一樣可以在 VS Code 中切換分支（上圖 A），也可以檢視目前 commit 的狀況（上圖 B）。

你當然也可以 sync/push/pull 遠端的程式碼。

例如，你可以透過 F1 或 ctrl+shift+P，即可開啟命列選擇視窗：

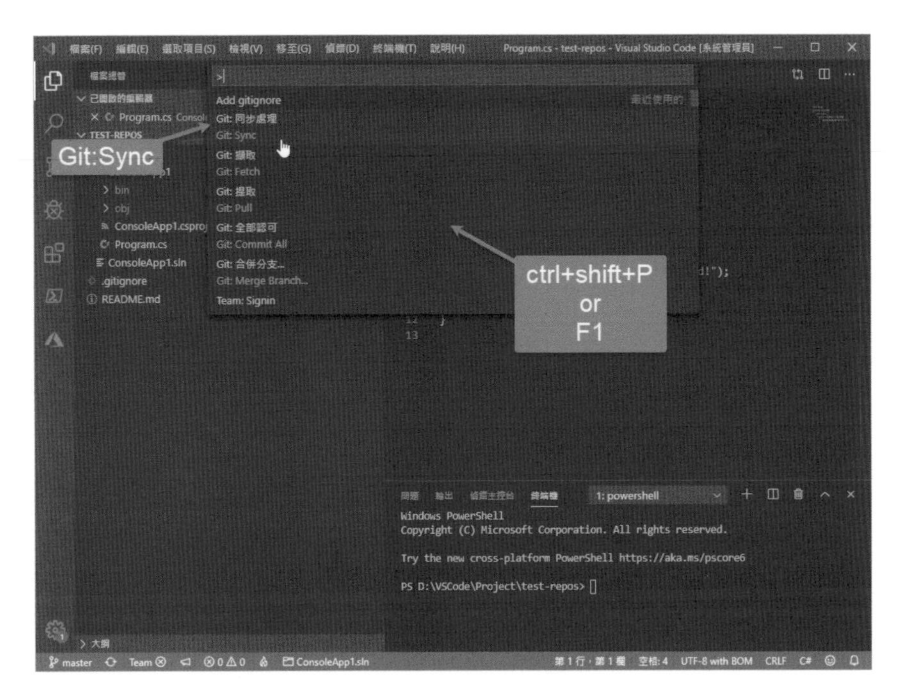

其中有「Git:Sync」指令，點選後，會出現底下視窗：

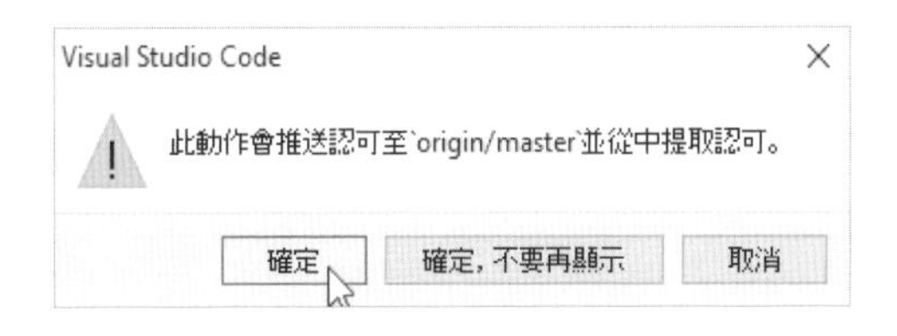

當你選擇確定，會發現果然把伺服器端其他開發人員最新簽入的程式碼給同步回來了（下圖 A）：

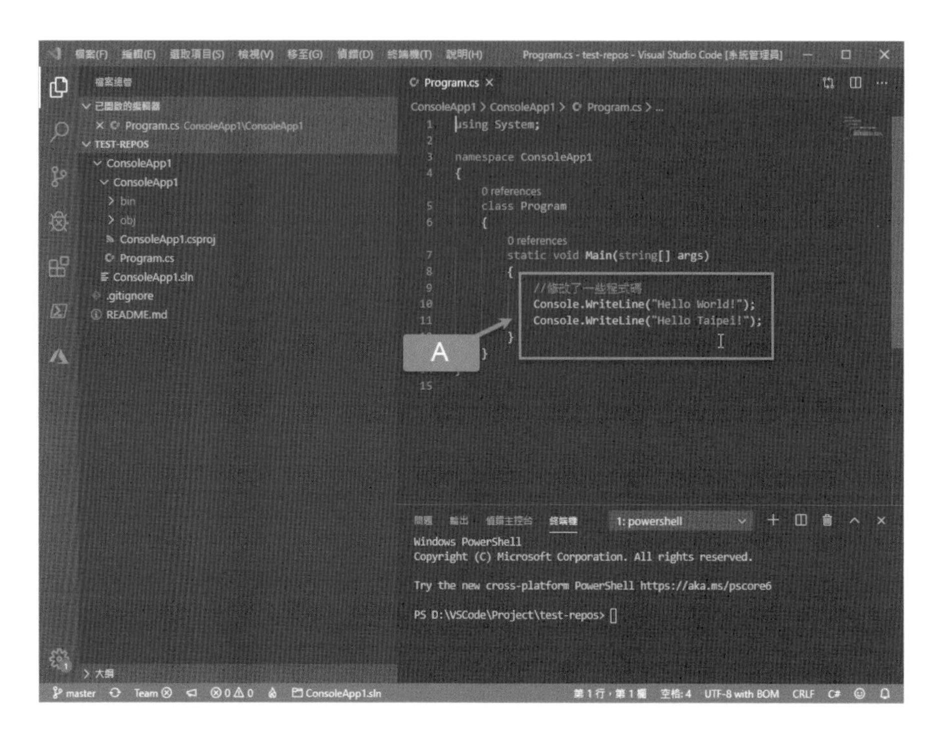

同樣的，如果你改了一些程式碼，也會發現：

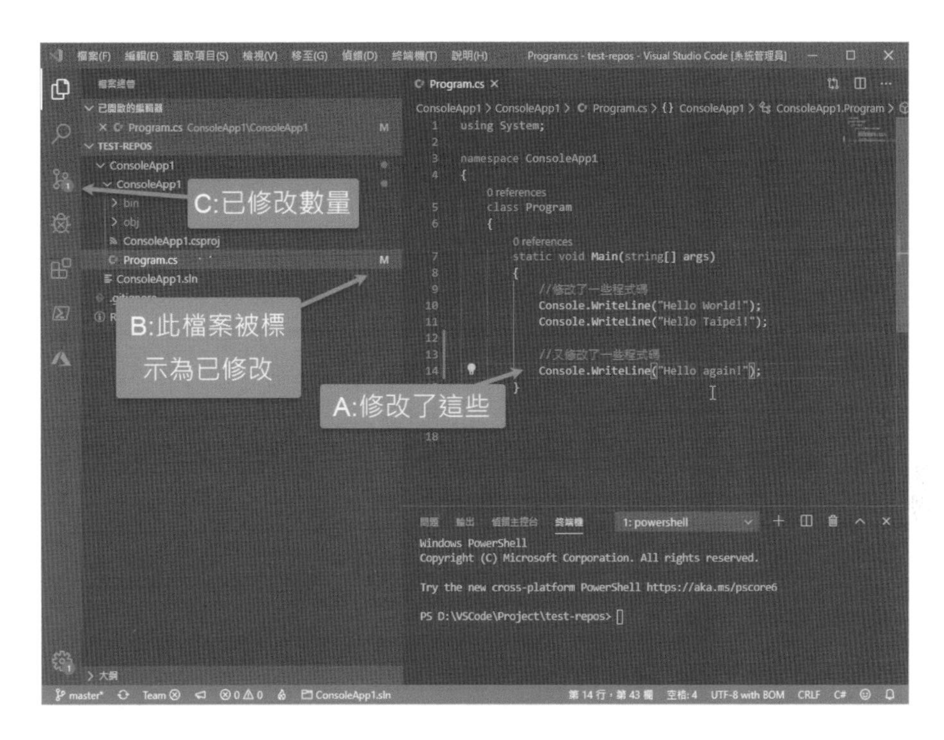

已變更的檔案數量會被顯示出來（上圖 C），被修改過的檔案也會被標記為 M（上圖 B）。

這時，你一樣可以透過「Git:Sync」指令，把你修改過的異動更新回伺服器端。你可以先點選下圖 A 的地方，會出現讓你輸入 comment 的畫面（上圖 B），請輸入後，按下 Ctrl+Enter：

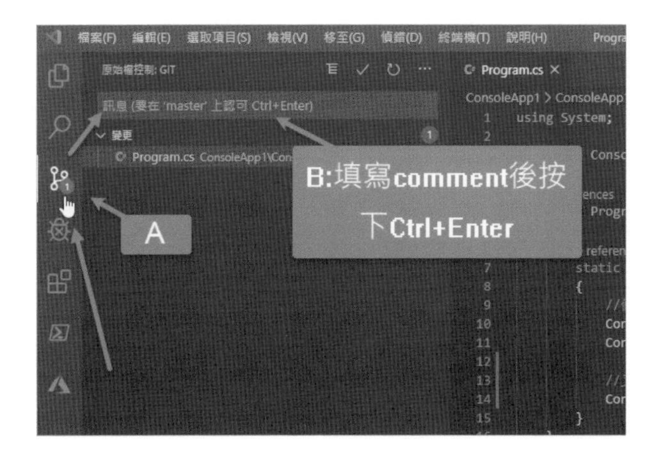

如果出現底下畫面，請選擇「是」：

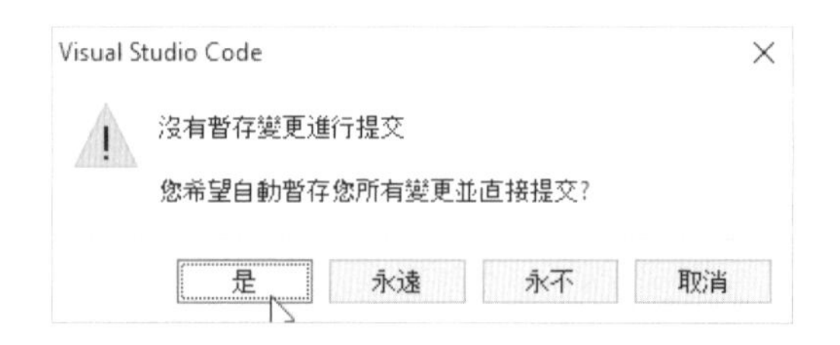

完成後，表示程式碼已經 committed 到用戶端，接著可以 sync 到伺服器端，這時 VS Code 的左下角（下圖 A）會出現已 committed 但尚未 push/sync 的 change：

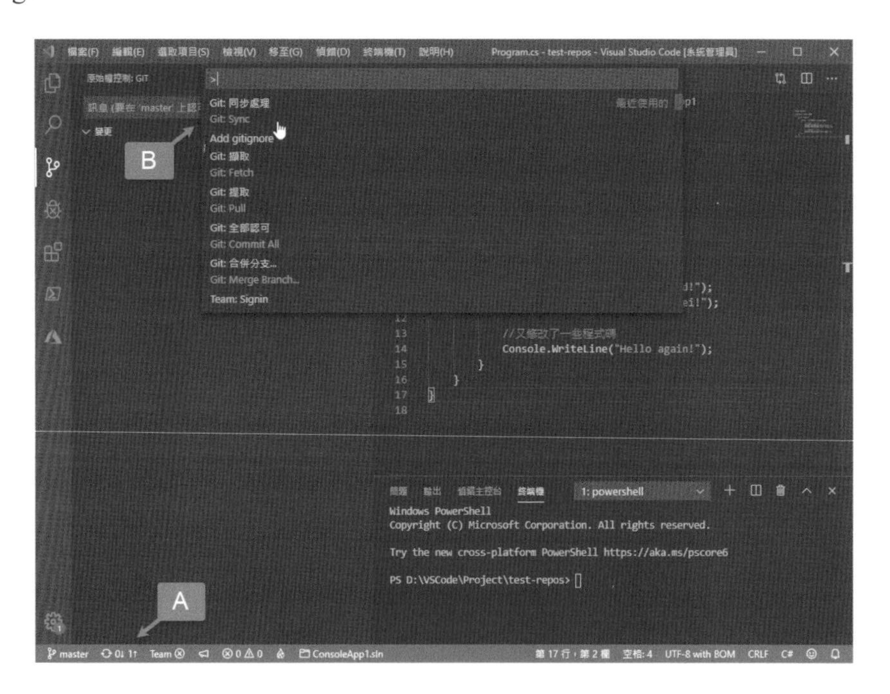

這時候你一樣可以透過 F1 或 Ctrl+Shift+P，開啟（上圖 B）的選單，進行同步（Sync），完成後，你會發現伺服器端的檔案果然被更新了（下圖 A）：

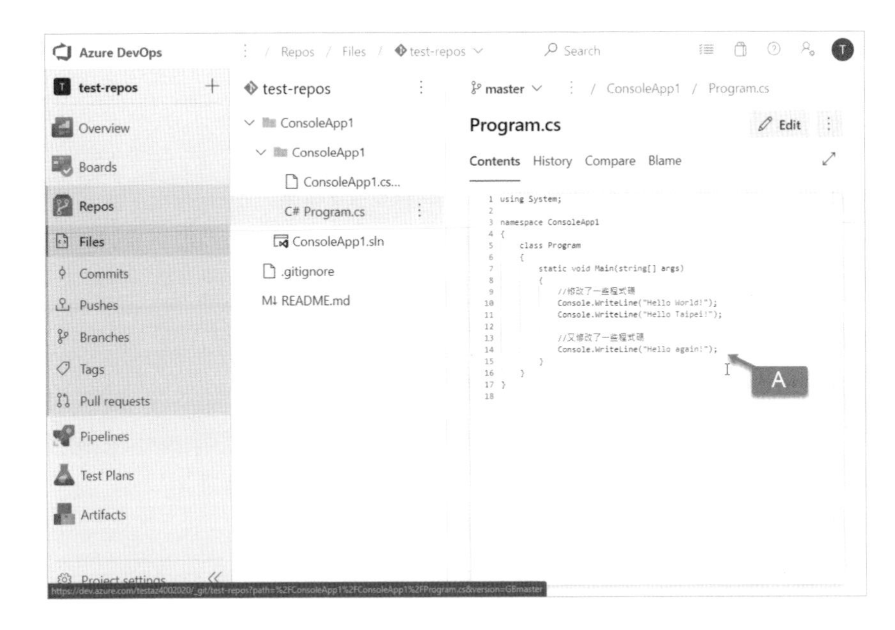

就這樣，其實使用 VS Code 來配合 Azure DevOps Repos 也是非常方便的。

2-2-4 從命令列 Clone 與使用 Azure Repo

如果你使用的是其他開發工具，其實操作 Azure Repos 的動作和上述均大同小異，因為 Azure Repo 本身支援完整的 Git 版控指令，即便你用命令列從用戶端，也是可以將程式碼 Clone 下來的。

例如，在已有程式碼的 Azure Repo 上，你一樣可以透過 Azure Repos 的 Files 畫面上的 Clone 鈕，找到 Clone 該 Repo 的位置：

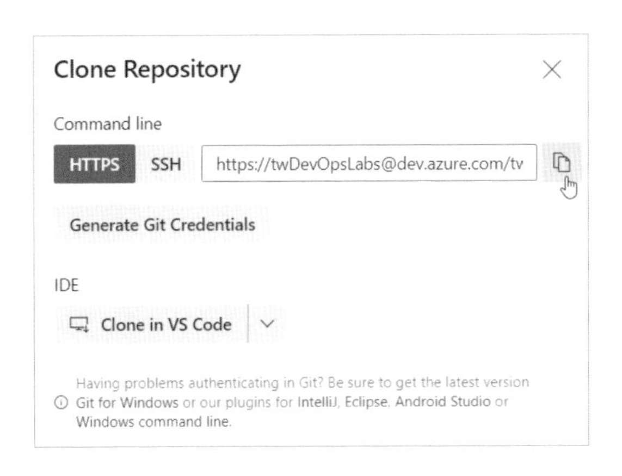

複製它之後，你可以直接透過底下的 Command Line 指令將 Repo 複製到本機並且建立連線：

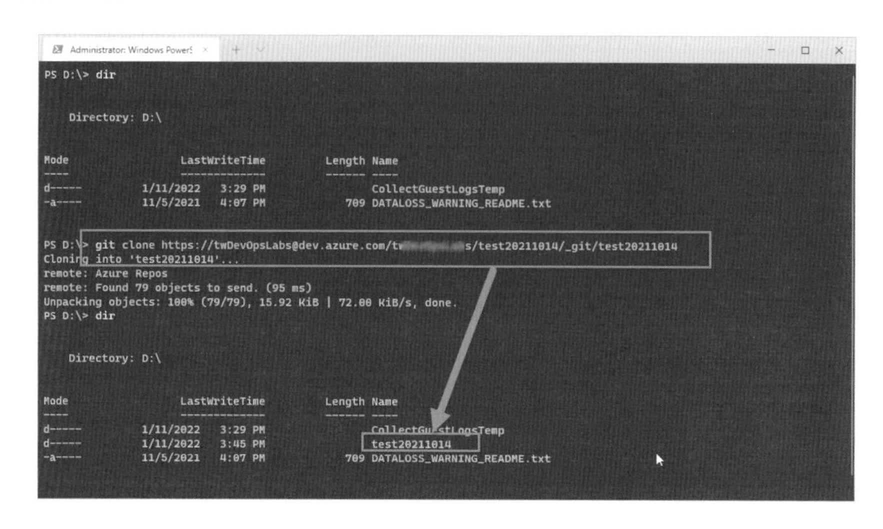

修改程式碼之後，你也可以依照標準的 git 指令，將 commit 推回遠端的 repo：

```
Administrator: Windows PowerS
PS D:\test20211014> git commit -m "edit 1" -a
[master ad553a6] edit 1
 1 file changed, 1 insertion(+), 1 deletion(-)
PS D:\test20211014> git push
Enumerating objects: 8, done.
Counting objects: 100% (8/8), done.
Delta compression using up to 4 threads
Compressing objects: 100% (6/6), done.
Writing objects: 100% (6/6), 529 bytes | 529.00 KiB/s, done.
Total 6 (delta 4), reused 0 (delta 0), pack-reused 0
remote: Analyzing objects... (6/6) (53 ms)
remote: Storing packfile... done (62 ms)
remote: Storing index... done (63 ms)
To https://dev.azure.com/tw      s/test20211014/_git/test20211014
   b7bbea7..ad553a6  master -> master
PS D:\test20211014> |
```

總的來說，使用 Azure Repos 就和使用一般的 Git Repos 完全相同。

2-3 關於分支（Branch）

對於 Azure DevOps Repos 的基本操作有一定的概念之後，我們接著來看，在 Azure DevOps 的雲端環境中，如何為程式碼建立分支（Branch）。

2-3-1 爲何要建立 Branch？

Git 版控有很多優點，其中一個是容易建立分支。

大部分採用 Git 版控的開發團隊，都會有自己的分支（Branch）策略與工作流程。你幾乎可以說，使用 Git 版控卻總是讓開發人員直接改 master 上的程式碼，而不建立任何分支，可能是一件頗為奇怪的事情。[4]

有很多場合你會需要建立分支，傳統使用 Git 的開發人員，喜歡在建立一些嘗試性的程式碼撰寫時，先建立分支，也有不少開發人員，習慣在準備開發新功能或處理 bug 的時候，先建立分支。

凡此種種大多都是為了一個簡單的目的，也就是保護主線（master）程式碼的正確性與安定性。我們可以這麼說，我們要透過版控機制，實現在開發的過程中，永遠維持著「**不論任何時間，都可以拿 master 主線上的 code，隨手建置（Build）出一版絕對可以運行無誤的系統給用戶使用**」這樣的水準。

反過來說，現今近代的軟體開發團隊，絕對不允許拿「因為目前在改程式碼（加入新功能、修 bugs）」這種理由，來宣稱現在無法立刻 Build 出一版可運行的系統的這種狀況。

隨著版控策略的不同，也有些進階的團隊會選擇從 master 分支上切出 Develop 或 Release 分支，然後在 Develop 或 Release 分支上來區隔版本的穩定交付。但不管如何，採用 Git 版控的開發團隊大多都是以「開發新功能時（修改程式碼時）會先切一個小分支來進行」這樣的概念下運作的。

---

4 過去我們在採用集中式版控的時候，會盡可能地減少建立分支，因為只要有分支就必須合併，而合併時可能發生衝突，必須人工花費不少時間來解決。但因為 Git 版控機制建立分支很容易，且儲存成本很低，導致開發人員建立太多的分支，這也會造成問題。

2-3-2 建立 feature branch

也因此，大多開發團隊在建立新功能（或是改 bugs）的時候，都會先開一個 branch，這種做法就是典型的「feature branch」工作流程[5]。

也就是說，這個工作模式不允許開發人員直接修改 master 上的程式碼，而是在每當要建立一個新的功能（每當要修改程式碼）時，先開立一個 branch 分支，然後不直接改 master 主線上的 code，而是在新建立的分支上進行程式碼的調整或修改。

待完成這部分的開發，並且也在自己的開發機器上運行過無誤之後，再把分支上的程式碼異動 sync/push 回伺服器端，接著透過 PR（Pull Request）將這些異動合併（Merge）回主線（master）。當然，只要是團隊開發，又有 Branch、Merge 等動作，就會有程式碼衝突的可能性，所以不管你的團隊是用哪一種分支策略，盡可能頻繁（最少一週數次）的合併會是比較好的選擇。

2-3-3 從 backlogs/bugs 上建立分支

前面說過，Azure DevOps 有內建的 Git Repos，但即便你的公司已經使用 Git 多年，甚至架設了自己的 Git 伺服器，我都會建議你把程式碼移轉到 Azure DevOps 內建的 Git 上。

為什麼？我們這就來看原因...

先前我們曾介紹過，在 Azure DevOps 中有內建的工作項管理工具，你可以從 Azure Board 上的 Backlog 開始。下圖是 Azure Board 的畫面，你會看到我們已經為需求建立的幾張卡片：

---

[5] 除了 feature branch workflow 之外，有些團隊會採用 gitflow、gitlab flow...等不同的工作流程。並非一定要採用這樣的工作流程，選擇工作流程乃是依照團隊的狀況與合作習慣來決定，並非放諸四海皆準。

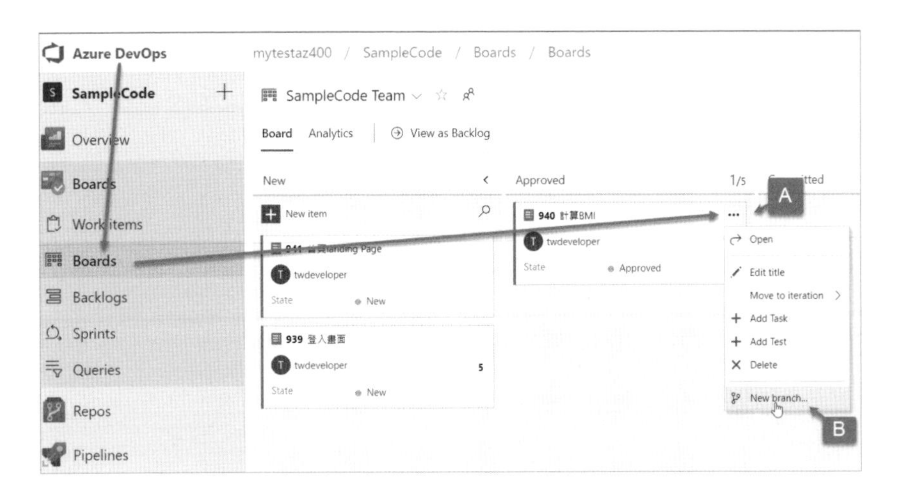

在 Backlog 卡片的右上角（上圖 A），點選「…」叫出選單，然後點選「New Branch」選項（上圖 B），就可以跟針對該 Backlog 建立出 Branch。

嚴格說起來，從系統的角度來說，上面這個動作背後其實是開一個新的 Branch，然後把該 Backlog 關聯到這個新建的 Branch 上。

你可以在出現的畫面中，輸入要建立的 Brahch 名稱（下圖 A）：

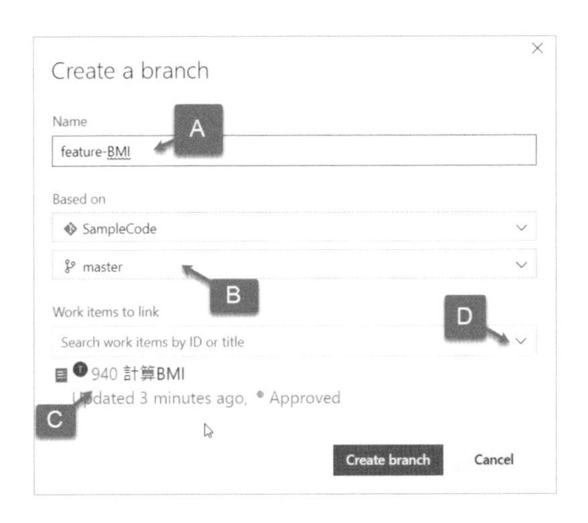

系統會自動從當前分支建立新的分支，你會發現剛才我們的 Backlog（上圖 C）已經自動跟這個 Branch 設定為關聯在一起了，其實你還可以選擇多個相關的 Backlog 或 Tasks（上圖 D）。

實務上，我們比較多**把 Tasks 跟 Branch 關聯在一起**，而非 Backlogs。在解釋為什麼之前，我們先說明一下，把這些 Work Item 跟 Branch 關聯在一起會有什麼影響？

備註

不管是 Backlog、Bug、還是 Task，在 Azure DevOps 中都是 Work Items 的一種

2-3-4 被 Branch 關聯的 Work Items

首先，也是最重要的，當這個 Branch 被 Merge[6] 回 master 主線的時候，與之關聯的 Work Items，其 State（狀態）都會被自動設定為 Done，它等同於你手動把該 Work Item 在看板上移動到 done。

也就是說，不管我把 backlogs、bugs 或是 tasks 關聯到某個 Branch，待相關的程式設計師，把程式碼寫好，在該 Branch 上完成了所有工作，把程式碼 commit 並 push/sync 到伺服器端時，系統會自動建議開立 PR（Pull Request）單。

在開立的 PR 單之中，會要求你填寫 Reviewer（審核者，一般來說會是團隊 Leader 或其他有經驗的開發人員），當你送出 PR 單，系統會自動寄發郵件給

[6] 一般來說，開發團隊成員撰寫好該 Branch 上的程式碼之後，會透過建立 PR 單來請求 Merge 回 master 主線，這樣的好處是會走一個 code review 流程，而非私自把程式碼自己合併回主線。

Reviewer，Reviewer 收到並完成 Code Review 之後，可以 Approve 並 Merge 這段 Branch 分支上的 Code 到 Master 主線上，完成整體功能的開發與驗證流程。

於此同時，上述的 Work Items 狀態的變更就會自動發生（也就是，與之關聯的 Work Items，其 State 都會被自動設定為 Done）。另外，Work Items（主要是 Tasks）的剩餘時數（remaining works）也會被歸零。

請注意，這個自動化的過程中，為開發人員帶來了幾個好處。

1. 整個工作流程為程式碼的異動留下了紀錄。我們可以得知是因為哪一個需求（或 bug）導致了這段程式碼變更或新增。
2. 整個自動化的流程，促進了團隊 Code Reivew 的自然發生。因為在這個流程中，要 Code Reivew 完之後才能進行 Approve/Merge，而 Merge 回主線之後才會把工作項目設定為 Done。它讓開發人員可以逐步建立 Code Reivew 的好習慣。（甚至連遠端工作團隊也可以實施）
3. 工作完成後，工作項目（Work Items）的狀態不需要開發人員（或 PM/PO）手動調整，而是自動更新，又省了一個步驟。

這些，在在讓我們的軟體開發**自動化**，又更近了一步。

2-3-5　從 tasks 建立 / 關聯分支

也因為上述原因，其實我個人比較喜歡從 Tasks 上建立分支（Branch），而非在 Backlogs 身上建立，因為 Backlogs 的 done 我比較傾向搭配 Scrum 流程在 Demo Meeting 之後，以人工進行而非自動。另外，我也常常把多個 Tasks 關聯到某一個 Branch（雖然並沒有規定非如此不可）：

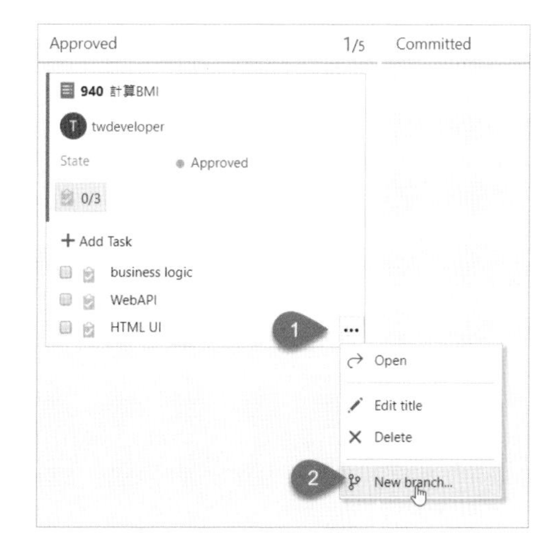

如（上圖 1, 2）所示，我們也可以直接在黃色的 Tasks 上開立 Branch，因為 Tasks 是屬於開發人員較為關注的 Work Item，且 Scrum 流程的 Azure Board 中 Tasks 卡片上有設計一個 Remaining Work 欄位：

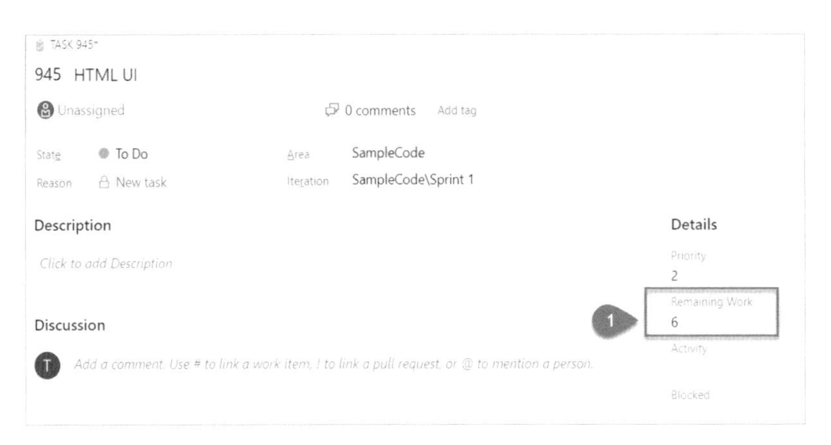

過去，在團隊採用 Scrum 工作法時，這個欄位中的值，我們會希望開發人員能夠每天在 Daily Scrum 會議中更新。

Remaining Work 欄位中的數字，是該 Task 剩餘的工作時數。早期，我們會讓開發人員在 Scrum 的 Daily Meeting 時，用預估的方式，簡單的更新一下這個數字（該數字的意思是，手上的這個工作，預計還需要幾小時才能完成）。

更新這個數字會帶來一個好處，底下是系統自動產生的「燃盡圖」：

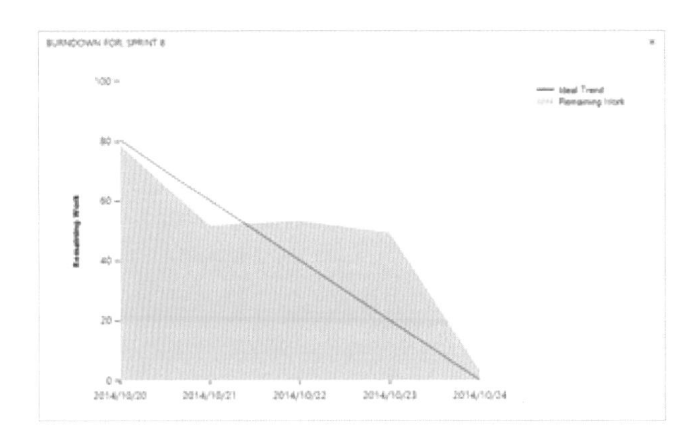

只要你讓開發人員每天更新 Tasks 上的 Remaining Work 時數，系統就會自動產生一張如上圖一般的燃盡圖，這張圖表可以顯示出團隊目前整體的剩餘工作數量，縱軸是剩餘總時數，橫軸是日期時間。上圖算是一個頗為良好的工作狀態。

但如果，這張圖表出來之後，變成底下這樣：

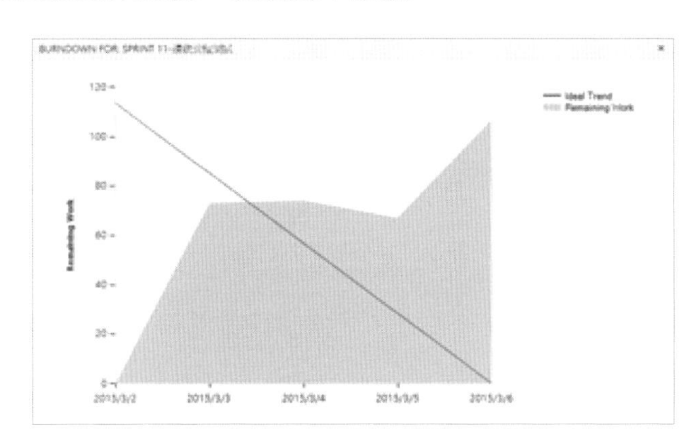

或是底下這樣：

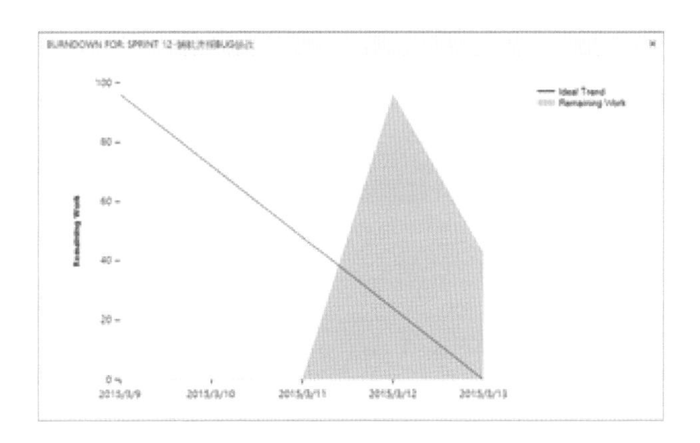

都是呈現出團隊的進度將會有所延遲的現象。

透過觀察燃盡圖，我們可以得知團隊是否能夠順利在這個迭代中完成手上的所有 Tasks，以便於提早示警。但，這燃盡圖跟我們前面提到的 Branch 開立有什麼相關呢？

試想，如果我們把 Tasks 都連結到 Branch，然後 Branch 在 Merge 時，透過 PR 自動將已完成的 Tasks 都變為 Done（同時，會自動把 Remaining Work 時數自動更新為 0），如此一來，開發人員就不用手動更新了 Remaining Work 時數了，燃盡圖也就自動出現了。

想想看，這連帶的帶了來多少好處？

只要在開立 Branch 時，把與此 Branch 有關的 Tasks，都關聯到此 Branch 身上，待相關工作完成 PR 單送出並且 Merge 之後，這些 Tasks 的狀態不僅自動拉到 Done，剩餘工作時數也自動更新，燃盡圖也自動出現，豈不是方便很多。

甚至，我們可以在 Demo Meeting 之前，把 Tasks 為 Done 的 Backlogs，從 Approved 拖曳到 Committed：

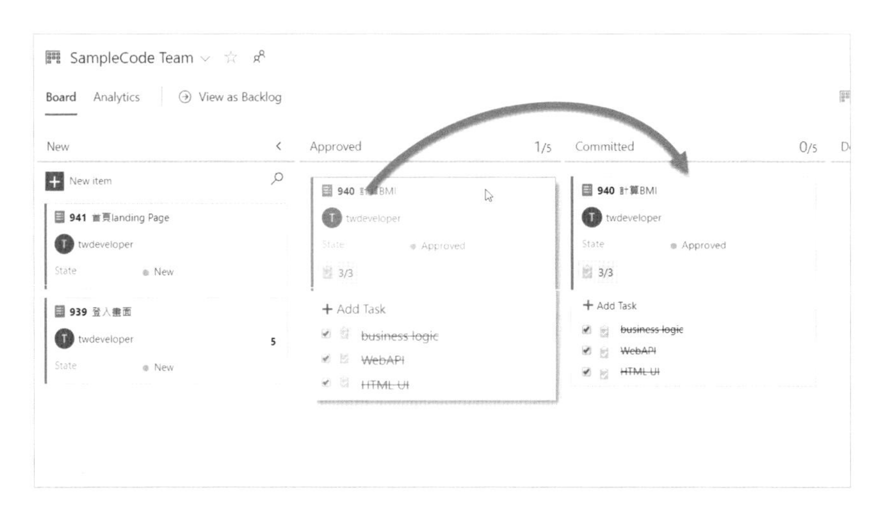

這表示該 Backlogs 已經完成，等待客戶驗收確認（Done）。然後我們舉行 Demo Metting，在會議中展示這個做完的成果，讓用戶確認，用戶確認無誤後，我們把位於 Committed 的 Backlogs，再次拖曳到 Done（當著用戶的面），代表著我們已經完成用戶交辦的工作了：

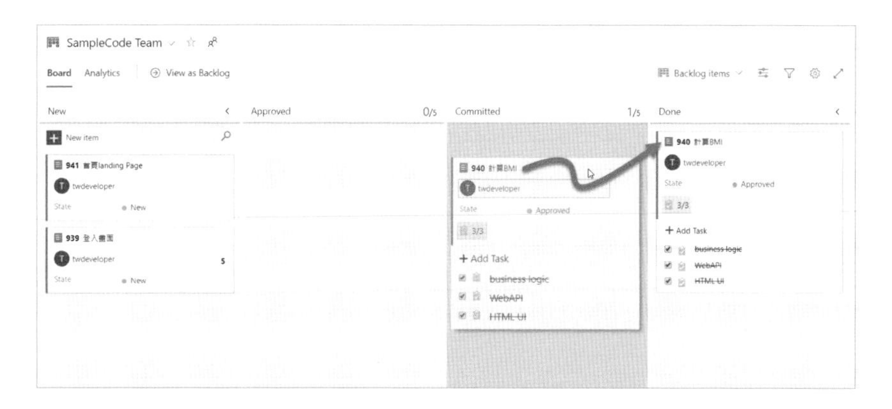

如此一來，整個開發流程透明度將大幅提升，同時開發工作的自動化比例相當高，除了寫程式之外，其他過去在專案管理上的瑣事（紀錄哪一個工作花了多少時間、每天做了哪些事情、解了哪些 bugs...etc.）全都被系統以自動化的方式來完成了，開發人員無須額外填寫報表或數字，管理人員可以自動取得報表，且這一切的成果幾乎不需要花團隊什麼額外的時間，就只需要進行一般的日常工作而已。

2-3-6　從程式碼建立分支

如果你想建立獨立的分支，不跟任何工作項（Backlog 或 Task）綁在一起，當然也行。

你只需要在 Repo 的 Branch 上，直接選擇「New Branch」，樣可以建立分支：

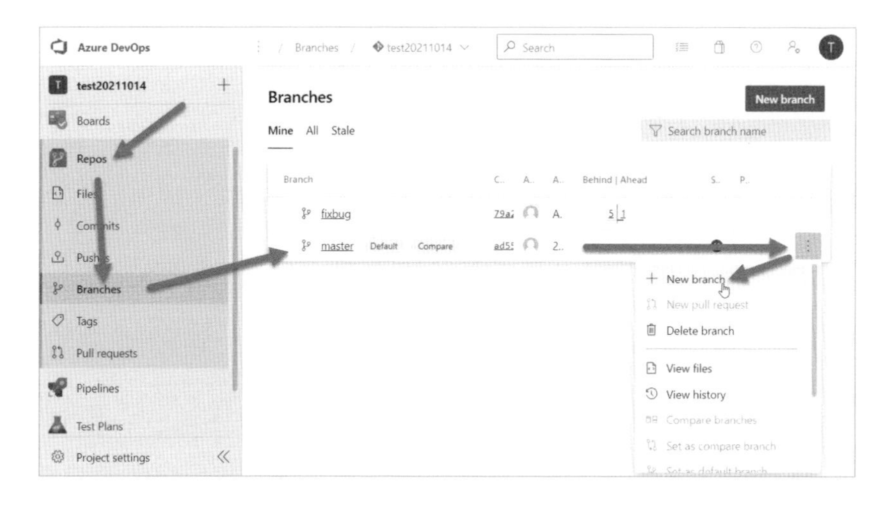

備註　不過，請讀者留意，有鑑於透過 Azure DevOps 所建立的分支，其實都屬於團隊共用的分支，而前面開宗明義我們就說過，若是團隊希望走高強度的頻繁交付，那分支的數量和生命週期最好都有所限制。而獨立（與任何 work item 無關）的分支，或是生命週期太長的分支，都不利於頻繁整合，我們比較不建議建立這樣的分支。

2-4 關於 PR（pull request）

前面我們說到，開發人員可以在建立 Feature Branch 之後，透過 PR 單自動完成該 Branch 的 Merge，我們接下來就來看這個部分。

2-4-1 從需求（工作項）建立分支（Branch）

我們再來順一下整個流程。

前面提到，當我們有一個新的功能（或是 bug）需要開發時，可以從 Tasks 上建立 Branch，走 Feature Branch 的開發流程[7]。一般來說，我們可以在 Azure DevOps 的 Boards 或是 Sprints 來建立：

---

[7] 再強調一次，走哪一種開發流程，會依照團隊的特性、技能、習慣、甚至喜好而有所不同，並非放諸四海皆準。但要把握的原則是，我們之所以不直接改 master 主線，是因為要維持一個可以隨時建置佈署的穩定分支。

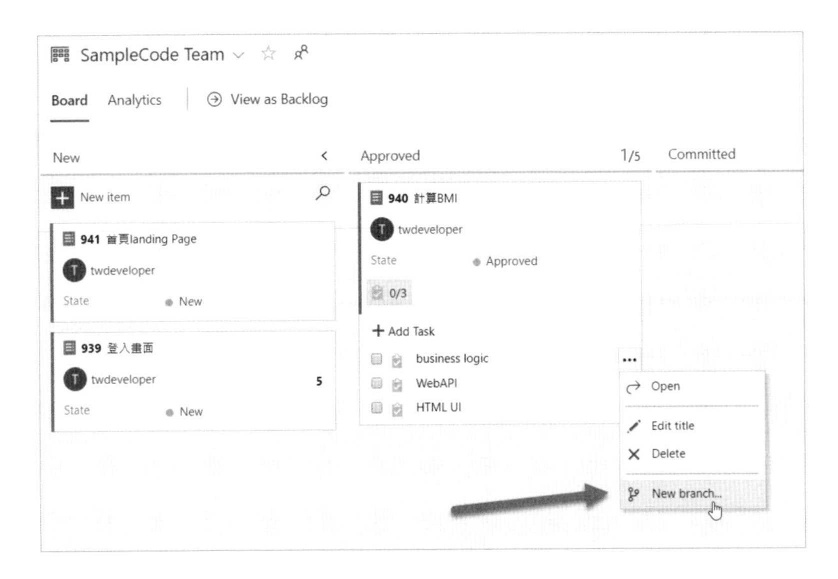

其實我自己比較喜歡在 Azure DevOps 的 Sprint 畫面中來建立：

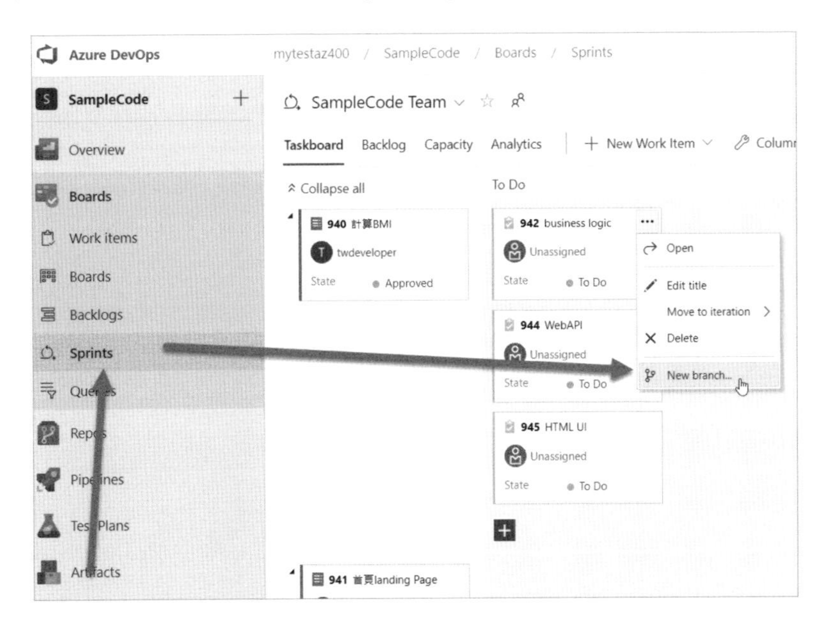

原因很簡單，因為開立 Tasks 與 Branch 的這項工作，幾乎都是在 Scrum 的 Planning Meeting Part 2 中進行，Planning Meeting Part 2，是團隊在討論某一個 backlogs 該「**如何做？**」的會議。這個會議進行時，肯定已經進入迭代（Scrum 的迭代稱為 Sprint），且已經決定好哪些 Backlogs 要放入此迭代進行開發。所以，上面這個 Azure DevOps 中 Sprints 的畫面，在團隊討論時一邊開起來看最適合不過了。

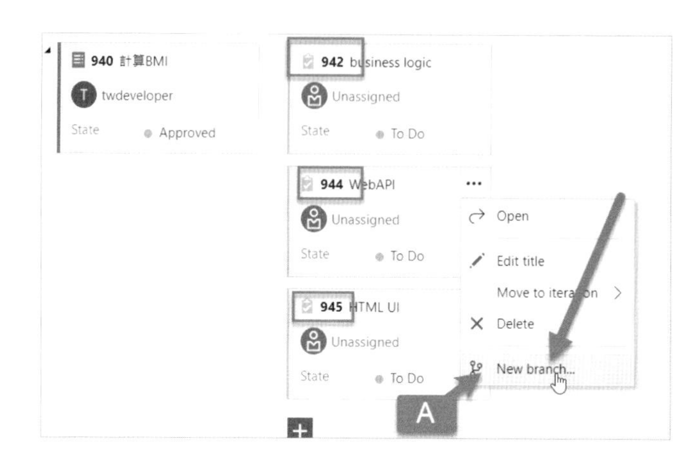

至於在哪一個 tasks 身上開 Branch？完全無所謂。因為最後，相關的 Tasks 都應該一併納入。

例如，上圖中，團隊準備開發「計算 BMI」這個 Backlog，在 Planning Meeting 時，我們為該 Backlog 建立了三個 tasks，分別是編號 942, 944, 945。不管你在哪一個 Task 身上開 Branch，都會出現底下這樣的畫面：

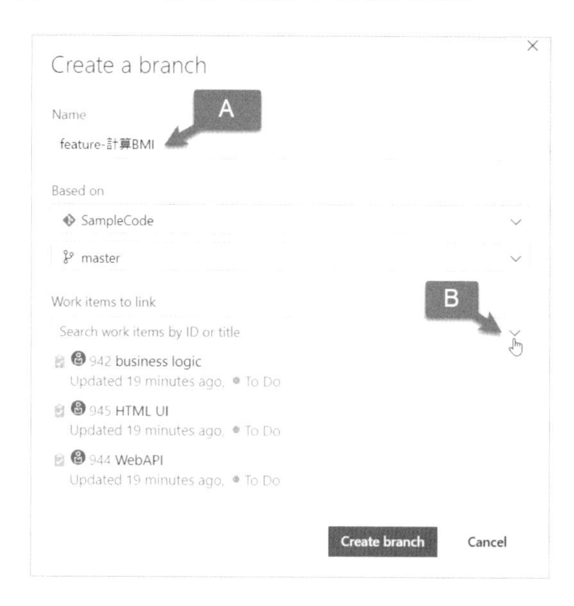

請在（上圖 A）的地方，輸入想建立的 Branch 的名稱，然後把所有相關聯的 Tasks 都陸續加進來（上圖 B），直到三個與此 Branch 都相關 Tasks 都被納入。[8]

完成後，按下「Create Branch」鈕建立即可。接著系統會自動帶你到底下畫面：

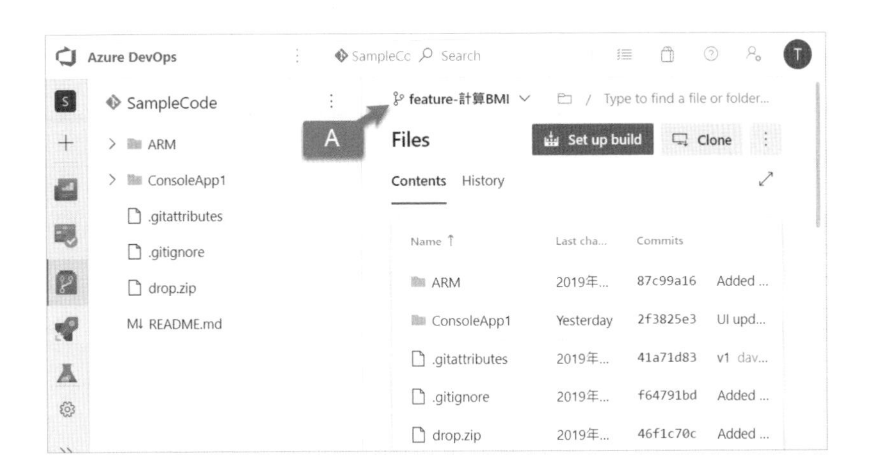

你會發現，該 Branch 已經建立好了（上圖 A）。這時候，你可以透過你的開發工具，把程式碼 sync/pull 到你開發端的電腦上，然後你會發現，在開發端的電腦上，已經可以看到該 Branch：

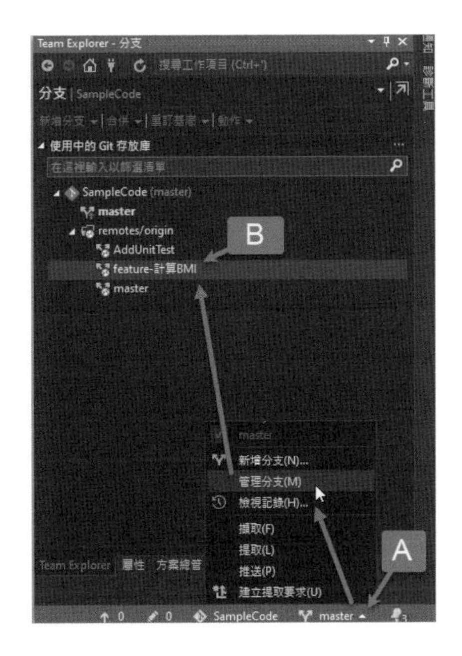

8 其實，如果你有兩個 backlogs，底下的 tasks 也都與此 branch 有關，你可以把相關的 tasks 都納入，不一定要 by 每一個 backlog 都各自開一個 branch。因為 branch 太多也不見得是好事。不過這部分請依照團隊習慣做選擇。整個團隊必須有一致性。

你可以透過 Visual Studio 的 Branch 管理工具（上圖 A），點選「管理分支」，然後就可以在出現的遠端分支中，找到剛才建立的分支（上圖 B）。開發人員即可切換到此分支，開始撰寫程式碼。

而 VS Code 的使用方式，也大同小異。在雲端上建立好分支之後，可以 Sync 回 Local 開發端，開發人員在 Local 端切換到該分支上，即可進行開發。

2-4-2 建立 PR（Pull request）

一旦程式碼撰寫完成，開發人員可以透過同步（先 pull 再 push）的方式，把已經 Committed 在開發端的程式碼，同步到伺服器端。

一旦程式碼完成同步，你會發現當你開啟 Azure DevOps 伺服器端的檔案檢視畫面時：

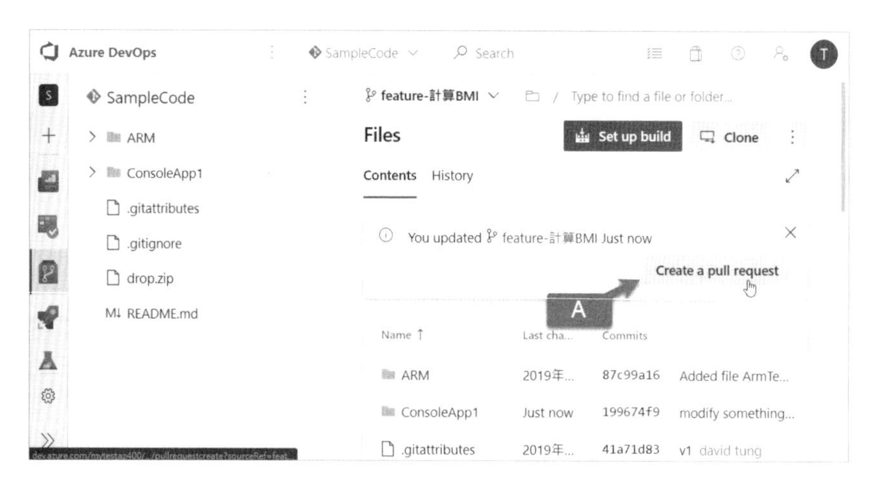

Azure DevOps 會提醒你，你剛才更新了程式碼，並建議你開立一個 PR 單。

若已經完成這個功能的開發，團隊準備要將這段程式碼合併到主線時，你就可以點選（上圖 A）的按鈕，開立一個 PR 單，點選後會出現底下畫面：

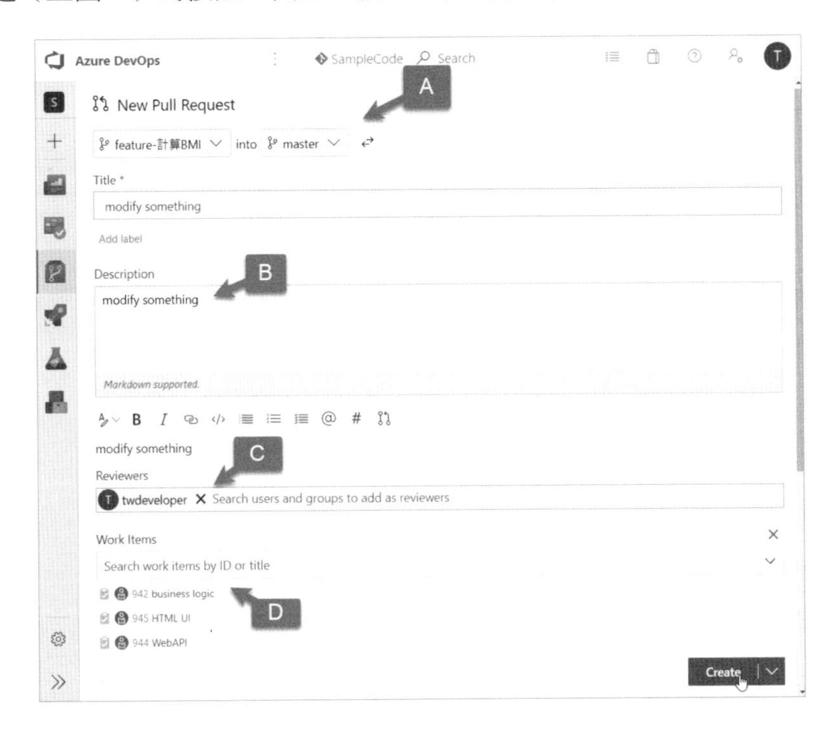

你會發現在這個畫面中，系統告訴你這張 PR 單準備要處理從「feature-計算BMI」分支合併到主線（master），你可以輸入一些描述或補充說明（上圖 B），然後選擇程式碼 Code Review 的 Reviewer[9]。

在（上圖 D）的部分會自動帶入先前與此 Branch 相關聯的 Work Items（還記得嗎？先前我們選了一些 Tasks），即便你先前漏掉了，在這個步驟依舊可以加添，這些被選定的 Tasks，在完成 Code Review 並 Merge 之後，其狀態都會被自動設定為 Done。

確認輸入的資料無誤之後，你可以按下「Create」。

---

[9] Reviewer 的對象並沒有一定要是團隊中的誰，一般來說，我們可能會選擇自己以外的一兩位資深開發人員、或是團隊中的 leader 來擔任 reviewer。

2-4-3 進行 Code Review 與 Merge

接著 Reviewer 會收到通知，點選通知後會被帶到 PR 的 Reviewer 畫面：

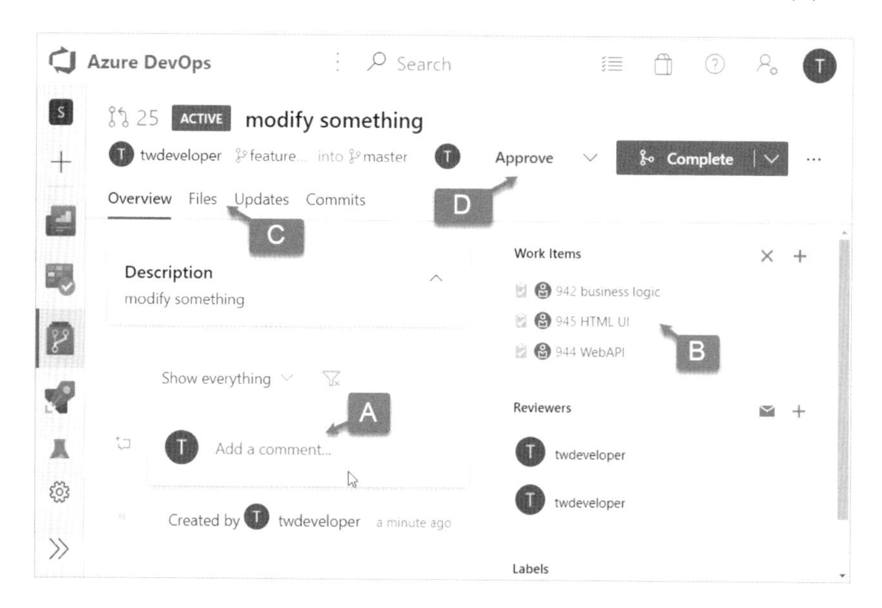

Reviewer 可以在這個畫面中檢視程式碼差異比較（上圖 C），並且撰寫評論（上圖 A），你也會看到頁面上有帶出相關聯的工作項（上圖 B），在完成 Code Review 之後，可以按下（上圖 D）的 Approve（當然有必要你也可以不 Approve，改選 Reject 退回程式碼。

確認無誤後，最後可以按下右上角的「Complete」鈕，它會將這段變更 Merge 回到目標分支（一般是 master 分支）。

如此這般，就完成了整段新功能建立（或 bugs 修改）的開發流程。

2-4-4 Branch 與 PR 帶來的價值

透過上面這個工作流程，開發人員能夠更嚴謹的管理程式碼變更，同時團隊所修改的程式碼，會跟需求（或 bugs）關聯在一起，讓整體的透明度有很大的提升，我們可以輕鬆地知道，某個需求改動了哪些程式碼？反過來，我們也可以知道某一行檔案、某一行程式碼之所以變更，是因為哪一個需求。

不僅如此，我們也可以有效的保護 master（主線，或其他目標分支）的安定性與正確性，不會因為開發人員隨意修改主線，導致改壞了原本可以正常執行的系統。

截至目前為止，我們還只是導入版控機制而已，後面我們會從這個基礎點開始，接著加上 CI（continuous integration）與相關的自動化掃描、分析，以及 CD（continuous deployment）和相關的系統自動檢測。這對於軟體品質的改善將會有顯著的提升。

而 PR 過程中的 Code Review，也是一個很重要的步驟，由於這個流程會誘導團隊自然而然地進行 Code Review，那怕只是先從合併前的 Review 開始，讓 Code Review 的習慣在團隊中慢慢萌芽。久而久之，對於團隊開發品質，與開發人員的功力成長[10]，都有很大的幫助。

2-4-5 透過 Build Policy 保護你的分支

從上面的介紹中你不難發現，我們可以透過分支搭配 PR 在開發流程中得到許多好處，而其中最重要的好處，莫過對 master 主線的保護。

前面說過，我們希望透過版控機制，實現在開發的過程中，永遠維持著「**不論任何時間，都可以拿 master 主線上的 code，隨手建置（Build）出一版絕對可以運行無誤的系統給用戶使用**」這樣的水準。

也因此，許多團隊會盡可能避免讓開發人員能夠有權限擅自去直接修改主線 master 上的程式碼，而不經過第三人的檢視（Review）。即便我們對於開發人員有無限的信任，但你知道，寫程式其實是一門藝術，當開發人員熬夜加班，精神狀況不佳的時候，不小心在除數後面多加一個 0，可能都會讓整個系統崩潰。

也因此，**不要嫌 PR 所帶來的 Code Review 流程麻煩**，因為它會讓我們更嚴謹的面對程式碼變更。既然如此，有沒有辦法強制要求開發人員不能直接改

---

[10] 學習程式碼最好的方式其實不是看書，是觀摩其他人寫的 code。不管其他人寫的 code 比自己好或比自己糟，都會是一個很有效的學習。

master 上的程式碼，非得走 PR 與 Code Review 不可呢？有的，答案就是 Branch Policy：

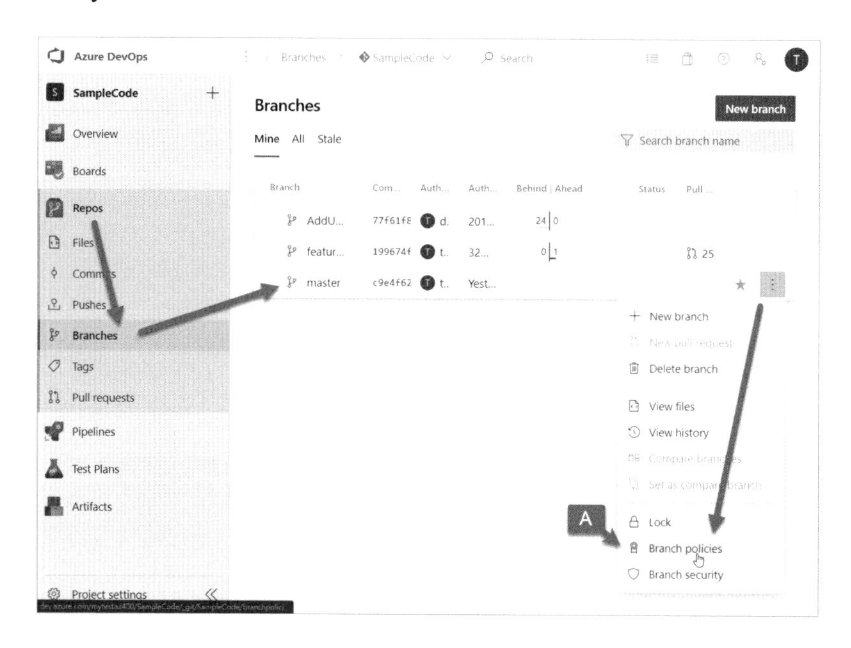

我們可以針對任何分支設定 policies（上圖 A），進入此功能之後，會看到底下畫面：

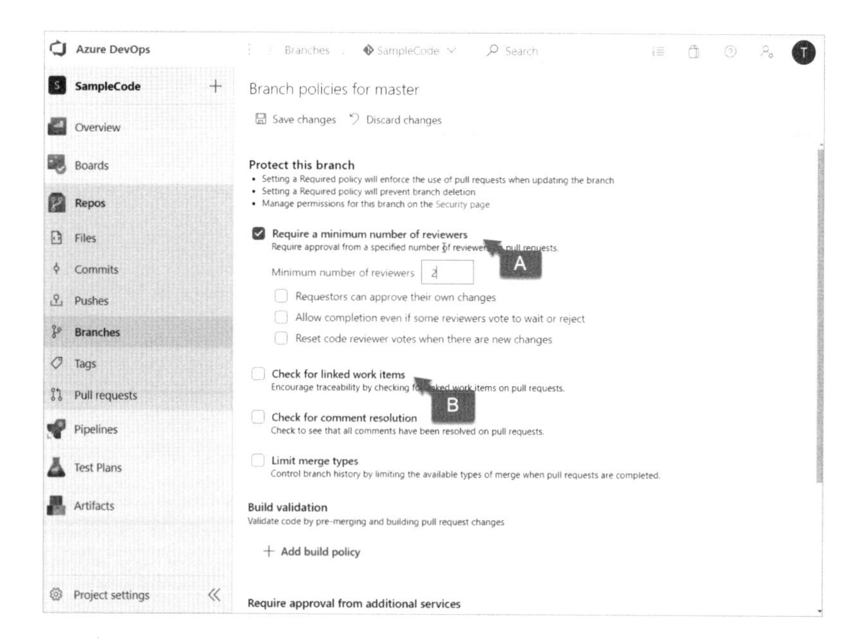

你可以將選定的目標分支，設定成必須要至少有幾位 reviewer 看過，才能放行 Merge，或是要求 PR 一定要連結工作項才可以。這些設定，對於程式碼的品質管理，都有著非常大的助益。

2-5 Azure Repos 的其他功能

這一節我們稍微來看一下，Azure Repos 的一些其他使用方式，並且談談 InnerSource 對於企業的價值，以及如何實現。

2-5-1 為專案建立新的 Repo

由於 Azure DevOps Repo 是很標準的 Git 架構，所以若你想再建立一個新的 Repo 不是什麼太大問題，你只需要進入到 Repos 畫面，最上方可以看到下拉選單（下圖 A）：

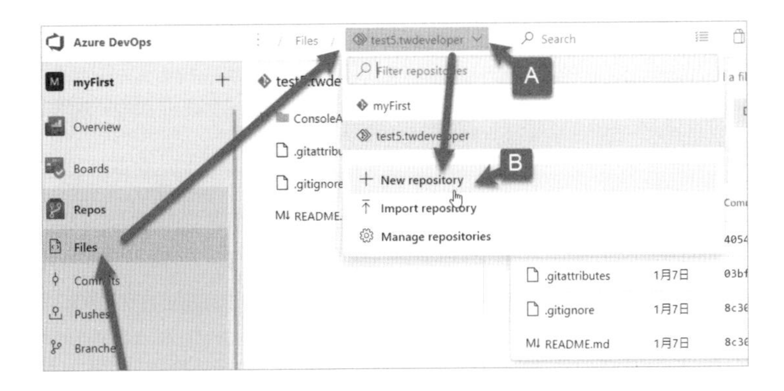

點選後，選擇「new repository」即可，在出現的視窗中，可以選擇是否要建立 README 檔案以及 gitignore：

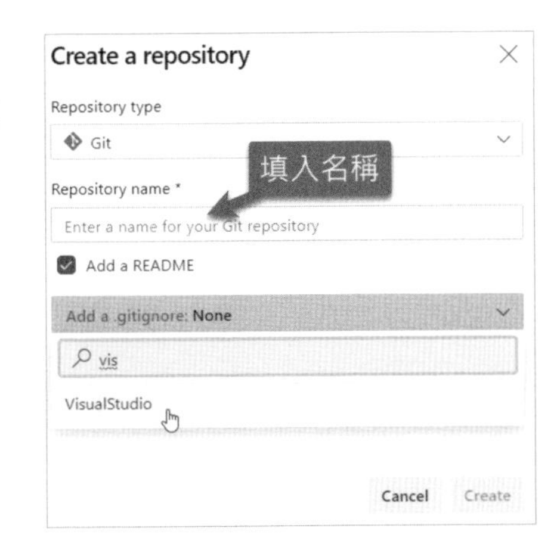

填完所有資料就可以建立了。

2-5-2 直接匯入外部的程式碼

除了建立一個全新的 repo，我們也可以直接匯入 GitHub 或是其他 Git Repo 的程式碼：

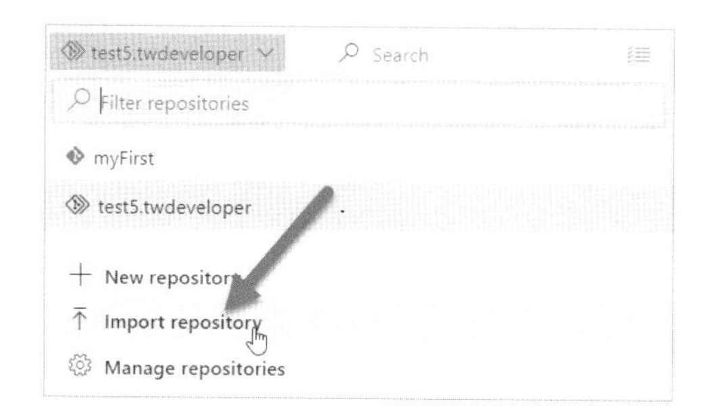

只需要輸入其他 Git Repo 的 Clone 網址即可：

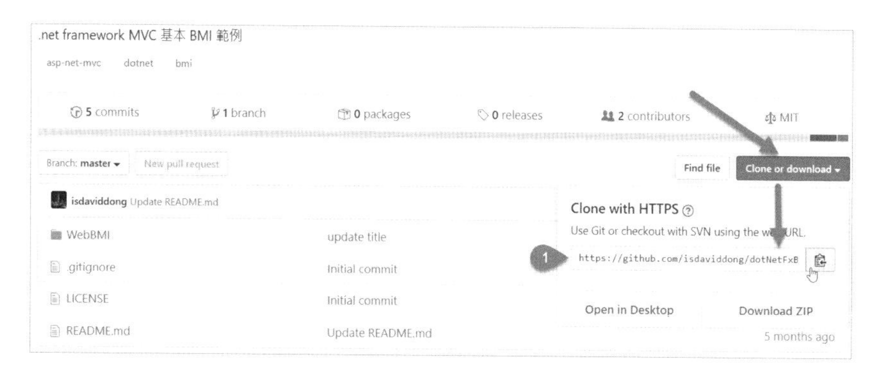

例如，（上圖 1）中的是筆者在 github 上的某個專案，只需要複製該 Clone 位置，然後在 Azure Repo 匯入功能貼上，就可以順利匯入了：

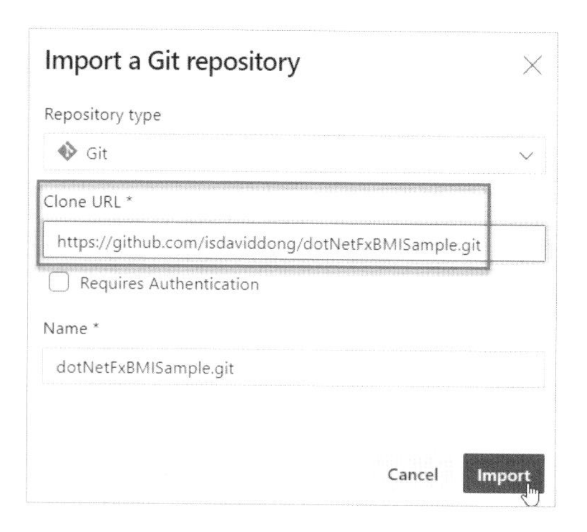

2-5-3 關於 InnerSource 與 Fork

Fork 在 Github 中是常見的功能，使用的情境大多是我們想對他人專案中的程式碼有所貢獻時。只要我們有權限，就可以 Fork 他人的 Repos 到自己的帳號底下。Fork 和 Clone 不同，Fork 可以追朔到來源的 Repo，讓新建立的 Repo 與來源之間有所連結。

對於開源的 open source 專案來說，Fork 是很有意義的功能，它讓開源專案可以更容易進行遠端的合作，讓廣大的開發人員都可以對其他人所建立的專案有所回饋與貢獻。

但，對於企業來說也有需要嗎？有的。

這幾年企業內部盛行 InnerSource[11] 的觀念。過去，企業常常把 source code 視為不可觸碰的機密，甚至要求 source code 不可離開 Lab（或特定部門）。在那個年代，你可能在某大型軟體公司工作了好幾年，卻還是看不到與自己部門（所開發的產品）無關的其他系統的任何一行程式碼。

但，現在時代不同了。

近年來，開發人員（和他們的主管）明顯地發現了 open source 所帶來的價值。同時，對於程式碼的安全性與開發規範也日漸成熟（如今，上道的程式設計師幾乎都懂得機密資料不該寫死在程式碼中），這使得企業也開始對於程式碼的開放不再感到懼怕。因此，也在對企業內部員工開放程式碼後，獲取了很多前所未有的好處。

最顯著的好處是，員工可以透過檢視同事的程式碼進而學習和成長，回顧你自己過去的學習經驗，你會發現，其實大部分的程式設計師，都是透過**看別人的程式碼**來學習的（而非單單只是看書、上課、或是自學）。一旦停止觀摩，開

---

[11] InnerSource 這個字眼是 Tim O'Reilly 在 2000 年發明的，意指在企業內，對內部開發人員進行組織內的開源文化。相對於過去很多企業把 source code 保護的死死的，如經已有不少企業開始風行這個概念。

發人員的成長就遇到瓶頸了，也就是說，觀摩其他人寫的程式碼，可以說是最好的學習方式（沒有之一）。

如果你覺得這沒什麼，認為讓員工成長這種事情對企業也沒啥好處，那你可以再反過來想。當企業內的所有開發人員，都知道自己的程式碼有可能會被其他人檢視（review）時，對於一個稍有責任感的開發人員來說，這是一個很大的提醒。當企業內培養出這個文化之後，大部分有自尊心的開發人員，都會在簽入程式碼之前，再看一下有沒有不該出現的 Code（或不適當的註解），以及是否有因為偷懶或取巧而品質不佳的程式碼（或技術債）。這使得軟體開發人員無形中更加的謹慎，對程式碼的自我要求將提高，而不只是**讓程式能動就好**。久而久之一旦養成習慣，在無形之間也提升了程式碼品質。

還有另一個典型的情境，也非常有價值。

近代的軟體開發往往是基於組件或套件的重用，在企業內也是，我們常常會用到他人所撰寫的套件或工具，這可以讓開發速度和時程加快，同時也提高重用性（提高重用性就是意謂著降低成本，切記）。

但，如果你同事所開發的套件有 bug 呢？怎麼辦？反映給他，等對方處理？又或者，你需要在某一個套件上增加一些新功能，那又該怎麼辦呢？對方也有自己的工作在等著他，等對方修改恐怕會曠日廢時，且對方也不見得有空花時間跟你討論需求...

這時，你可以直接 fork 對方所撰寫的這個套件的 Repo，直接幫對方修改，改完後只需要發個 PR 給對方即可，原始作者可以在有空時將你的修改整併入他的程式碼中。這讓企業內的合作自然且順暢的發生。身為 Developer 的你可能並不知道，「**合作**」這件事要想在企業的其他部門或領域推動有多困難，而軟體開發部門的宅宅們，卻只需要透過 Fork + PR 就可以自然的實現跨團隊的合作了。

資訊工具的進步，讓團隊合作可以在遠端順暢且自然的發生，這恐怕是過去沒有資訊工具的時代所無法想像的。如今，多人同時在 wiki 或 HackMd 等工具上一起撰寫會議紀錄，開發人員透過線上 code review 和協同開發，都已經慢慢變成像喝水一樣自然。

有了 InnerSource 的觀念之後，我們來看看怎麼在企業內透過 Azure DevOps 進行 Fork 與合作。

2-5-4 在 Azure DevOps 中使用 Fork

好，在前面知道了 Fork 在企業內的價值之後，我們來看具體怎麼實現。

一般來說，只要你有權限檢視某個 repo，就會看到右上角的選單中有一個 Fork 選項：

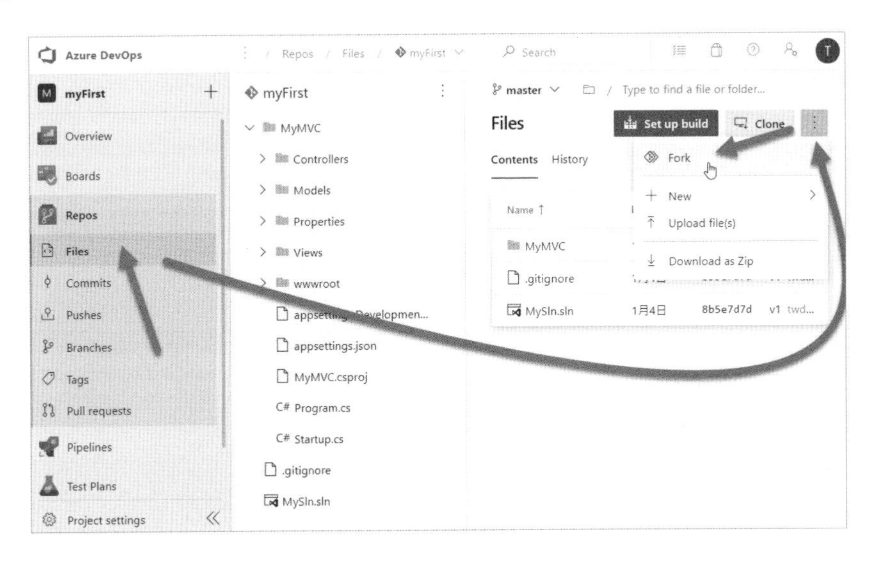

當你點選該選項，就會出現底下畫面，可以讓你把特定 repo 複製到你自己已經建立好的 Azure DevOps Project[12] 當中（右圖 B）：

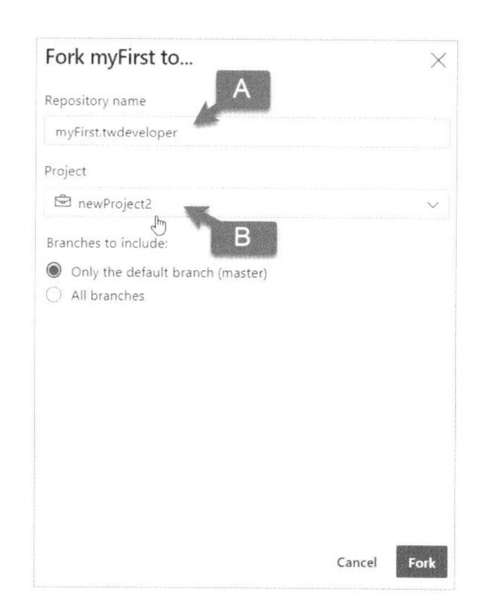

複製過去的時候，會帶出原本此 Repo 的名字（上圖 A），當你確定無誤按下 Fork 鈕，就會看到該 repo 被複製到你的專案中了：

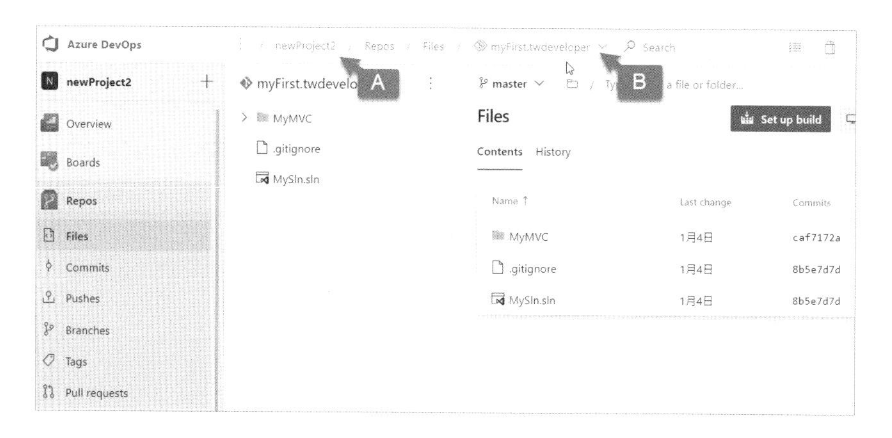

從上圖中你會看見，該 Repo 被複製到 newProject2（上圖 A）這個 Project 底下，Repo 名稱變成了 myFirst.twdeveloper（上圖 B），myFirst 是原先的 Repo 名稱，twdeveloper 則是你的帳號名稱。

---

12 請留意，即便你的帳號跨多個組織，也是不能把 Repo 給 Fork 到另一個組織底下的。Fork 這個行為在 Azure DevOps 中，只能在單一一個組織底下運作。

就這樣，你可以開始修改或檢視程式碼了。所有的操作都跟你原本操作 Repo 的方式完全一樣。

前面說過，Fork 和 Clone 某一個 Repo 有一個很大的不同，就是 Fork 之後，新產生的 Repo 和來源的 Repo 之間是有關聯的。因此你會發現，當你修改了這個 Repo 中的程式碼，並且 Commit/Push 之後，Azure DevOps 一樣會建議你開立 PR 單，但仔細看 PR 單的內容，你是可以選擇把 PR 的 Merge 給送回到來源 Repo 的：

你會發現，（上圖 A）的選項，不僅可以選到 Fork 過來後新建立的 Repo，也可以選到**來源原始 Repo**，當你選到原始 Repo 的時候，就可以把你的貢獻，反饋給最初該套件（或系統）的開發人員，達成企業內資訊共享與跨部門協同合作的成效，讓 InnerSource 真的發生。

這很不錯吧？過去要在企業內實現這樣的程式碼協同運作，或是跨團隊之間的合作，有著一定程度的困難，要培養這樣的文化更是難事，但透過 Fork 機制讓 InnerSource 很自然地在企業內發生了，這是一個很值得推廣的功能。

2-5-5 關於 Public/Open Source 專案

和 Github 一樣，其實 Azure DevOps 也可以建立 Public 類型的專案，大多數 Public 類型的專案主要是 Open Source 專案的需求，也就是開源的程式碼，共享的套件庫、框架...等最常使用。

在 Azure DevOps 當中，你可以輕易的建立一個 Public 專案：

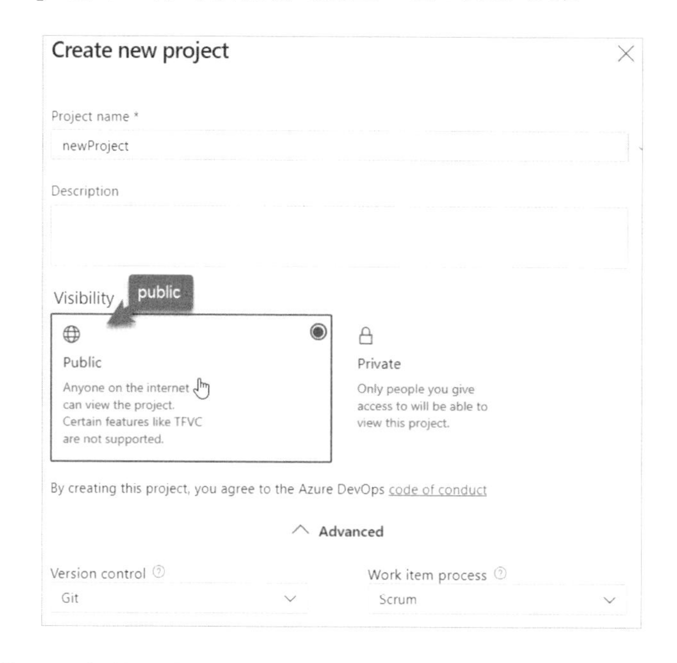

建立完成之後，一般檢視者無須 Microsft 帳號登入站台，都可以檢視程式碼與相關內容。

為了鼓勵開源，微軟針對這類的專案，提供了比一般專案更多的資源，例如你會看到專案管理頁面中，Agent Pools 裡面，對於 Public Projects，微軟將提供更多的 Parallel Jobs，別小看這些 Jobs，他會讓你在多人合作的專案中，進行 CI/CD 時，更加的順暢[13]便利：

[13] 當擁有更多的 Parallel Jobs 時，你不需要時常等待其他開發人員的 Jobs，跑 CI 的時候會更迅速。

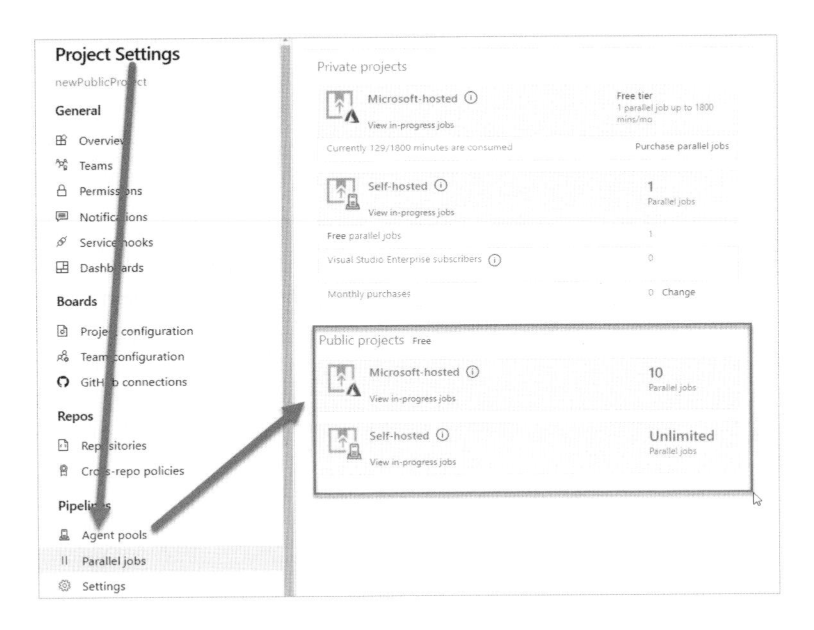

如果你想把一個現有的專案改成 Public 專案也沒問題，只需要在專案的設定頁面就可以進行了：

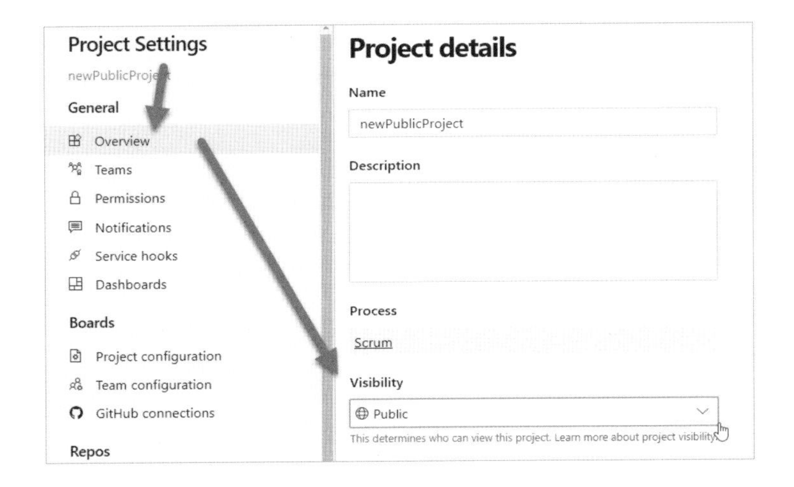

2-6 小結

在這一章中，我們延續先前討論過的看板（Kanban）方法與需求，將程式碼的異動，透過版控和 PR（Pull-Request），與需求（Backlogs）之間做了連結。實現這個連結的關鍵，就是 Azure Repos。

Azure Repos 不只是 Azure DevOps 中內建的版控系統而已，更重要的是，它承擔了觸發、驅動整個 CI/CD 自動化流程的角色。不僅如此，透過內建的 PR 機制，我們可以引導團隊進行 Code Review，透過適當的分支策略選擇，可以確保後續 CI 所需的持續整合能夠有效的發生。

因此，CI 基礎，其實是良好的版控，而 Azure Repos 則是促使一切發生的基石。

下一章，我們要在這個基礎上，進入大家最關切的 CI/CD 議題。

2-6-1 Hands-on Lab 1

請參考本章內容，依序完成下列工作：

1. 建立新的 Azure Team Project
2. 在新專案中，Import 筆者在 GitHub 上的原始程式碼

   https://github.com/isdaviddong/dotNetCoreBMISample.git
3. 針對 master 分支設定 branch policy，以確保開發人員無法直接修改 master
4. 嘗試修改 master 主線上的程式碼，觀察結果如何?
5. 在 Azure Board 看板中建立 backlogs 與 tasks
6. 從 tasks 建立 feature branch
7. 將 feature branch 分支 pull/sync 到用戶端
8. 在用戶端開起分支，修改程式碼 push/sync 回伺服器端
9. 開啟 Azure Repos 畫面，觀察該分支（feature branch）是否已修改？
10. 建立 PR（從 feature branch 合併回 master）
11. 選定 reviewer（可以選擇自己）
12. code review 後 approve、merge
13. 觀察 master 分支上的程式碼是否成功的被變更？

CHAPTER

讓我們實現持續整合（CI）

持續整合 -- Continuous Integration（CI），是 DevOps 中非常重要的一環，沒有持續的整合，就沒有頻繁的交付。但到底持續整合的細節是什麼？**如何**做到以及**為何**要做到？在 CI Pipeline 當中，應當加入什麼？都是讀者必須要知道的內容。

在這一章中，我們將會從如何建立 CI Pipeline 開始介紹，一路談到 PR-CI、程式碼品質掃描、套件安全性掃描、單元測試、甚至 Docker…等議題。

透過工具的協助，如今要建立一條功能豐富、結構完整的 CI Pipeline 已經不是難事。但如何在自動化整合的過程中，讓安全性與品質更為堅固，才是重要的課題。本章將討論這些有關 Azure Pipeline 所有你需要知道的關鍵議題。

3-1 CI 解決了什麼問題？

3-1-1 故事

某天上課的時候，發生了一件事情。

我們客戶一個新上線的網站出錯了，用戶回報了一個前端畫面上的 bug，估計是 javascript 引起的。

在群組裡看到這狀況時，已經接近中午用餐時段，我下了課匆匆走進休息室，一邊吃著學校準備的便當（感恩，現在上課會幫老師準備便當的學校不多了），一邊連上雲端的開發機找出了那段發生錯誤的程式碼（好吧，果然是我寫的）。

接著，花了幾分鐘的時間修改，測試無誤後，送出這個 commit 並且 push 到伺服器端的 repo，我看著自動化 Pipeline 順利的通過了單元測試、程式碼品質掃描、以及各種基本的自動化測試，隨即在群組中回報客戶，這個問題已修復，幾分鐘內會自動部署到正式環境。

從客戶發出這個 issue 到完成上版，大概花了二三十分鐘的時間。完成後，我繼續悠哉地吃著便當，然後準備打個盹為下午的課程養精蓄銳。

下午上課時，我分享了這個真實案例，因為我在課堂上教的正是 DevOps。受惠於 CI/CD 與自動化測試，現在我們開發的網站，大多可以在開發人員簽入程式碼之後，自動上線到正式機，中間無須其他任何人經手。

先前上課時就跟同學提到過，如今我們採用敏捷、走 DevOps、並且建構 CI/CD 自動化，有一個非常關鍵的原因，就是這個世界的變化速度之快，已經超過我們的想像，而我們不能不回應它。

如今，在企業內從蒐集需求到上線，很可能必須爭取在數天（至少一兩週）內完成。但你還記得嗎？也才差不多十幾年前，那時客戶從提供一個需求或反饋，到資訊單位把它做出來，並且部署到正式機上，往往是幾個月之譜，有時候用戶甚至必須等待長達一年之久。

時代的改變還不僅如此，現在，當你面對一個 bug，往往必須在當天就解決（不信？你去問問電商或購票網站），過去的世界可以容忍維運單位把 hotfix 封裝成一大包，以每季或每月的方式更新到用戶的環境上，但在現今這個時代，這已經是近乎無法被接受的事情。

DevOps 中的 CI/CD 與自動化，讓一切開始有所改變。

因此，接下來我們要從 CI 開始，來具體看看到底 CI/CD Pipeline 能夠幫助我們解決什麼問題？

3-1-2 CI 具體能解決什麼問題？

不知道你的開發團隊是否曾經碰到過底下這些狀況：

1. 程式碼在各別開發團隊成員的電腦上都可以運行，但合併在一起就是出問題？導致開發曠日廢時、時程超出預期、交期無法估計...
2. 系統出現 Bugs，但改了這邊壞了那邊，改來改去無法正常運作？
3. 在開發環境運行都沒問題，但部署到用戶端總是狀況百出!？
4. 專案用到了具有 bug 的套件，導致系統升級後崩潰...
5. 用戶反映了許多新的需求，但開發團隊成員不願意改程式，因為擔心程式碼改過之後可能不穩定...
6. ...

以上這些，都是過去我們開發團隊常常碰到的狀況。我們對團隊開發的期望是，透過眾人的合作，讓開發的效率提升，透過分工讓團隊產生 1+1>2 的綜效。但只要你曾經參與過軟體專案開發，就會發現，其實要實現這樣的綜效似乎非常困難。

有時候一兩個人開發一個專案似乎還比較單純，當開發團隊人數一多，團隊成員之間的溝通與合作反而變成產出的瓶頸，有時候成員人數愈多，甚至使得團隊的生產力愈低落。

前面我們曾經談過版控，程式碼的版控讓開發人員可以更方便的管理程式碼的變更，但多人合作的時候，我們除了在意程式碼變更上的管理，往往更在意程式碼合併後所該產出的成效，這時候 CI 就扮演了一個很重要的角色。

3-2 重新檢視 CI Pipeline

前面我們概略的談了一下 CI Pipeline。其實，我們在第一章就曾經玩過一次 CI Pipeline，如果你還有印象，整個畫面大概是底下這樣：

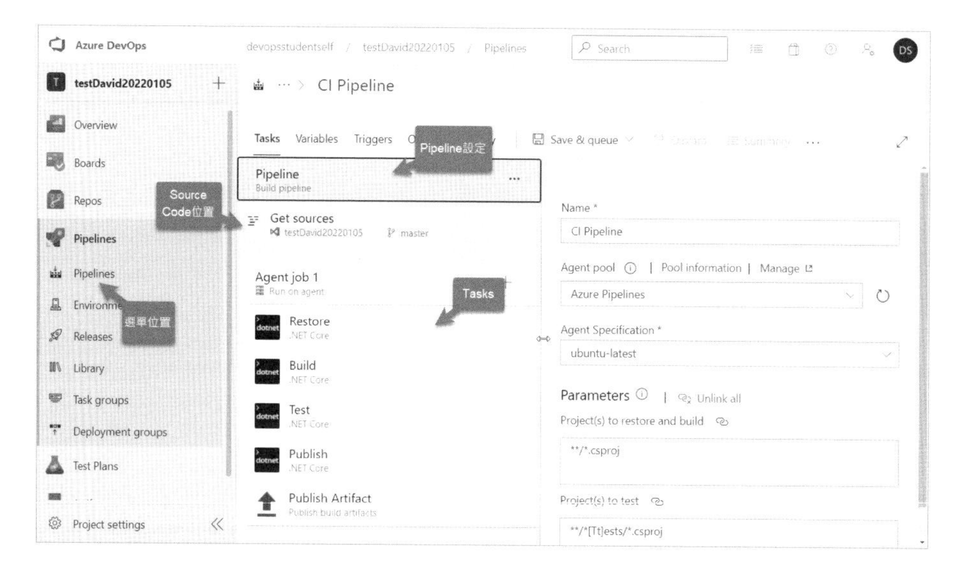

CI Pipeline 是一個自動化的流程，透過在其中一個個的 Tasks 組成，你可以自由的從內建或市集上找到需要的 Tasks，並且動態調整 Tasks 的運行順序，藉此組出一個自動化的建置（build）流程。

這些 Tasks 可以讓 Pipeline 的設計者透過調整參數進行一些行為上的微調，如此一來，就可以符合各種需要的情境：

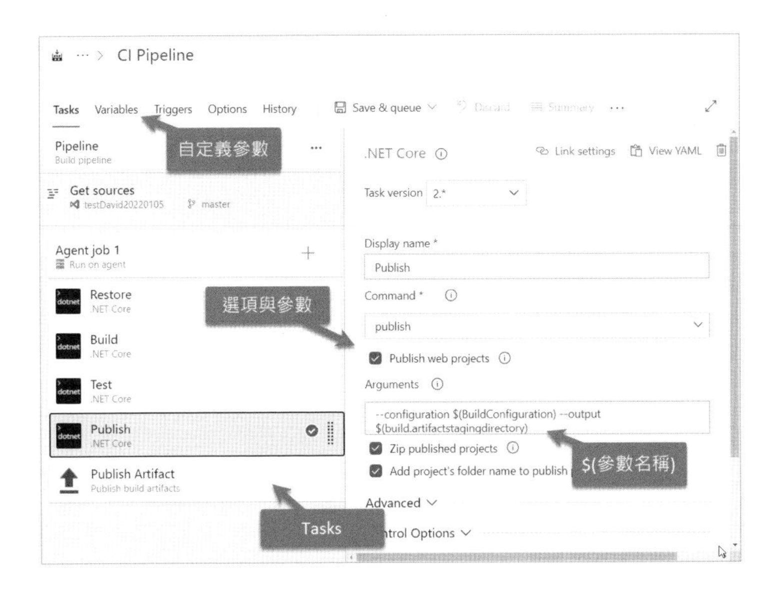

例如上圖中，你會看到 Tasks 畫面的右半邊，有著各種核取選項（checkbox），也有一些文字方塊（textbox），文字方塊中，你看到我們其中透過 $（...）這樣的變數來進行環境或功能上的設定。

除了系統內建的一些變數[1]，你也可以透過 Variables 功能，來自定義你自己所需要的變數：

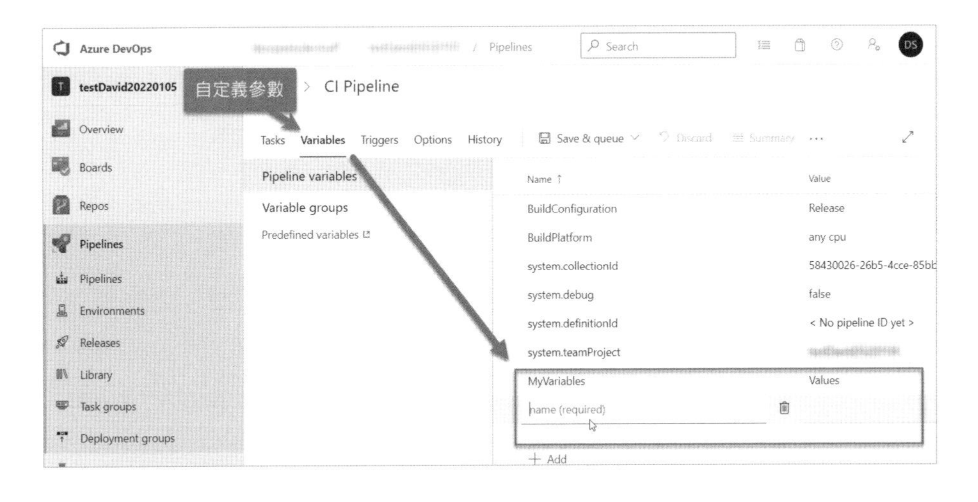

---

[1] 你可以參考 https://docs.microsoft.com/zh-tw/azure/devops/pipelines/build/variables?view=azure-devops&tabs=yaml 這裡有系統內建的變數

透過自行定義變數，你可以在 Pipeline 中跨 Tasks 的來使用這些變數。讓 Pipeline 的設計更有彈性。

3-2-1 CI 的觸發時機點

前面我們提過，CI 主要的目的就是整合，然而，在哪些時間點會需要運行 CI Pipeline 進行持續的整合呢？

一般來說，典型有三個場景：

1. **主幹上的程式碼被修改或合併（Merge）之後**

   如果有任何分支已被合併（Merge）到主幹上，那我們勢必要對主幹上剛合併好的程式碼進行自動化建置，除了確保程式碼可順利整合和運行，同時也可以將成品部署到測試機（甚至正式機）。因此，由 Merge 所觸發的 CI Build 必然是需要的。

2. **開發人員把 Feature Branch 分支上的程式碼送出，觸發 PR 之後（此處運行的 CI，稱為 PR-CI）**

   若我們採用 Feature Branch，當開發人員即將把寫好的 Code 合併到主幹上時，我們會建議先開一個 PR 單，在 PR 單被審視的過程中，在背後同時運行一個 PR-CI Build。但這與剛才提到的 CI Build 意義不同（雖然設計上可以是用同一隻），這個 PR-CI Build 是對 Fearure Branch 上的程式碼進行建置，而非對主幹上的程式碼做建置。至於如何設計 PR-CI，我們會在後面的章節中介紹。

3. **特定時間（例如半夜三點）**

   夜間很適合做一些所需時間比較長的建置動作。例如，完整一點的程式碼安全性掃描、套件掃描...等。或是，把平常白天沒有機會全面執行的單元測試都執行一次。總之，我們可以在 Pipeline 的 trigger 功能下，設定在固定的時間自動進行建置：

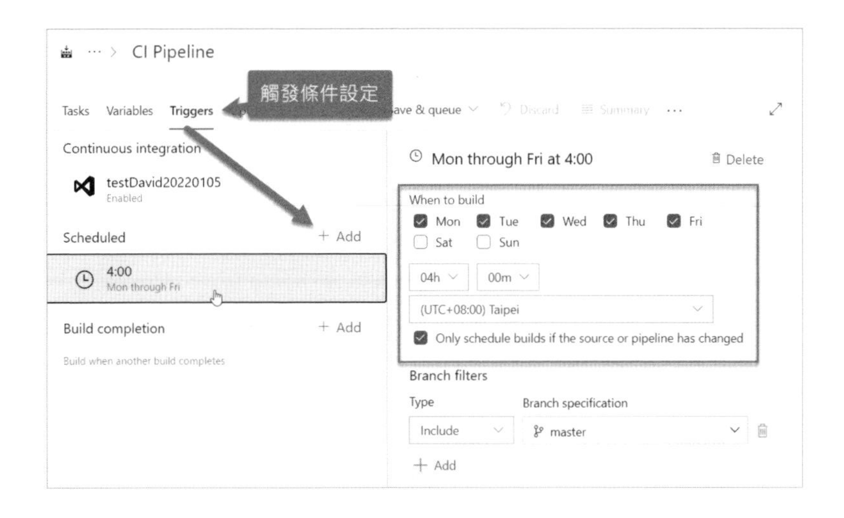

3-2-2 CI 的主要產出 – Artifacts

如果說 CI Build 的主要目的是實現持續整合，那這個 Build 的主要產出無疑的就是建置後的成品了，這個成品我們稱之為 –「Artifacts」。

一般來說，只要需要建置的應用程式，都會在建置完成之後，產生一些檔案，典型 .net 或 .net core 的產出就是 .dll 或是 .exe 檔案。如果是網站，我們可能會在 build 完之後，將其進行發佈（publish），並且將發佈的結果打包成一個壓縮檔（.zip），以便於將其部署到 IIS Web 站台上。

所以，這也是你會在一般的 asp.net core 專案中，看到類似底下這樣的 publish Task 的原因：

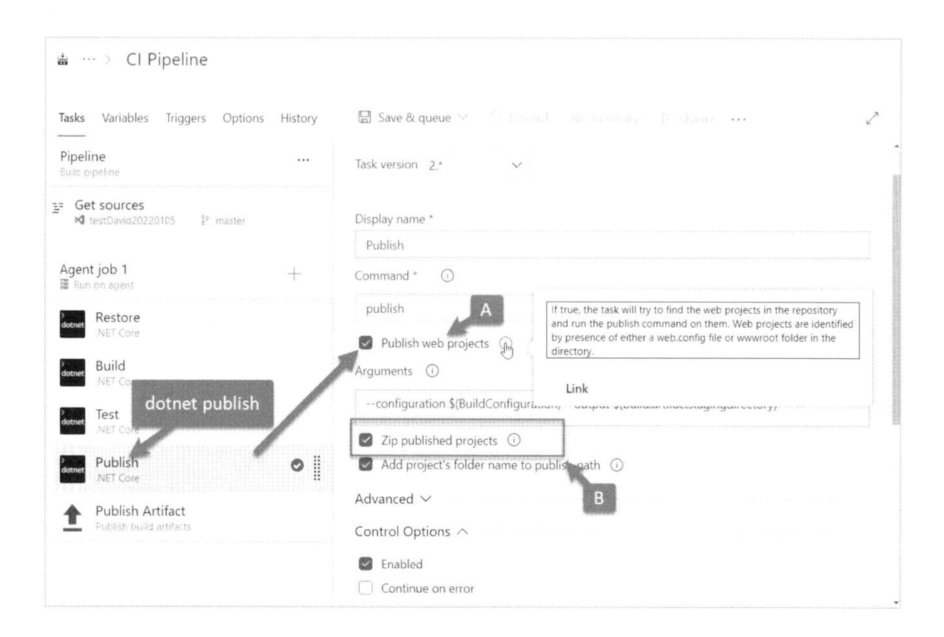

其實，上面的 Publish Task，就是在 source code 中找到 Web 專案，並對該專案運行「dotnet publish」指令（上圖 A）。由於我們指定要將結果壓縮成 zip 檔案（上圖 B），因此最終的產出物（artifacts）就是一個.zip 檔案而已。

接著，你看 pipeline 中最後一個 task -「Publish Artifact」：

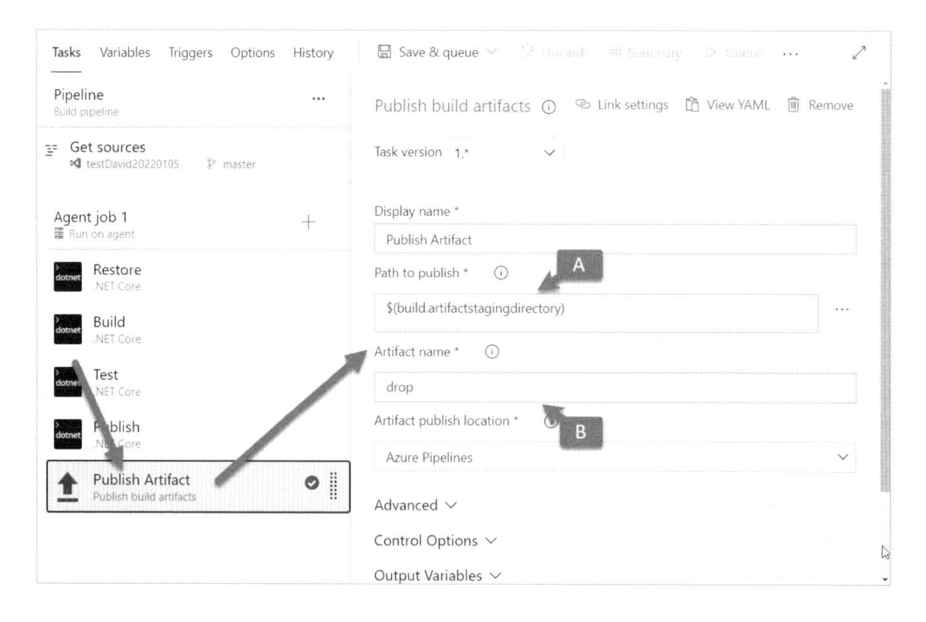

這個 task 將負責把上一個步驟（publish）所建置出的.zip 檔，從 $(build.artifactstagingdirectory) 複製到 drop 資料夾。你可以觀察整個 Job 完成之後的 Summary 畫面：

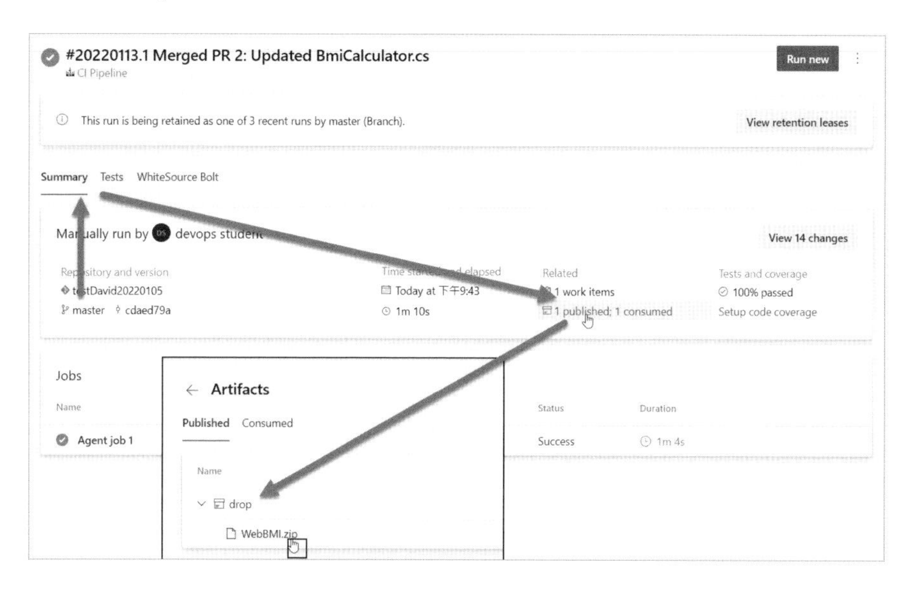

即可發現，「Publish Artifact」這個 task 所完成的效果。

總的來說，我們對於 CI Pipeline 最主要的要求是：

1. 實現持續整合
2. 透過各種掃描，確保程式碼品質
3. 產出 Artifacts，以便於後續 CD Pipeline 進行持續部署

但有時，在某些狀況下，我們也會順便在 CI Pipeline 中進行部署，將產出的 Artifacts 部署到開發環境（或測試環境）。這也是你看到我們在先前章節中，帶著讀者初次使用 Pipeline 時，有加入部署 Task 的原因：

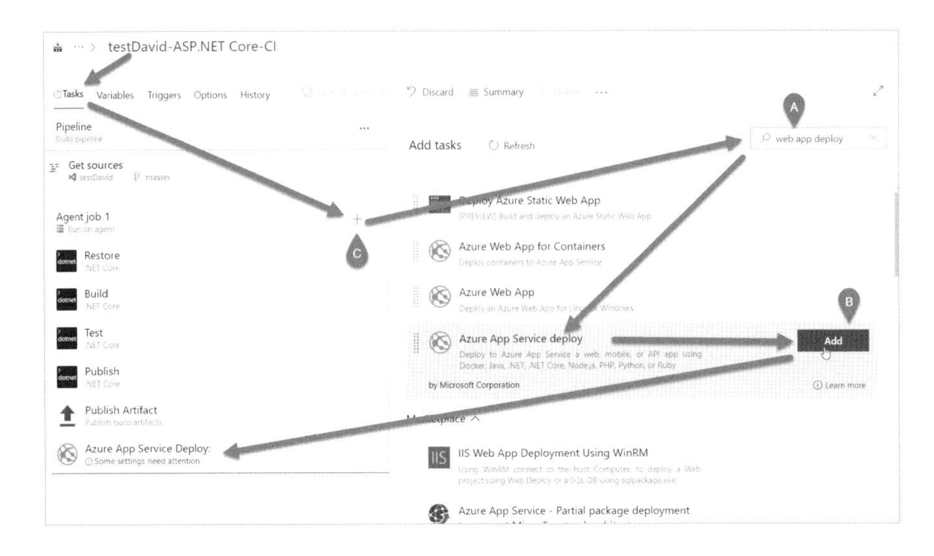

在 CI Pipeline 中順便完成部署的工作，有利於我們在團隊開發當中進行測試環境的準備，同時也可以在部署完測試環境之後，在該環境上順便再跑一些比較重要的自動化 UI 測試，例如登入、結帳...等，以確保每一次建置出的成品品質都符合要求。

以上這些，都是 CI Pipeline 的重要價值與概念。接著，讀者可以繼續往下看，我們會完整的帶你建立 .net framework 與 .net core 應用程式的 Pipeline。

3-3 建立你的第一個 CI Pipeline

當開始邁向 CI，我們第一個要實現的事情是，以雲端（或伺服器端）的環境為基準，來進行系統的開發、建置、部署、與測試。

在過去（彷彿是上個世紀以前了），開發人員可能是以某一台個人開發環境的電腦為準，在多位開發人員同時撰寫好程式碼之後，把程式碼集中在這台電腦上，進行最終的建置與測試。

但當我們導入了版控系統（像是 Git）之後，即便多人同時開發、修改、增添新功能，甚至嘗試一些特殊調整。但在伺服器端，應該總是保持著一套最穩定的版本，可能是 Master 分支、或是採用 Github 分支策略（選擇分支的策略由團隊決定），這是上一章我們討論版控時候的最終目標與 CI 的基礎。

當有了這個基礎之後，我們可以建立一個自動化建置的流程，一般稱之為 CI Pipeline。由於使用不同的開發語言（或框架），可能會有著不同的建置流程，因此我們接著會逐步來看，在不同的開發技術下，CI Pepiline 的設計方式。

3-3-1　建立.net framework 專案的 Pipeline

我們先來看傳統的.net framework 專案（後面會介紹 .net core 專案），如果要練習，你可以建立一個新的 Azure DevOps 專案，並且在 Repos 處 clone / import 我們底下這個在 GitHub 上的範例程式碼。

```
https://github.com/isdaviddong/dotNetFxBMISample.git
```

這是筆者在 github 上的範例，是一個傳統的 .net framework MVC Web 專案，功能是實現一個計算 BMI 的 Web 應用程式。

你可以使用 Azure DevOps Repos 起始畫面的 import 功能，匯入這個 GitHub 上的 Repo：

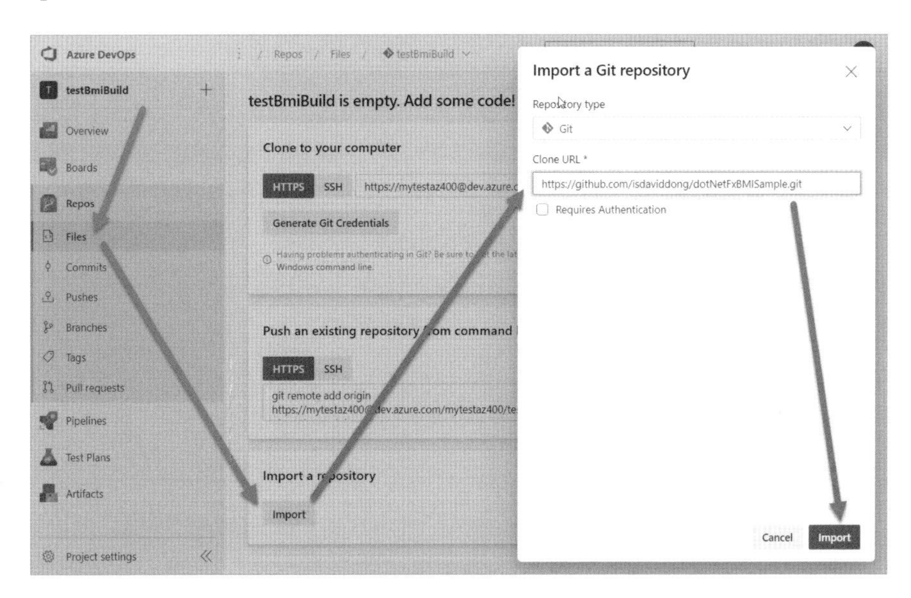

一陣忙碌：

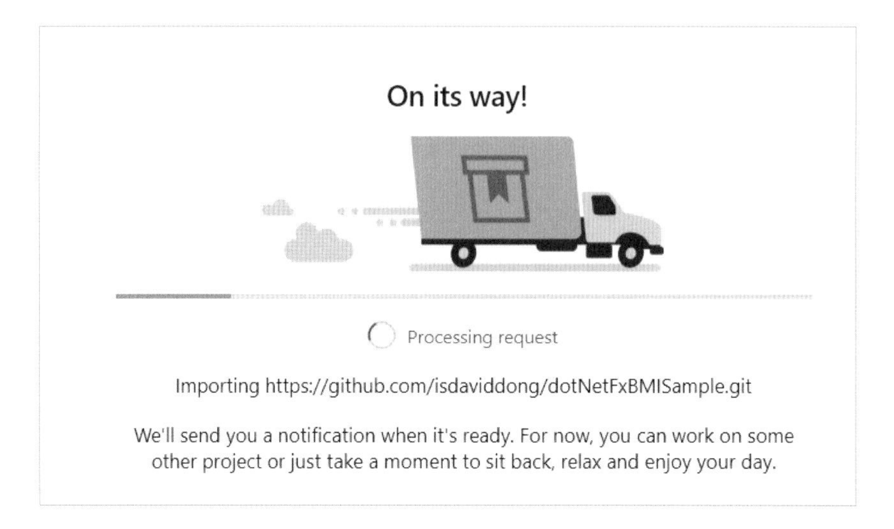

完成後，你會看到類似底下這樣的程式碼：

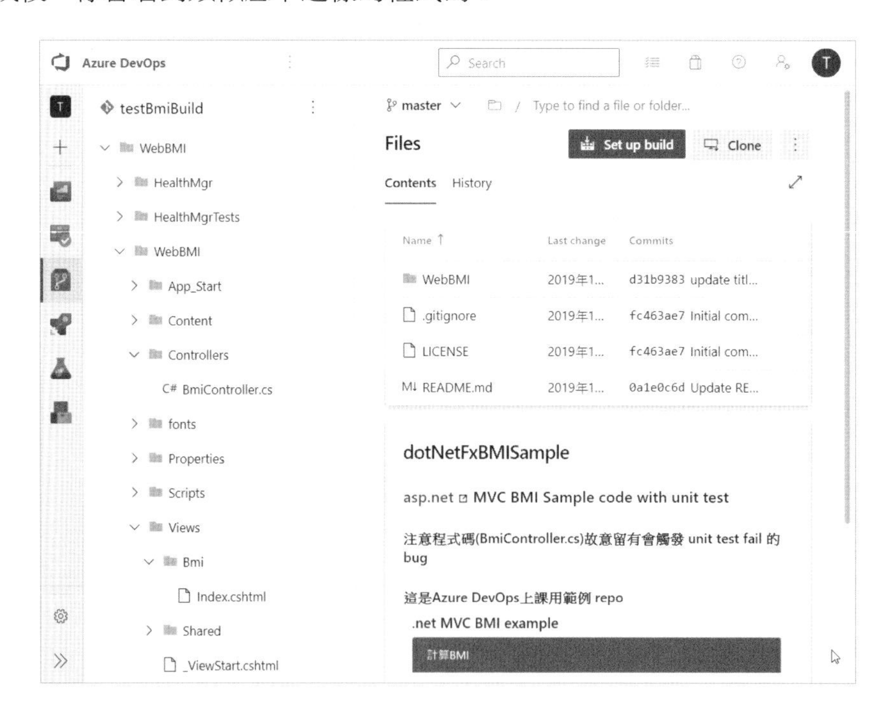

有了這些 source code 在 Repos 中，接著，我們就可以來試試看針對它建立 CI Build Pipeline 了。

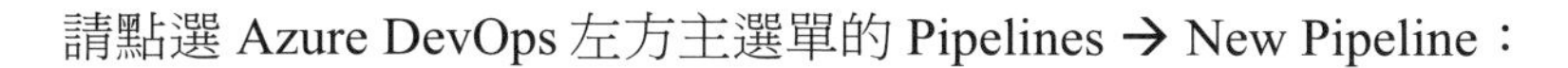

請點選 Azure DevOps 左方主選單的 Pipelines → New Pipeline：

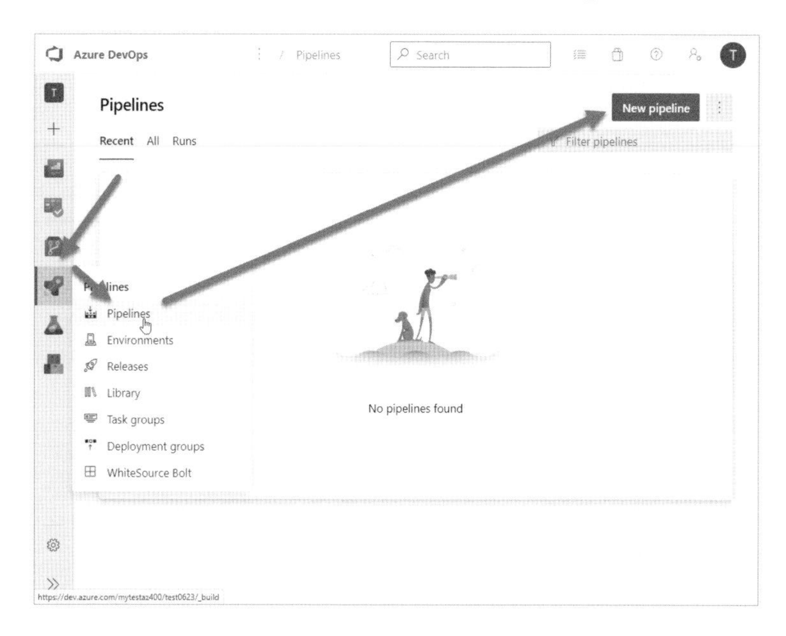

在緊接著出現的畫面中（下圖），選擇最下方的「Classic Editor」。

下圖中上面的幾個選項是透過撰寫 YAML Code 的方式來設計 Pipeline，而我們先選用 GUI（Classic Editor）：

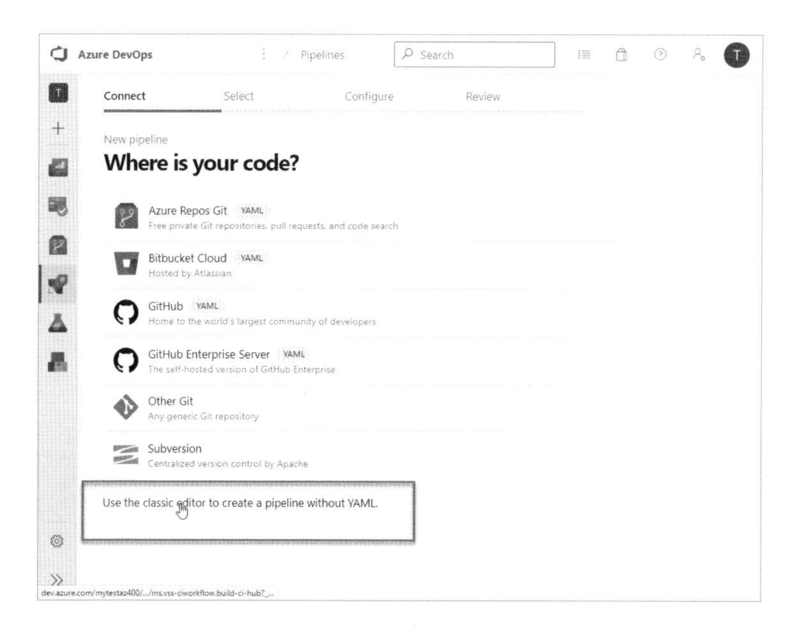

由於我們的 source code 已經存放在預設的 Azure Repo 中（也就是你剛才 import 進來的那份），且位於 master 主幹上，因此我們針對 source 的選擇，只需直接採用預設的選項，點選「continue」即可：

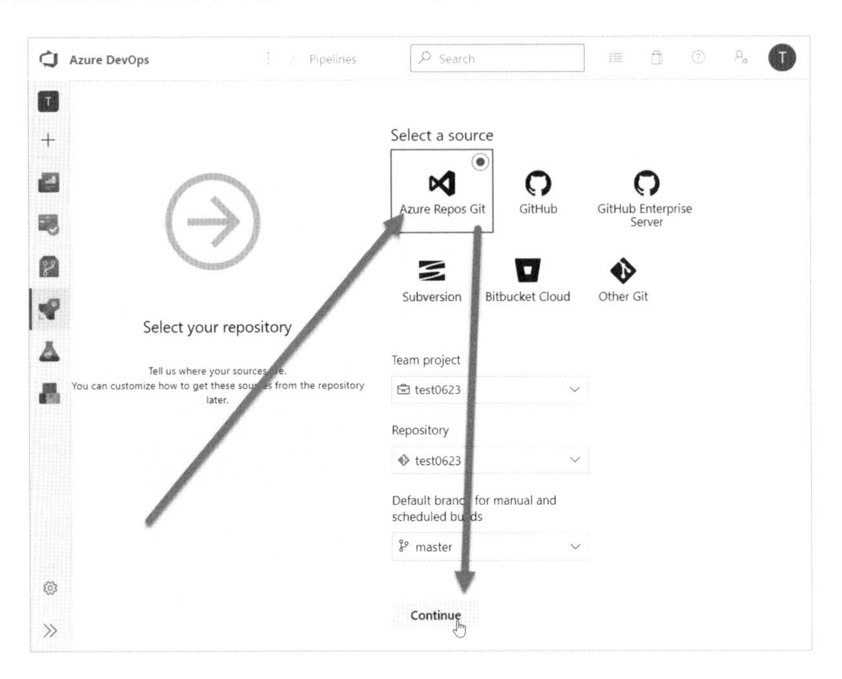

在接下來出現的畫面中，我們選擇「ASP.NET」，按下 Apply：

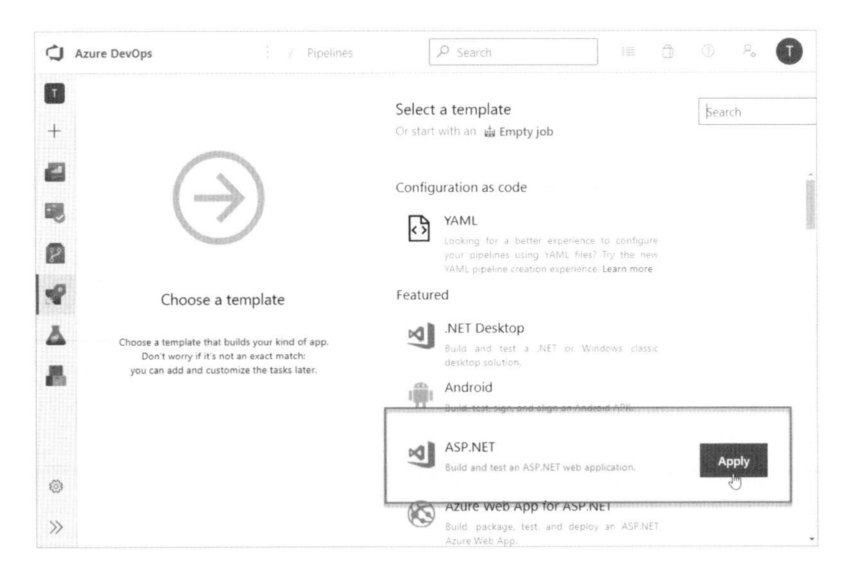

按下之後，你會發現系統自動帶出 ASP.NET 適用的 Piepline 模板。我們之所以採用這個 ASP.NET　Pipeline 模板（template），是因為我們的程式碼是傳統的 ASP.NET[2]：

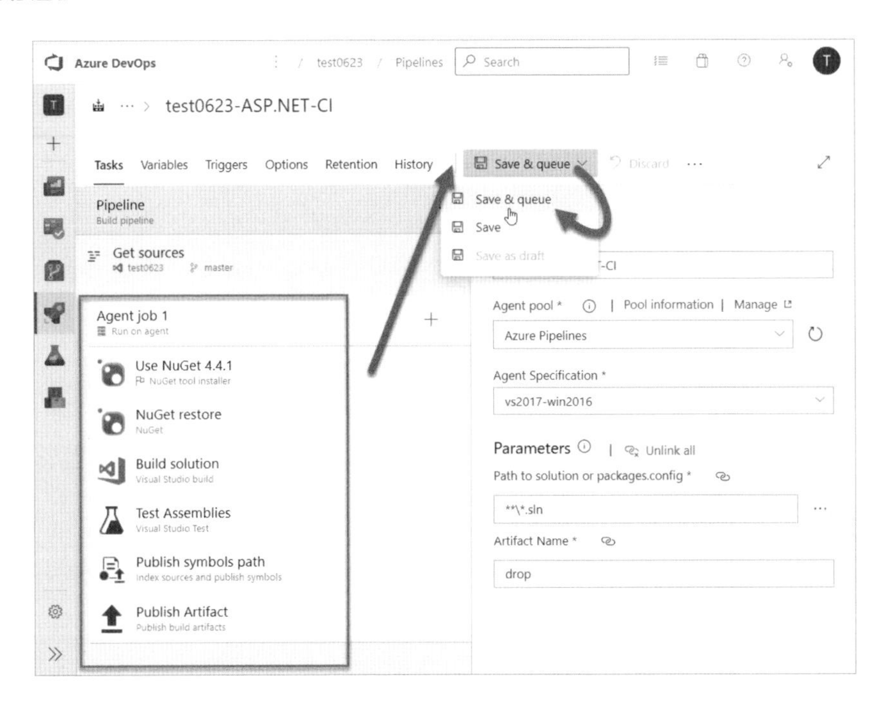

上圖左方框起來的是 Pipeline 中的 Tasks （自動化建置步驟），你完全無需修改，直接儲存順便跑一個建置動作（Save & queue）即可：

2　若你採用 ASP.NET Core 或其他開發技術，使用的模板自然不同。

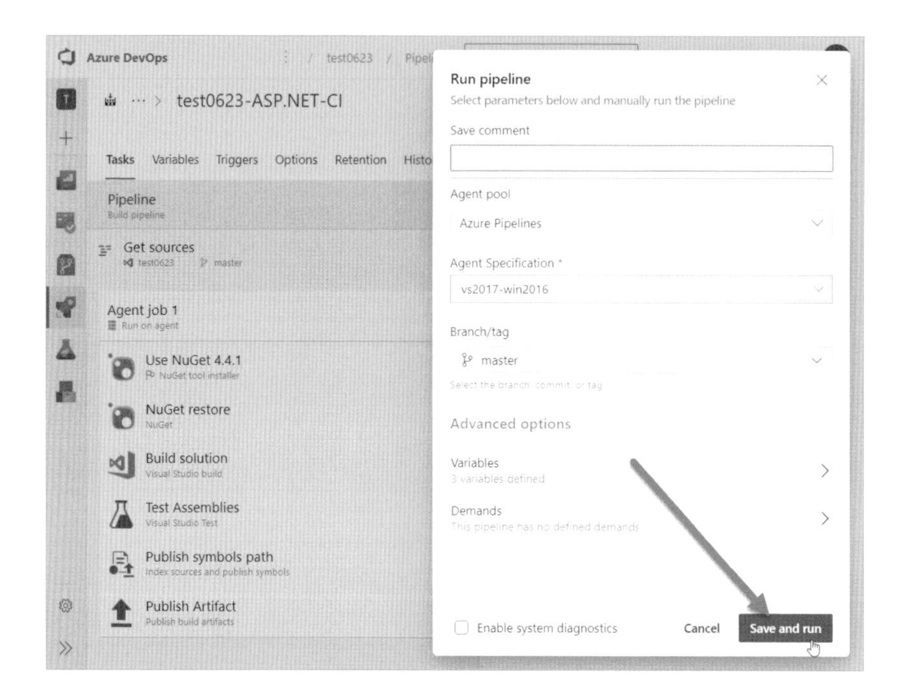

在出現的畫面上（上圖），按下「Save and run」。系統就開始雲端建置工作了：

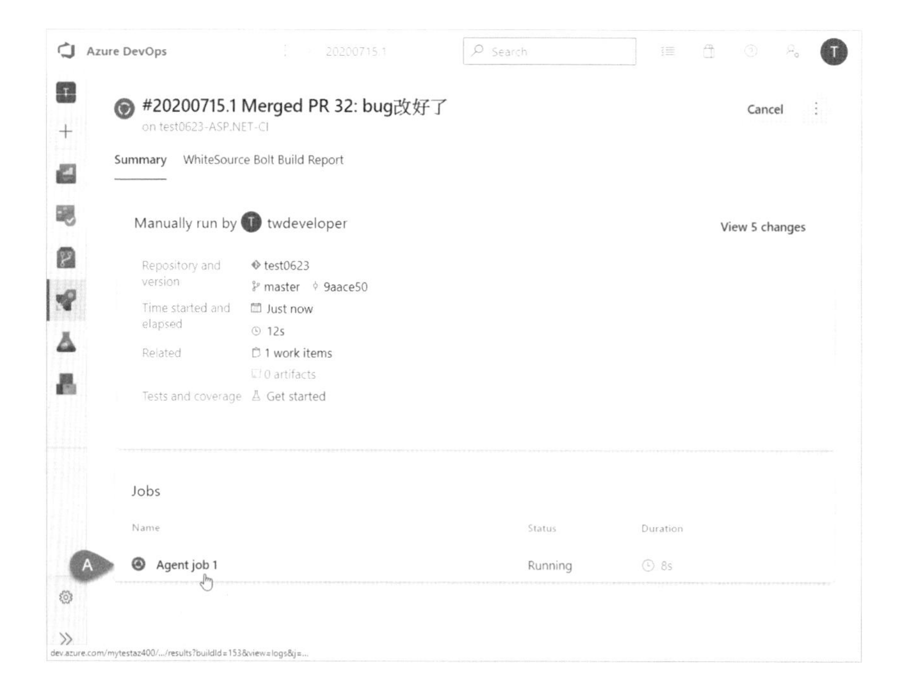

上圖 A 中的 Agent job 1，就是正在雲端跑的自動化建置工作，你可以點進去，會看到運行的即時狀態：

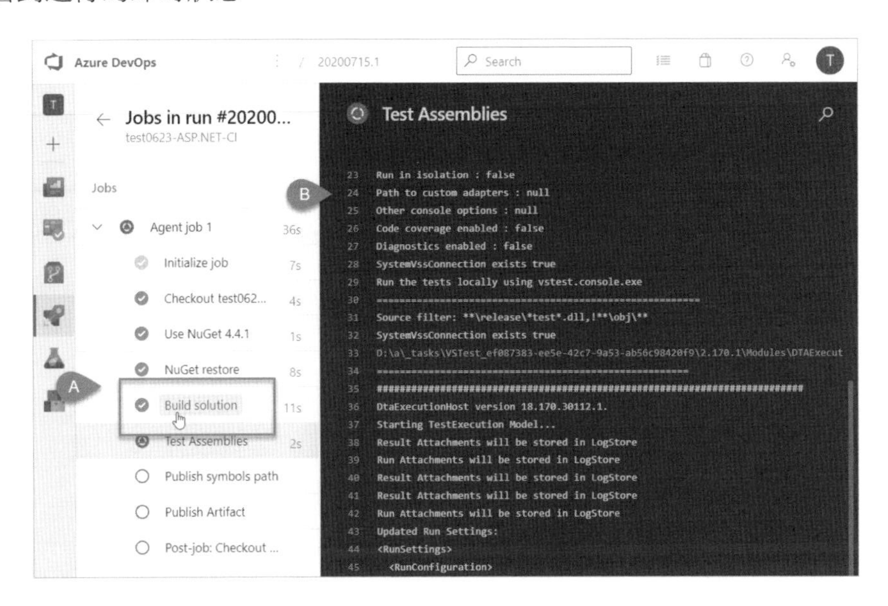

上圖左方的 A，是正在跑的 Tasks，右方 B 的部分則是運行中的 console 顯示。如果你依照我們前面的說明一步一步做下來，沒一會兒可能會很訝異的看到底下這個錯誤畫面：

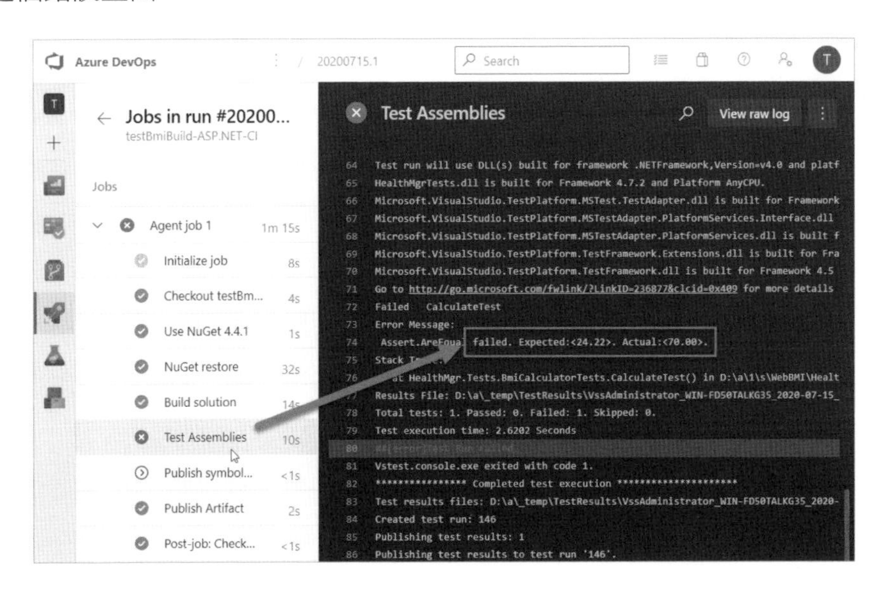

別怕，這是我們刻意的。

請注意，發生錯誤的位置是「Test Assemblies」這個 Task，如果你對照前面的 Editor 畫面，就是底下這顆：

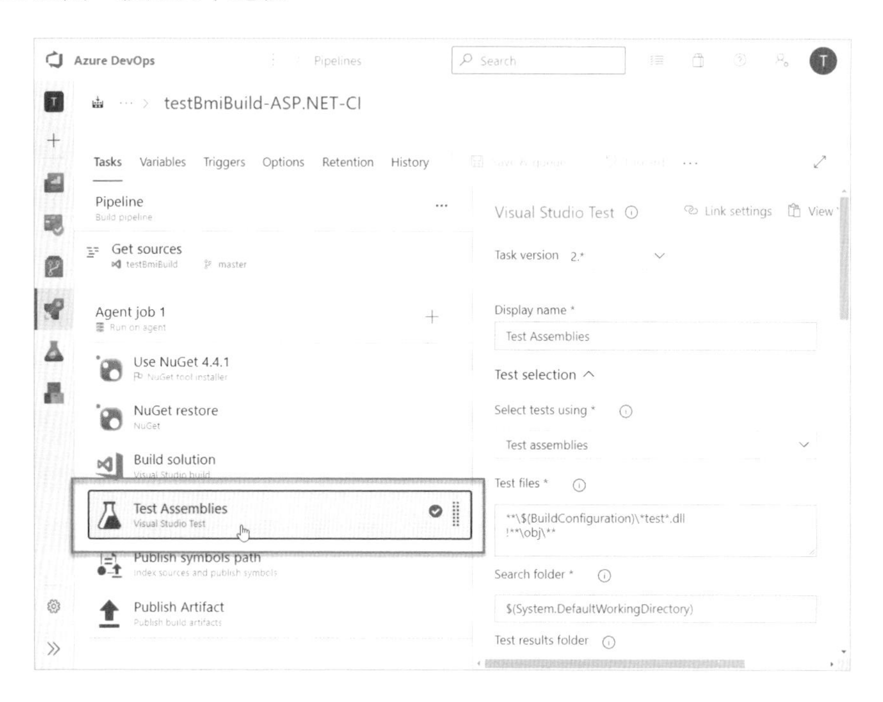

這顆 Task 是負責運行專案中的 Unit Test 的，我們曾經說過，近代軟體開發中，很倚賴 Unit Test 這樣的機制作為程式碼的把關。

「Unit Test」稱作單元測試，我們可以透過撰寫測試程式碼，以自動化的方式來測試主程式。這帶來了許多好處，可以大幅度的提高程式碼的品質，且減少回歸測試的工作量。

上面的 Pipeline 就是因為單元測試失敗，導致整個建置動作失敗。我們可以把這個專案在開發環境透過 Visual Studio 2019 Clone 下來（作法請參考上一章介紹的 Azure Repos），並開啟該專案。

然後接著以手動的方式 Build 整個方案：

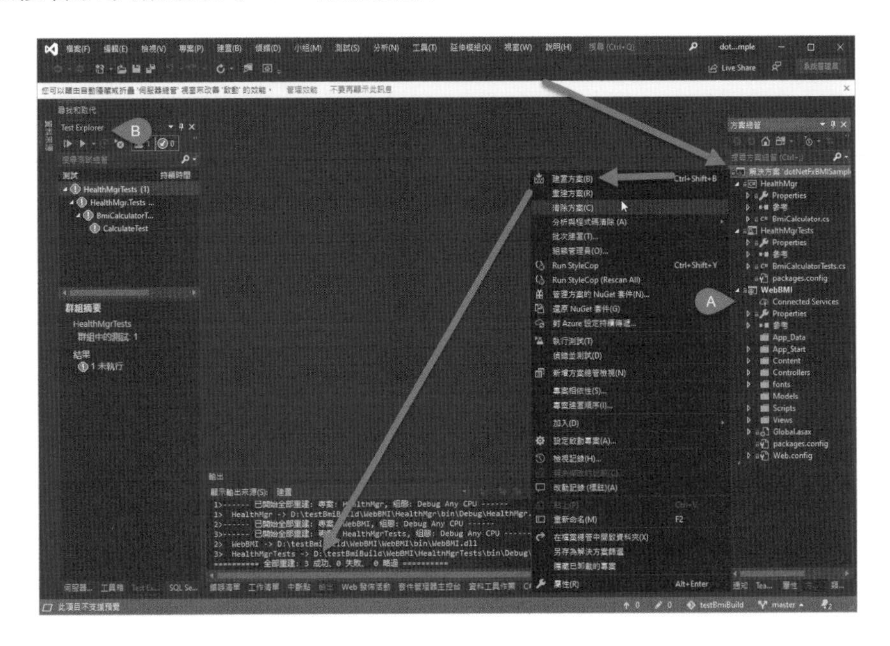

你會發現，當你嘗試 Build 這個方案，他是可以正確地被建置的。

這表示這些專案沒有任何語法上的錯誤。然而，當你執行這個專案的程式時，它運算 BMI 的結果卻是錯誤的：

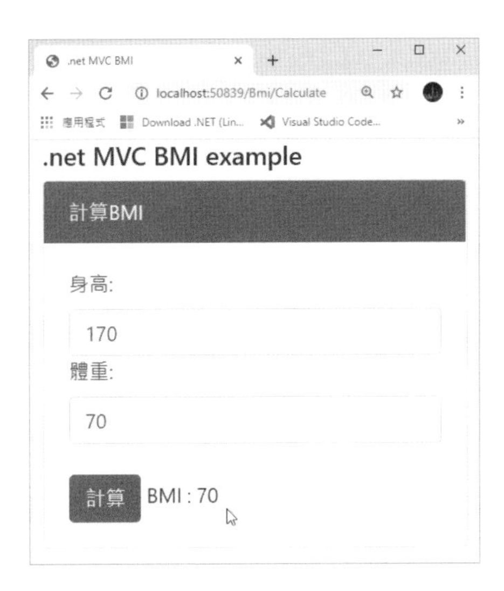

BMI 是體重除以身高的平方，體重是以公斤為單位，身高是公尺。因此，上述計算正確的結果應該是 24.22：

```
70/（1.7x1.7）=24.22
```

但我們的程式卻顯示為「70」。

這個錯誤源自於底下這段計算 BMI 的核心程式碼：

```
public float Calculate（）
{
  float result = 0;
  //發生錯誤的位置
  float height =（int）Height / 100;
  result = Weight /（height * height）;

  return result;
}
```

上面程式碼其中的

```
float height =（int）Height / 100;
```

造成了錯誤，（int）這樣的型別轉換導致計算結果不正確，如果你修改成

```
float height =（float）Height / 100;
```

則運算就會成功。

然而，這個程式碼邏輯上的錯誤，對於 Build 來說，卻不會造成任何問題（因為沒有寫錯任何語法），但執行的結果卻是錯的。

重點在於，Pipeline 中運作 Unit Test 的 tasks，順利地為我們抓取並攔截下了這個錯誤（雖然 Build 的時候沒有任何的語法異常），當我們撰寫了 Unit Test 程式後，在面對這類邏輯性的錯誤上，將可以為我們的系統帶來更大的保障。一切的前提當然是我們在專案中已經先

撰寫好 Unit Test 的 code 了，但在這邊我們先不談 Unit Test 的撰寫，我們只須先了解 Unit Test 可以為我們帶來這些好處即可。後面，我們會再介紹該如何開發單元測試。

而用戶端 Visual Studio 中的 Test Explorer 工具，則可以幫我們手動運行撰寫好的 Unit Test。方法是點選下圖中左上角的 Play 按鈕：

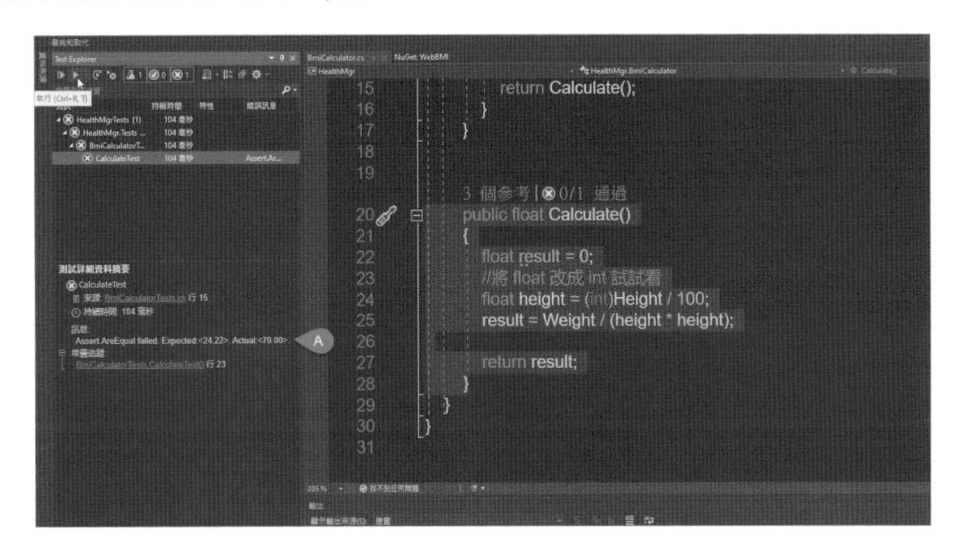

例如上圖 A 是手動執行該專案中 Unit Test 的結果。

一般來說，成熟的專案中可能會有幾十甚至數百個 Unit Test，這些為數眾多的 Unit Test 當然不可能頻繁的在開發環境中手動逐一執行，而 Azure DevOps 的自動化建置流程中的這個「Test Assemblies」Task，會在 Pipeline 進行 Build Process 的過程中，幫我們運行 Unit Test，以確保開發品質得以提升。

總的來說，我們可以在程式專案中，撰寫更多的 Unit Test，透過這些 Unit Test，可以在 Pipeline 被執行時，自動檢查程式碼的正確性，守護系統的品質。當然，你必須先有 Unit Test 的觀念，如果你不曾寫過，暫且不用擔心，後面我們會介紹。

3-3-2 透過 Trigger 實現 CI

緊接著，我們來修改一下上面這段程式，讓 Build Process 可以正確地完成 Pipeline 中的每一個 tasks。

但在開啟 Visual Studio 2019 進行程式碼修改之前，我們先在 Pipeline 上做一件事情，請點選下圖的 Edit 切換到 Pipeline 設計畫面：

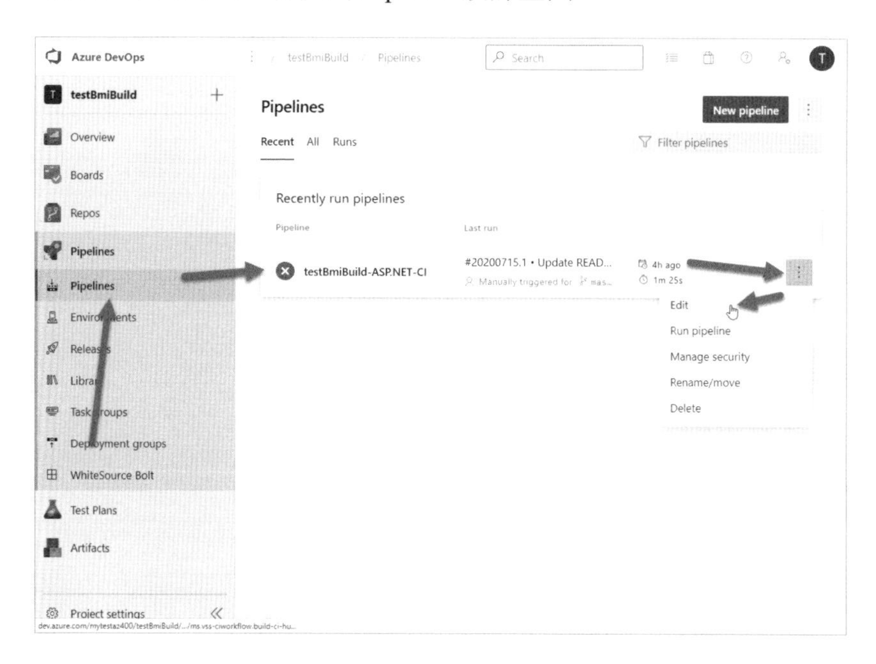

進入到設計畫面之後，請在 Triggers 分頁，勾選「enable continuous integration」：

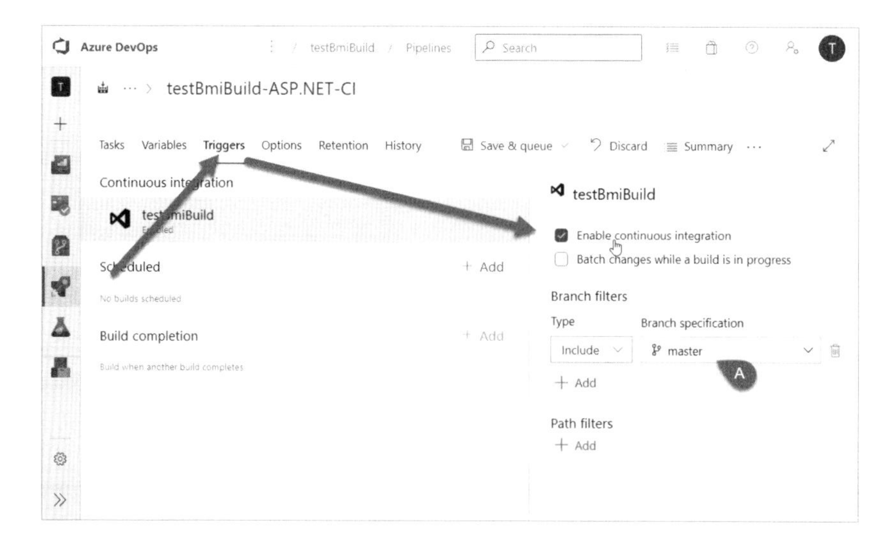

請留意上圖中的 A 選項。

這選項意味著，若 source code 所在的 repo 中，master 分支上的 code 有所異動時（不管是直接修改該分支或是透過 PR 在 Merge 後所造成的異動），就會自動觸發這個 Pipeline 進行自動建置，這就是所謂的 CI（continuous integration）Build。[3]

Pipeline 調整完成之後，這次我們只需要選擇 Save，暫時先不用 queue 一個執行個體（instance）：

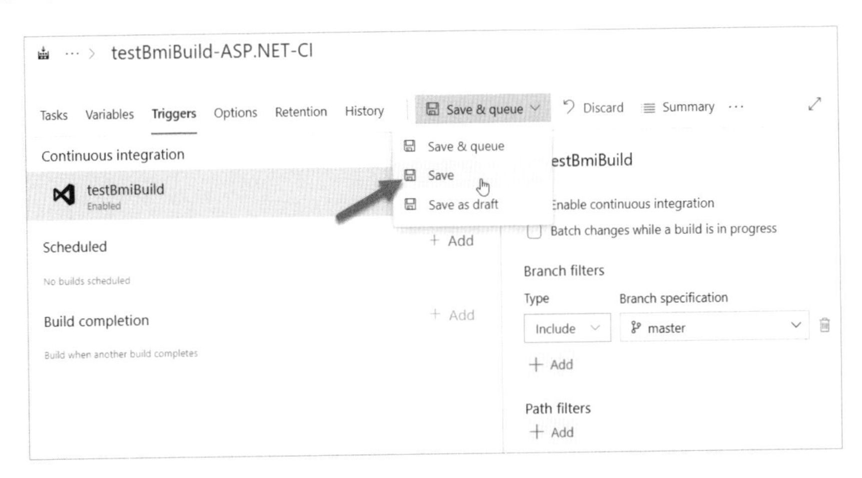

因為，我們要先讓你體驗看看 CI Build 的威力，待會讓 CI 機制幫我們自動觸發 Build Process。

請依照上圖儲存完之後，回到你在用戶端剛才以 Visual Studio 開啟的專案（如果你不想使用 Visual Studio 2019，其實也可以用 Azure DevOps 內建的 Web UI，這部分我們後面會介紹），我們把關鍵程式碼（\WebBMI\HealthMgr\BmiCalculator.cs）中錯誤的部分，從 int 改成 float：

3　當然，你也可以在其他分支上做同樣的設定。

```
3 個參考 | ⊗0/1 通過
public float Calculate()
{
    float result = 0;
    //將 float 改成 int 試試看
    float height = (float)Height / 100;
    result = Weight / (height * height);

    return result;
}
}
}
```

完成後，我們透過 Git 工具將程式碼同步/push 到伺服器端：

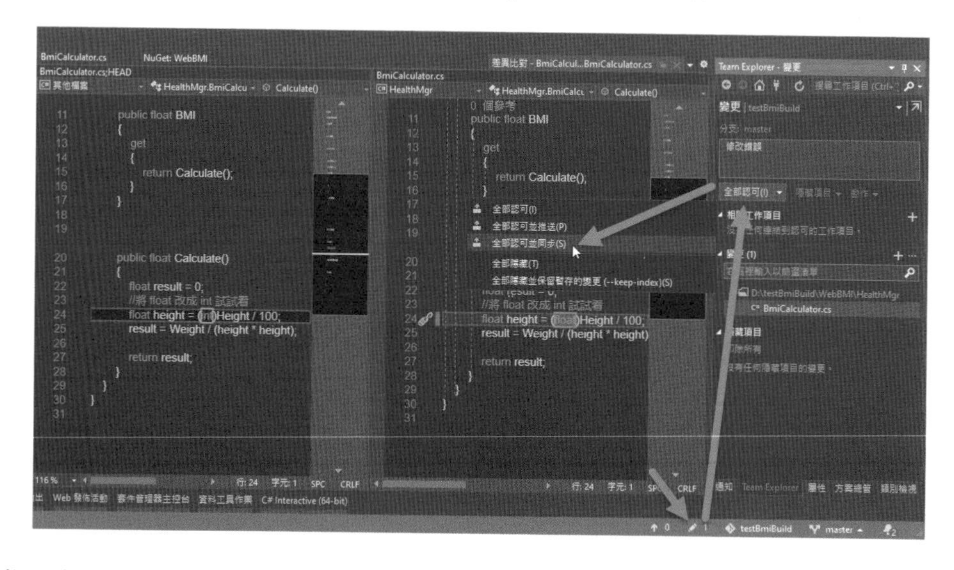

當同步完成後，我們可以切換到 Azure DevOps 管理站台，你會發現由於我們修改了 master 分支上的程式碼，雲端的 Pipeline CI Build 被自動觸發了：

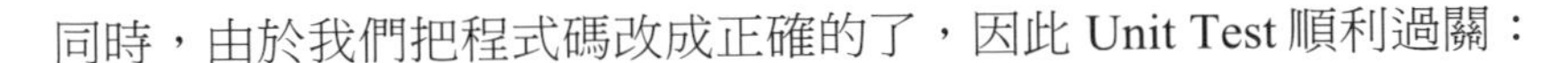

同時，由於我們把程式碼改成正確的了，因此 Unit Test 順利過關：

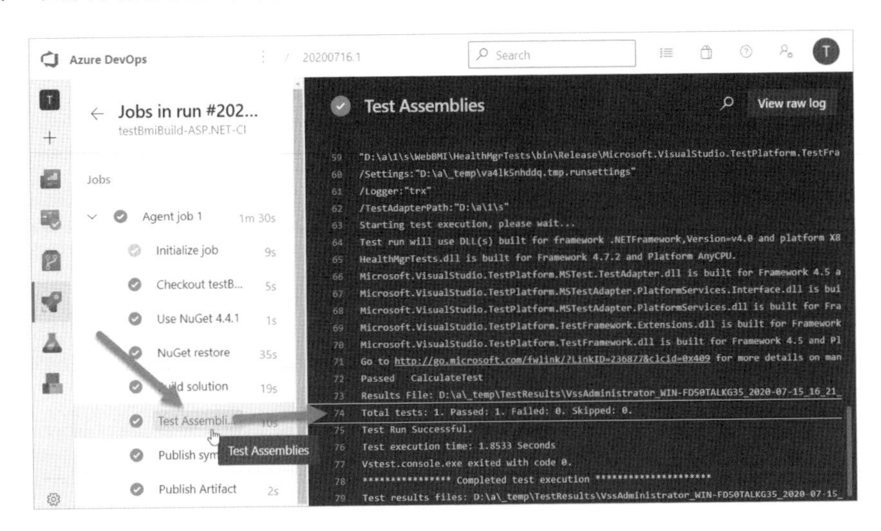

整個 CI Build 自動完成了。

到這邊，我們看到幾個結論：

1. Pipeline 可以在雲端對專案作自動化的建置。
2. 如果將 Pipeline 的 Trigger 設定成 CI（continuous integration），任何開發人員只要簽入 master 分支（不管是直接修改或透過 PR），都會觸發雲端的 Pipeline 進行 Auto-Build。
3. Pipeline 中可以加入各種 Task，例如進行建置的 Build Solutions（下圖 A），或是進行 Unit Test 的 Test Assemblies（下圖 B）。

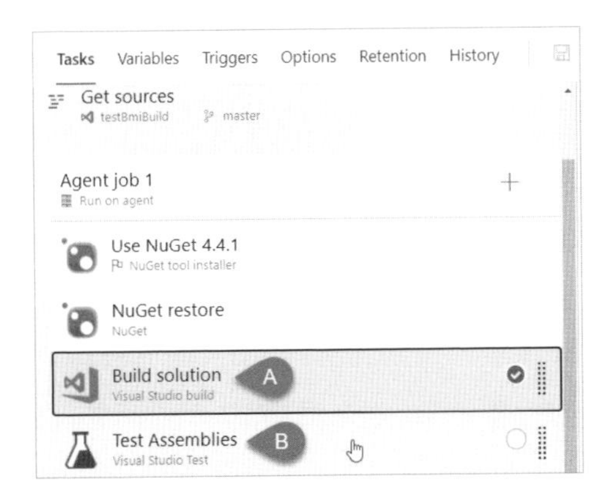

4. Tasks 定義了 Pipeline 中具體要執行的工作與步驟。

好，我們暫且先整理到這邊。

我們曾經說過，不同語言或不同開發框架，所需要設計的 Pipeline 可能會有所不同，而 Azure DevOps 不只支援一種，而是坊間幾乎所有的開發技術都有所支援（Java, PHP, Python, Node.js, …etc.）。

我們剛才看了.net framework 的 Web 應用程式，待會我們來看.net core 的 Pipeline 該如何設計。

3-3-3 Azure Repos 中的程式碼線上編輯

剛才提到，我們（其實是任何團隊中的開發人員）透過 Visual Studio（其實是任何用戶端開發工具），修改過程式碼並且 Push 回（用 PR 當然也行）伺服器端之後，就會觸發一個 CI Build 的自動運行。

其實不只是採用用戶端的開發工具，你也可以透過 Web 方式來修改程式碼，你可以開啟 Azure DevOps 站台中的 Repos，在檔案（file）檢視畫面中，按下 Edit 按鈕：

按下後，你就可以開始編輯程式碼了：

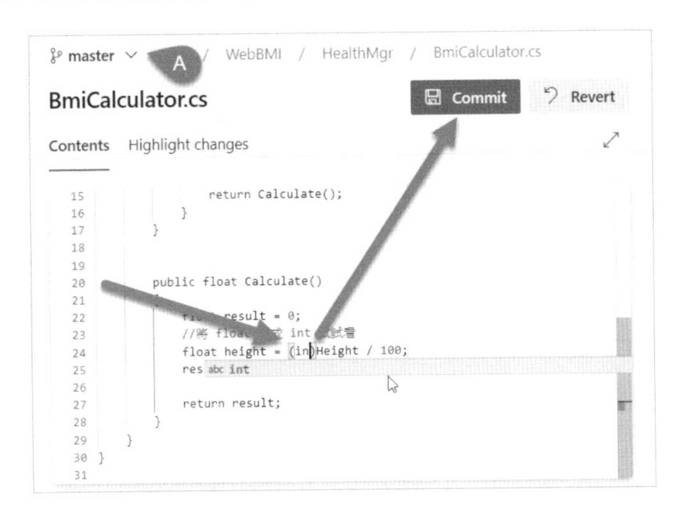

你會發現編輯畫面其實還支援基本的 intellisense，這個編輯器算是不錯用的。完成後按下 Commit，程式碼就會直接在雲端分支上被 Commit。請注意上圖 A 的部分，由於我們是直接改在 master 分支上[4]，因此 commit 之後，被設為 CI Build 的 Pipeline 執行個體又自動被觸發了：

一般來說，線上編輯器並不適合用來作為大量程式碼的開發或編修使用，而是做為設定文件檔的編輯，小 Bug 的修改…等。不過從上面的介紹中你也會發

4 其實這不是一個好習慣，依照前面介紹過的，正式專案中我們應該要透過 Feature Branch 搭配 PR 來進行修改，這樣才能夠有效的維護程式碼版本與品質。

現，線上編輯器對於伺服器端的程式碼 Commit，也會有效的觸發 CI Build 的運行。

3-3-4 建立.net core 專案的 Pipeline

好，接著我們來看 .net core 應用程式。

.net core 應用程式的建置環境和傳統 .net framework 有所不同，主要是因為 .net core 是跨平台開發技術，你根本可以在 Linux 環境上對程式碼進行 Build 的動作，從頭到尾都無須採用 Windows 環境。如果是要運行開發好的網站，也不需要 IIS，直接部署到 Linux 伺服器上即可（這個我們後面講 CD 的時候再提）。

我們先來看底下這個 Github 上的範例：

```
https://github.com/isdaviddong/dotNetCoreBMISample.git
```

這個範例跟前面.net framework 的範例運行起來幾乎一樣，只是它是以.net core 的 Razor Page 形式開發。若我們把它給 run 起來，會是底下這樣：

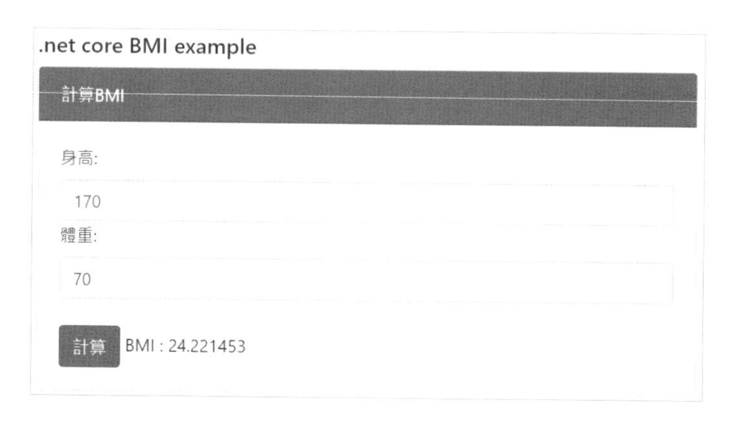

整體功能和先前.net framework 版本完全相同，程式碼結構也相同，唯一的差異就是這個版本是以 .net core 3.1 開發的。

你可以建立一個新的 Azure DevOps Project，並且依照先前介紹過的方法將 Github 上的程式碼匯入，完成後，應當會看到類似底下這樣：

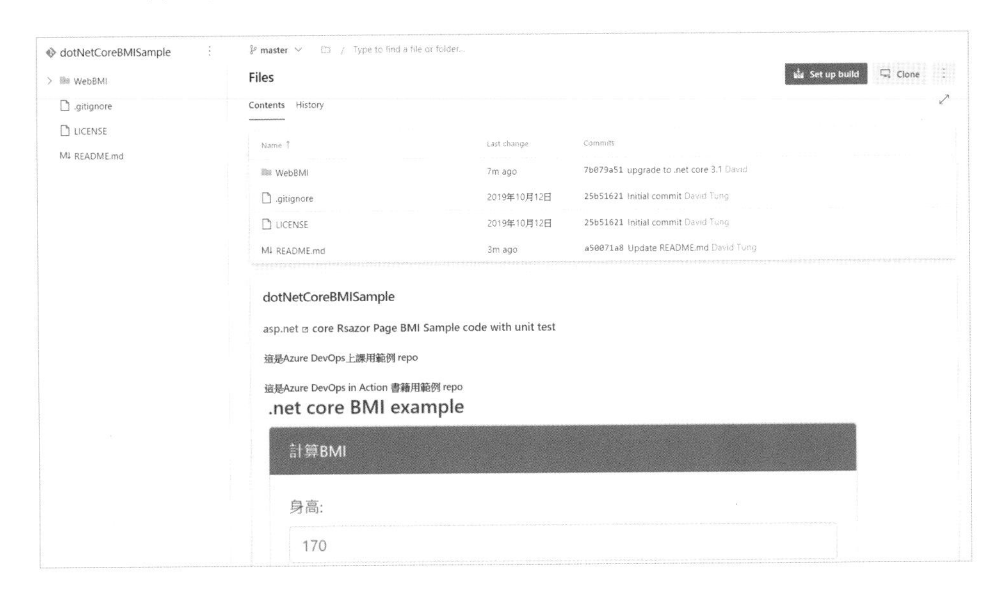

接著，我們來嘗試建立這個 repo 的 CI Build：

Select a source
Azure Repos Git
GitHub
GitHub Enterprise Server
Subversion
Bitbucket Cloud
Other Git
Team project
testBmiBuild
Repository
dotNetCoreBMISample
Default branch for manual and scheduled builds
master
Continue

前面的動作都一樣，請留意選擇的 Repository 別選錯了，按下 Continue 之後，重點來了，在選擇專案範本的時候，你可以在下圖 1 的地方，輸入「.net core」作為過濾的關鍵字：

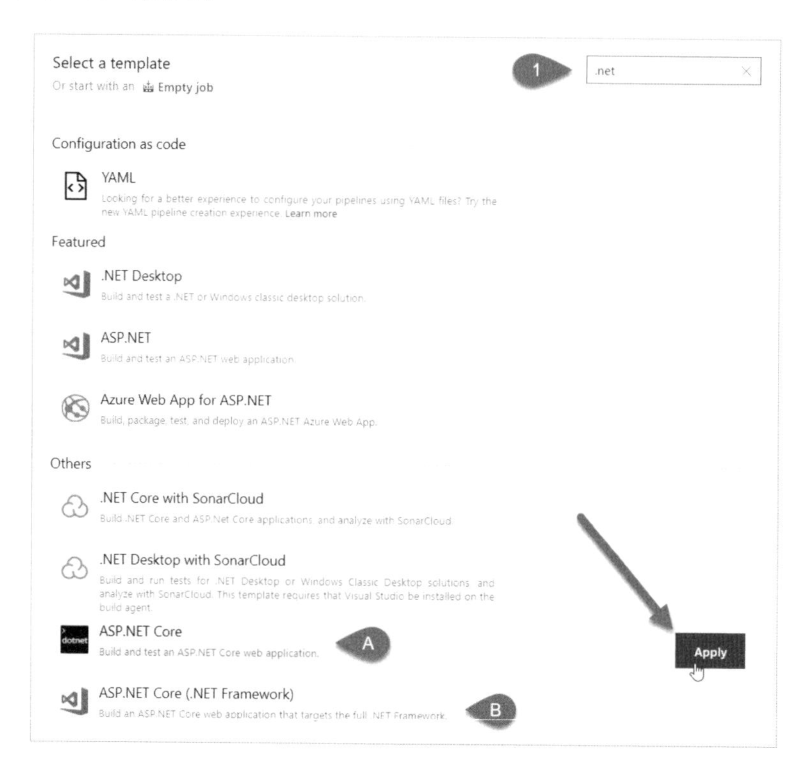

然後在出現的範本中，選擇上圖 A 的 ASP.NET Core。

你可能會納悶有兩個選項（另一個是上圖 B），原則上兩個都可以，因為 .net core 是跨平台開發技術，你可以選擇用 Windows 或非 Windows 環境進行 Buill d，我們選擇上圖 A 的 Ubuntu 環境。

接著，會看到該範本中的 Tasks 大致如下：

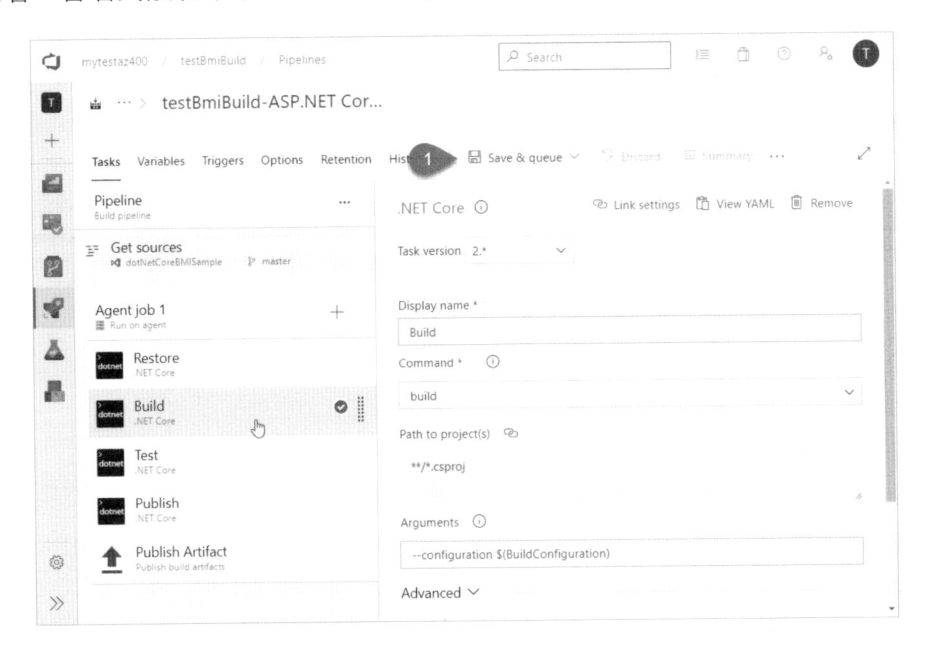

你先不用做額外的設定，請直接點選上圖 1 的 Save & queue，系統將會用此範本跑一個 Build 的執行個體：

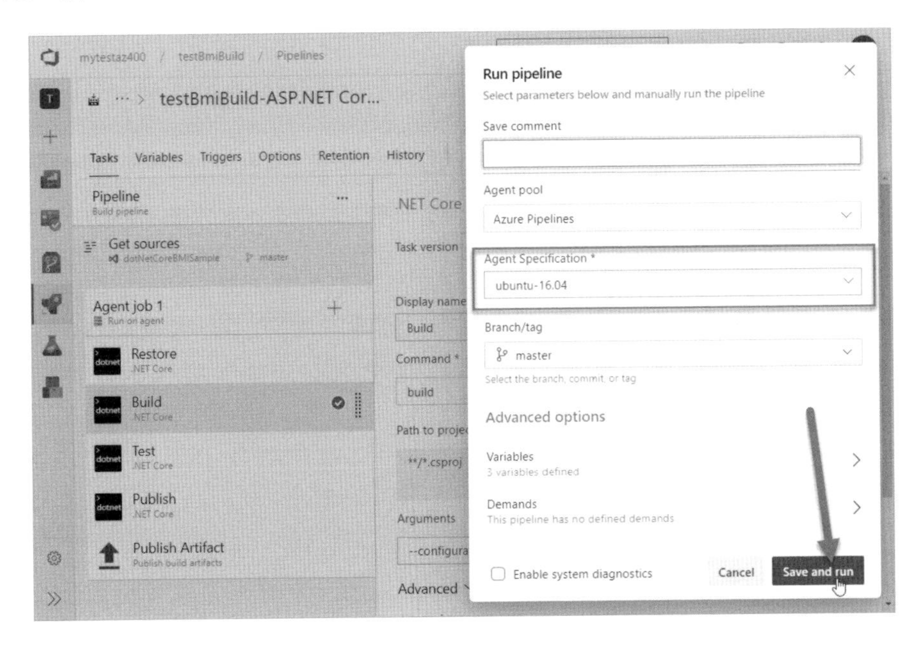

請留意上圖中的 Agent 是 ubuntu（Linux 環境）。

建置的動作你會發現明顯比 Windows 環境來的快速很多，整個 Build 很快的就運行完畢了：

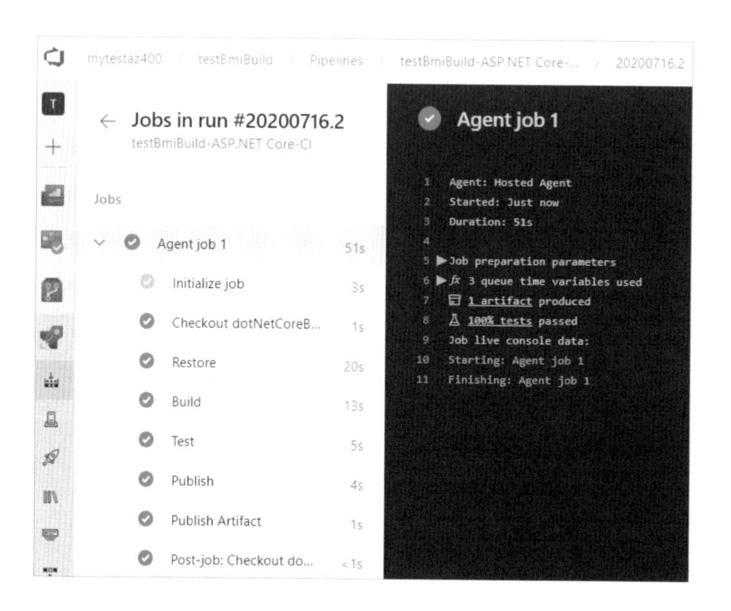

這個.net core 版本的程式一樣有運行 Unit Test，初次運行一樣會失敗，但也和先前介紹的一樣，讀者只需要修改位於「/WebBMI/HealthMgr/BmiCalculator.cs」的程式碼，將（int）改為（float）之後，建置的過程應該就會十分順利。

筆者寫稿時雲端的 Ubuntu 環境上的 .net core 版本是 3.1 版，所以理當能夠順利的建置。整個過程和剛才的 .net framework 版本差不多，甚至和其他非 .net 開發語言大致上也相同。

但你可能會有些疑惑，怎麼知道要選擇哪一種範本呢？還有，這些 tasks（例如上面的 Restore、Build、Test、Publish...）到底是用來幹嘛的呢？別擔心，這部分我們在後面會陸續跟讀者介紹。

3-4 Build Pipeline 的設計細節

我們知道如何建立一個 Build 之後，接著來看 Build Pepiline 的一些設計細節。

3-4-1 使用 Template

一般來說，如果你使用的是常見的開發技術，專案採用的也是標準的作業環境，那平時可能不特別需要去規畫 Pipeline 中的 Process，因為 Azure DevOps 環境當中幾乎都有內建的範本：

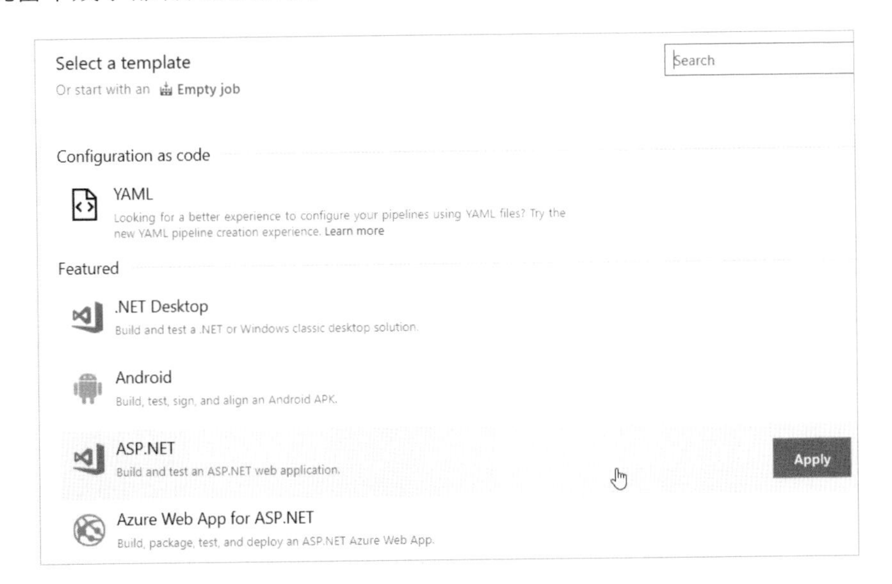

但，怎麼知道要用哪一個範本呢？最好的方法其實就是去用用看。然後再依照你實際的專案需求去微幅調整 Tasks。

專案範本會影響整個建置的環境與流程，例如我們前面看過 .net core 和傳統 .net framework 專案這兩個範本，在建置環境上，兩者之間其實就有著天壤之別。

首先，Build Agent 使用的作業系統環境就大不相同...

3-4-2 關於 Build Agent

你應該會發現，如果使用傳統 .net framework 的 ASP.NET 建置範本，那底下的 Build Agent 預設是 windows-2019：

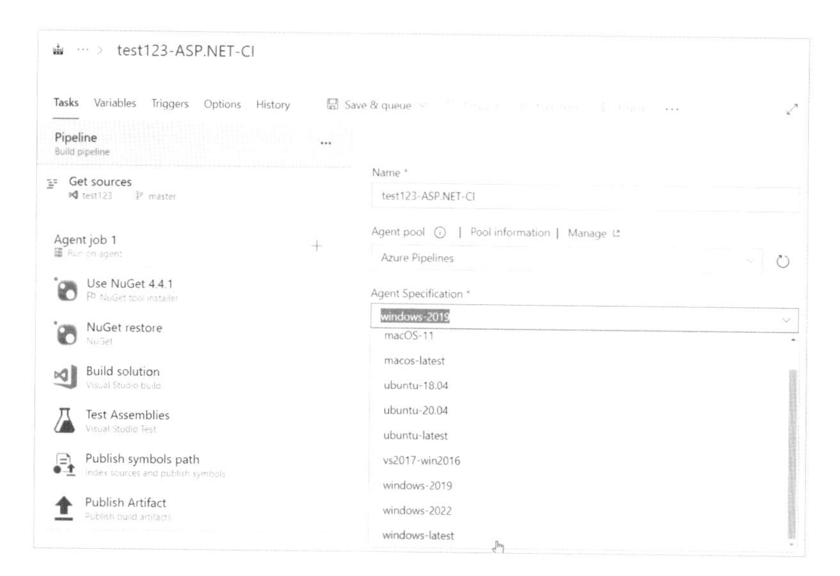

如果你用的是先前我們介紹過的 .net core 範本，你則會看到 Build Agnet 是 Ubuntu：

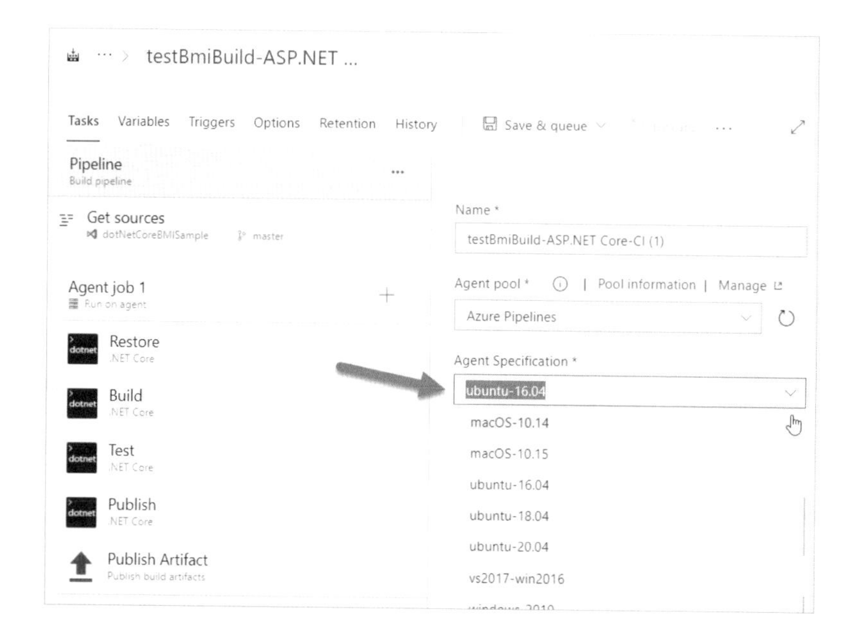

所謂的 Build Agent，是雲端建置時具體運行的建置環境，包含作業系統，安裝的 SDK、框架、或套件...等[5]。如果有需要，像是你的專案必須要特別的環境（例如非得安裝一些什麼外掛）才能 Build，那你也可以自行以 VM 建立一個 Build Agent，這部分可以參考我們的教學影片[6]。

3-4-3 調整 Tasks

如果完全沒有適合範本的怎麼辦呢？

你可以從當前最適合的範本自行修改，當然也可以從零開始。例如下圖的 Empty Job：

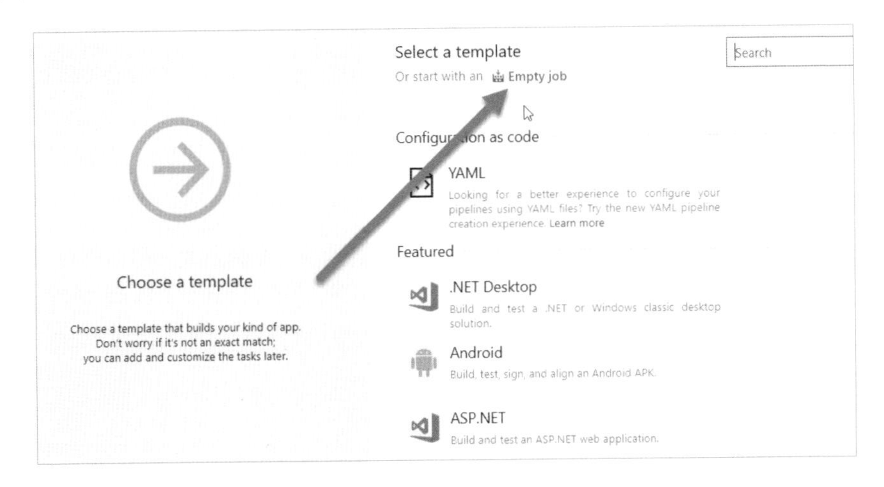

[5] 嚴格一點說，Build Agent 是運行在建置環境上的常駐程式，會被 Azure DevOps Build Pipeline 所觸發，來具體執行 Build Process 中的 tasks。

[6] 這部分比較複雜，可以參考筆者的這個影片 https://youtu.be/Z9D04wSi5f4

不管你是從頭建立，還是修改現有的範本，你都可以在設計畫面上，自行加入適當的 Tasks，來完成你需要的建置功能：

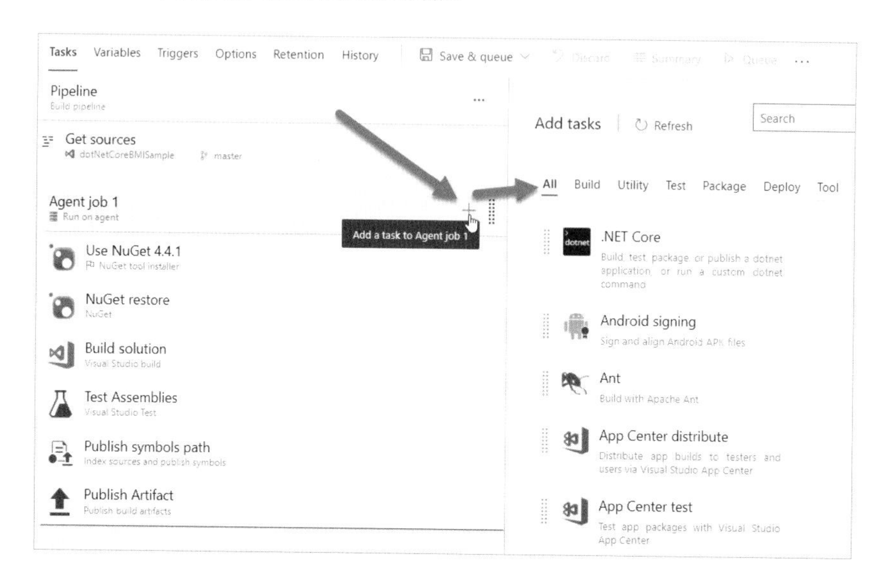

可以點選上圖中的 「+」來新增需要的 Tasks，右邊會採用頁標籤依照分類（例如 Build, Utility, Test...etc.）列出當前可以使用的 Tasks。舉例來說，如果你希望 Build 完之後，將建置出的產出物，透過 FTP 部署到某一個伺服器上，那你可以使用 FTP 關鍵字來篩選，系統會列出底下這些 Tasks：

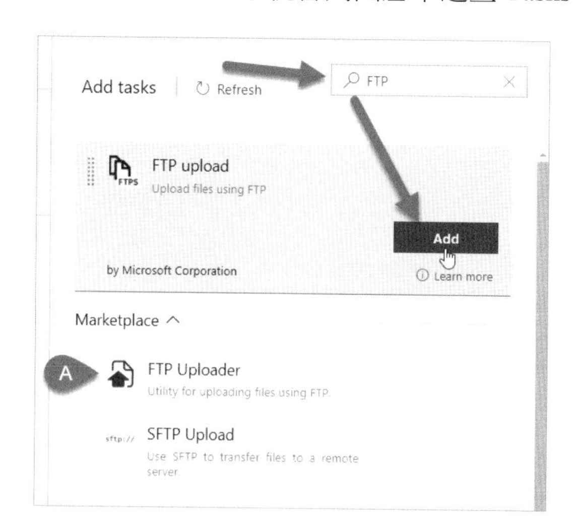

你甚至會發現，其實 Azure DevOps 還有個 Marketplace[7]，可以讓你去「購買」市集上其他開發人員做好的 Tasks。不過，其實該市集上面很多套件都是免費的，所以你的 Build 流程中，不管想要進行什麼刁鑽的作業，大致上都可以完成。

3-4-4 調整 Task 的執行順序與行為

當你新增了某個 Task 之後，可以透過滑鼠拖曳的方式，改變 Task 在 Build Pipeline 中的執行順序：

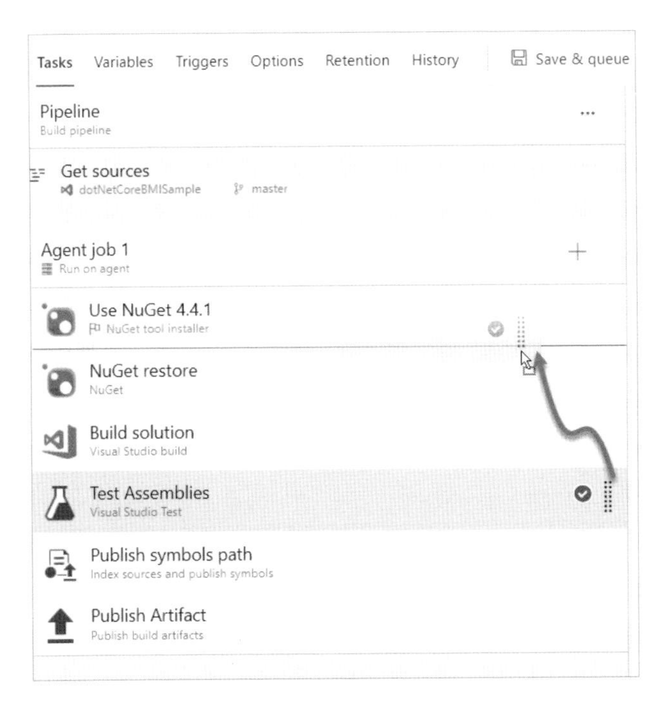

例如像是上圖這樣，我們把 Test Assemblies 拖曳到 Use NuGet 與 NuGet restore 這兩個 Task 之間。不過，雖然操作上你確實可以任意這麼做，但實務上你還是必須考慮 tasks 運行的邏輯。例如，Test Assemblies 是去運行 Build 好之後的.dll，因此實務上不可能放在 Build solution 之前。

7 位於 https://marketplace.visualstudio.com/azuredevops

除了拖曳改變之外，你也可以透過設定 Task 的參數，來決定執行的細節：

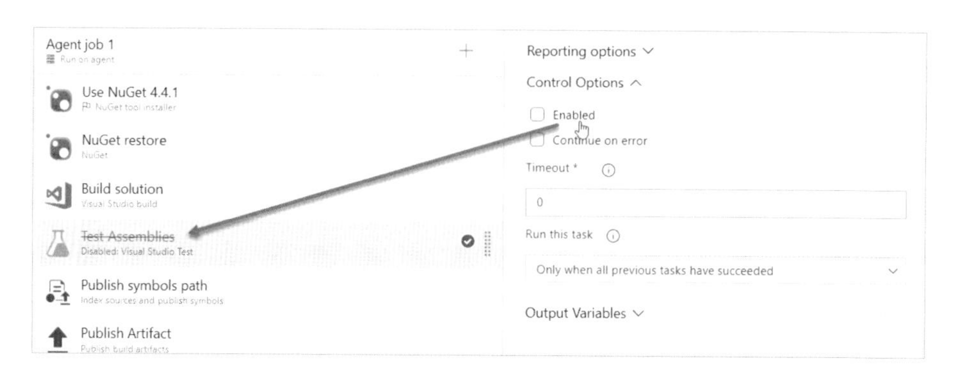

例如，當你把一個 Task 的 Enabled 屬性取消掉（上圖），該 Task 就在 Build Pipeline 中被註銷不執行了[8]。

除此之外，在 Control Options 中，也可以透過勾選「continue on error」來強制要求該 Task 一律被執行，不管前面的 Task 是否發生錯誤。

另外，底下的「Run this task」選項，則可以幫我們更進一步的透過各種方式（甚至客製化參數），來決定該 Task 的執行條件：

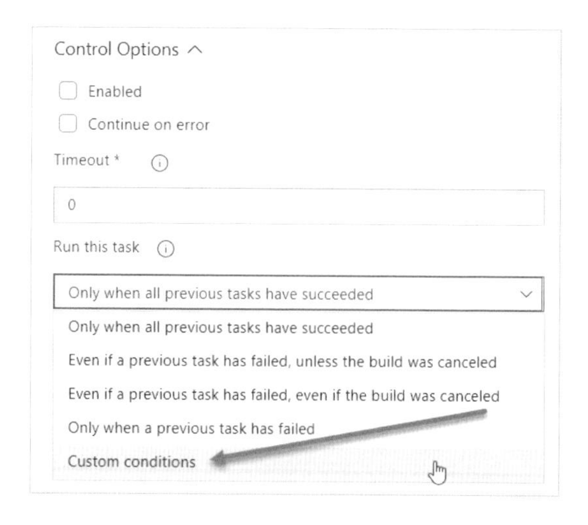

---

[8] 那為何不直接刪除呢？因為很多時候我們會微調 Pipeline 的 process，有時候你只想暫時測試一下，這時候註銷比較好用。

3-4-5 透過 trigger 決定觸發時機

先前我們曾經介紹過，可以透過 Trigger 來設定 Build 的被觸發時機，當勾選「enable continuous integration」後，每當分支上有程式碼異動，就會自動觸發 Build：

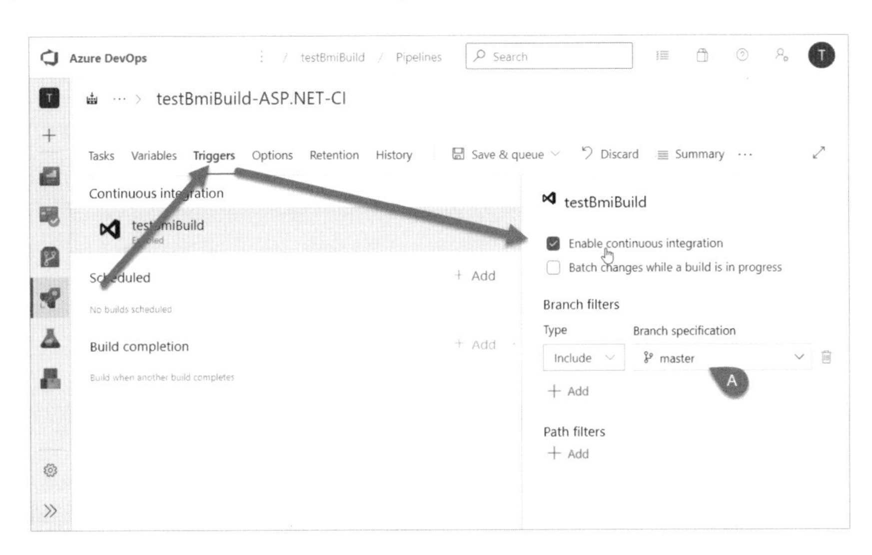

其實還不只如此，triggers 中，還可以設定 schedule build，也就是特定時間到了之後，自動啟動某一個 Build：

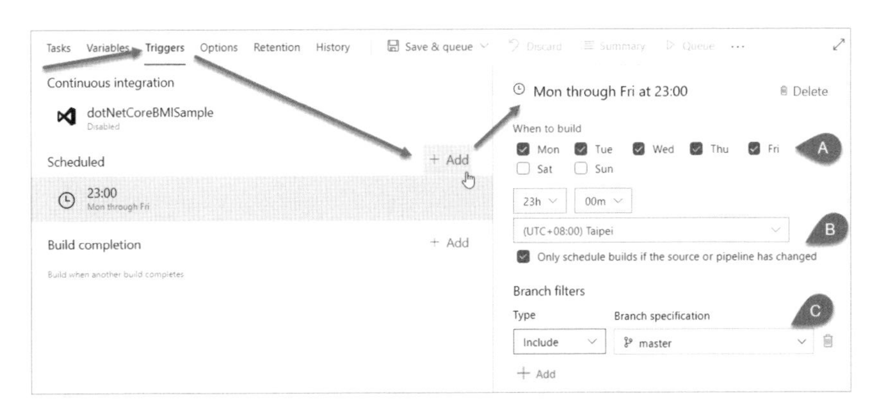

當你選擇新增（+Add）一個 Schedule，上圖中 A 的部分，可以讓你設定該 Schedule Build 要被觸發的時間點，而上圖 C 的部分，則是可以讓你選擇（或

排除）特定分支，上圖 B 的勾選項，則是讓你選擇（當時間到了時）倘若程式碼卻都還沒有任何變更的話，是否依舊要觸發這個 Build。

這幾個功能都非常好用，能讓我們依照自己的需要來進行程式碼的整合。

勾選 CI 當然很過癮，只要程式碼有所異動（有任何開發人員修改並簽入），伺服器端就會自動觸發 Build Process，透過 Build 流程來進行程式碼的整合與驗證。但可別忘了，這樣可是成本很高的作法，如果簽入的行為很頻繁，伺服器上的專案又多，就會發生伺服器端持續進行 Build 的狀態。這樣可能有些耗費運算資源。這時候改成安排特定時間（例如在深夜）的 Schedule build，可能是一種更理想的選擇。而且有些工作內容很繁重的 Build（例如加上了單元測試、程式碼檢查、套件檢查...），可能運行起來需要十幾二十分鐘，這類的 Build Pipeline 常常運行意義不大，晚間定時執行可能更好。

3-4-6 使用 Build badge 呈現建置狀態

如果你不知道什麼是 Badge（徽章），可以先看看成品，類似底下這個 GIthub 頁面上紅框部分的徽章，你可能看過：

在 Github 許多 open source 的開源專案中，你都會看到上面這樣的徽章，大多是在專案的首頁或說明頁面。這些徽章動態的呈現出該開源專案目前的即時狀況，像是當前版本 Build 成功或失敗、即時下載的數量、程式的最新版本編號資訊...等。

你的開源專案，有這些徽章，看起來就是帥。

當然，它不僅僅只是為了帥氣而已，有這些徽章也可以讓專案的開發人員（參與者）或是程式的使用者對於當前專案的狀況更加一目了然。

要呈現這些徽章並不難，例如，當你使用 Azure DevOps 做自動化的 Build Pipeline 的時候，Azure Pipeline 自動會幫你產生這個徽章，它可以從 pipeline 的 options 中找到：

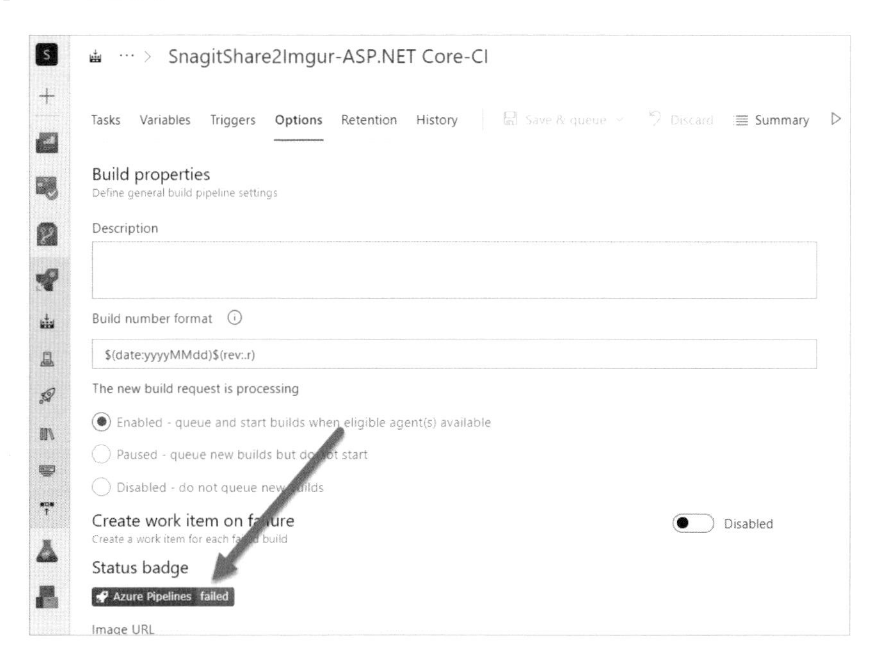

這各徽章其實就是一個 URL 或 markdown 的語法而已，你可以複製它隨意貼到任何 HTML 或 Markdown 文件上。甚至，我們可以把多個專案的徽章都整理到同一份文件或網頁上，如此一來，我們可以在一個畫面上，很完整的看到每一個專案的建置狀況，變成所謂的建置狀態（Build Status）儀表板，一目了然的看到所有專案的狀況，這對企業要呈現數位儀表板來說也非常適用。

3-5 關於 PR-CI

在上 Azure DevOps 課程的時候，學員問了一個很好的問題。

如果我們的分支採用 GitHub Flow，甚或是一般的 Feature Branch，那你的開發大概會走一個底下這樣的團隊合作流程：

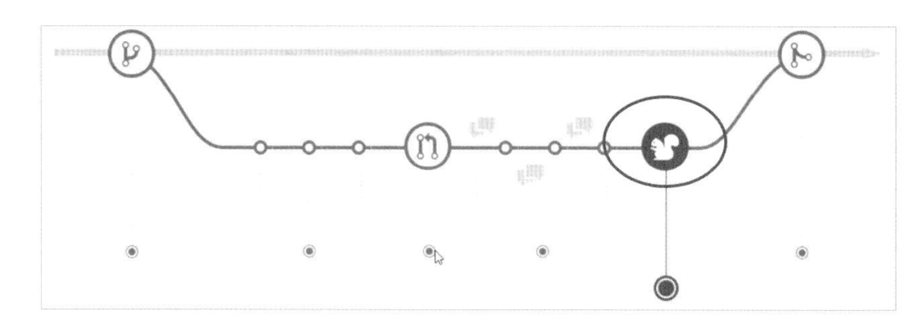

圖片來源：https://eoblog.net/2019/05/01/30-days-of-devops-gitflow-vs-github-flow/

上圖中有一個很重要的部分是，在 PR 之後所觸發的自動化部署。

也就是，在 feature branch 分支被 commit/push 後，準備合併到主線前，我們會透過 PR 進行 code review 並且和團隊討論程式碼，但你有沒想過，整個 code review 的過程中當然應該要先針對分支上的程式碼進行一次完整的 build 才對呀。如果 build 失敗了，那或許根本沒啥好討論的了，整個 PR 直接給個 comment 然後 reject 掉就得了。

所以，feature branch 分支（特別是走 Github Flow）在透過 PR 將分支合併回主線前，針對分支上的程式碼進行 auto build 就顯得非常重要。但，這要如何實現？

在 Azure DevOps 中，是透過 branch policy 來實現的：

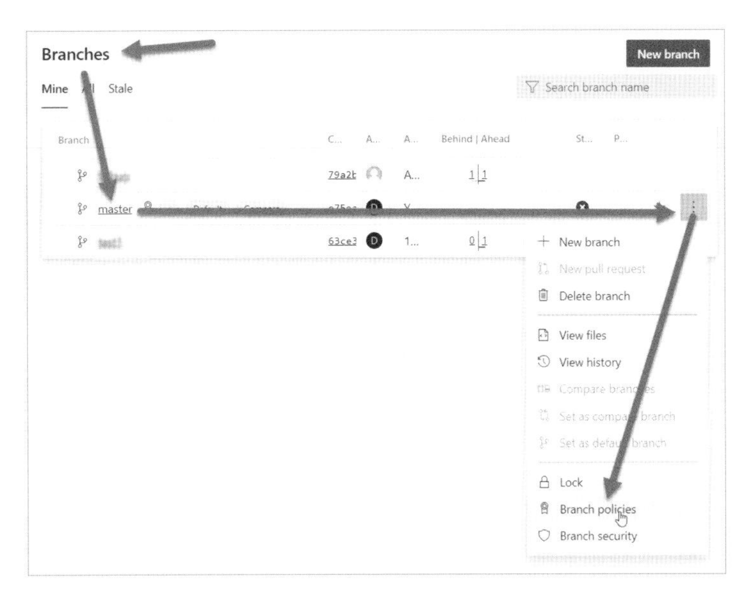

你只需要設定特定分支（例如 master）的 branch policy。進入設定畫面之後，把 Build Validation 開關打開：

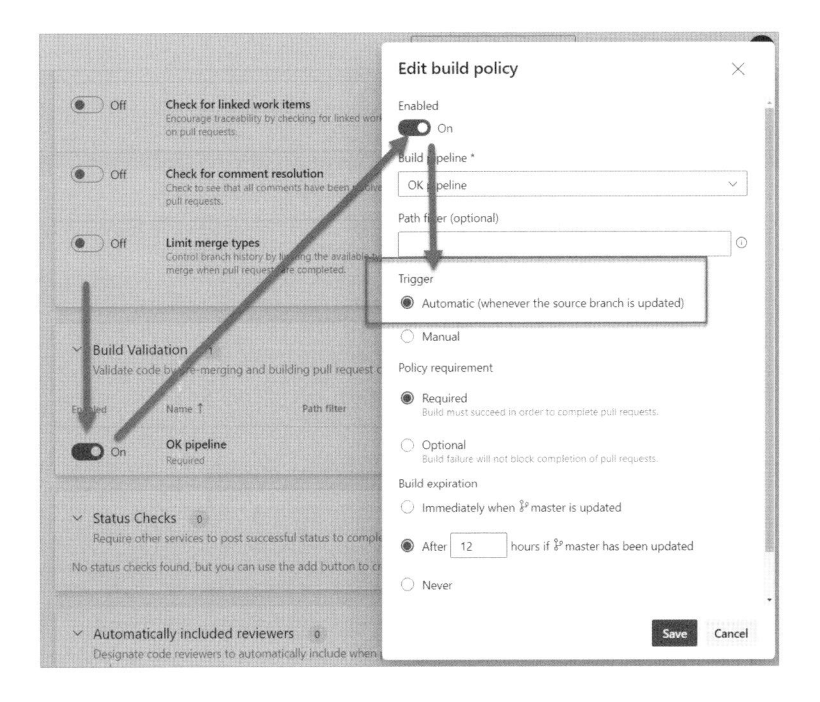

接著選擇適當的 PR Pipeline（選擇當分支有異動時，你想運行的那一個 Pipeline）後，未來任何從該分支所建立出的分支（像是 feature branch），在 PR 建立後，都會自動觸發你選定的那個 PR Pipeline 了。

你會發現，下圖中的 PR 就會自動觸發該分支的 build 動作。這樣，我們的 repo owner 或是 reviewer，就可以在針對分支異動的 code review 之前，看看 build 是否成功：

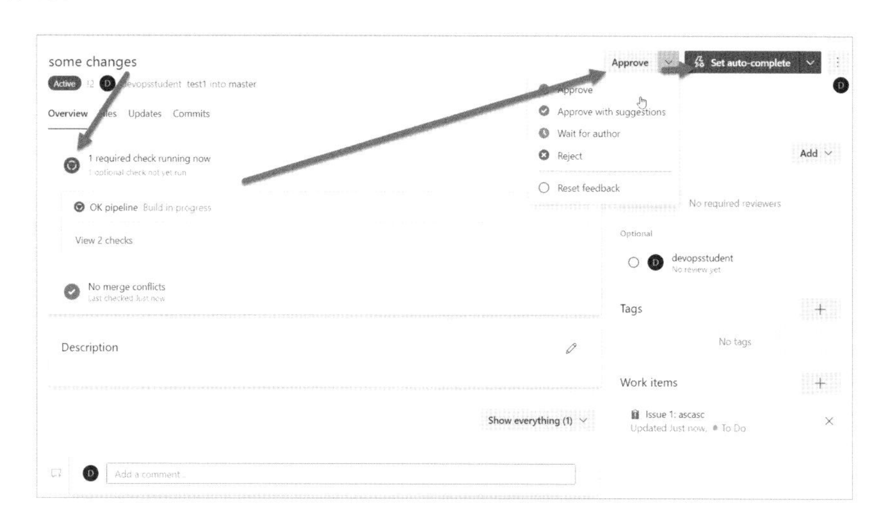

如此一來，我們可以在 PR 進行 code review 的過程中，同時知道 PR Pipeline 的建置（build）結果如何，以便作為是否 approve 該 PR 的參考。

另外，在 PR Pipeline 中，我們也可以進行像是 SonarCloud / Checkmarx 之類的程式碼掃描，甚至程式碼部署到特定的開發環境上之後，可以進行實際的自動化測試，如此一來，整個團隊的開發協同運作流程，就更加的嚴謹了。

3-5-1　什麼是 PR-CI？

剛才我們稱之為 PR-CI 的這個動作，坊間也稱之為 PR Pipeline[9]，意即，在每一次進行 PR 時，會被自動運行的 Pipeline。

9　可參考 https://quality-spectrum.com/what-is-a-pr-pipeline/

我們可以在該 Pipeline 當中，放入單元測試、程式碼安全性掃描或其他的各種測試、以便於驗證程式碼品質，倘若沒通過測試或是品質不佳，我們可以在 PR 中 Reject 這次異動，讓開發人員繼續調整或針對問題來修改，這對於保障開發品質有很大的好處。

3-5-2 如何實現 PR-CI？

我們在前面已經介紹過如何實現 PR-CI。基本上，要實現 PR-CI 的關鍵在於 Branch Policies 的設定（如下圖）：

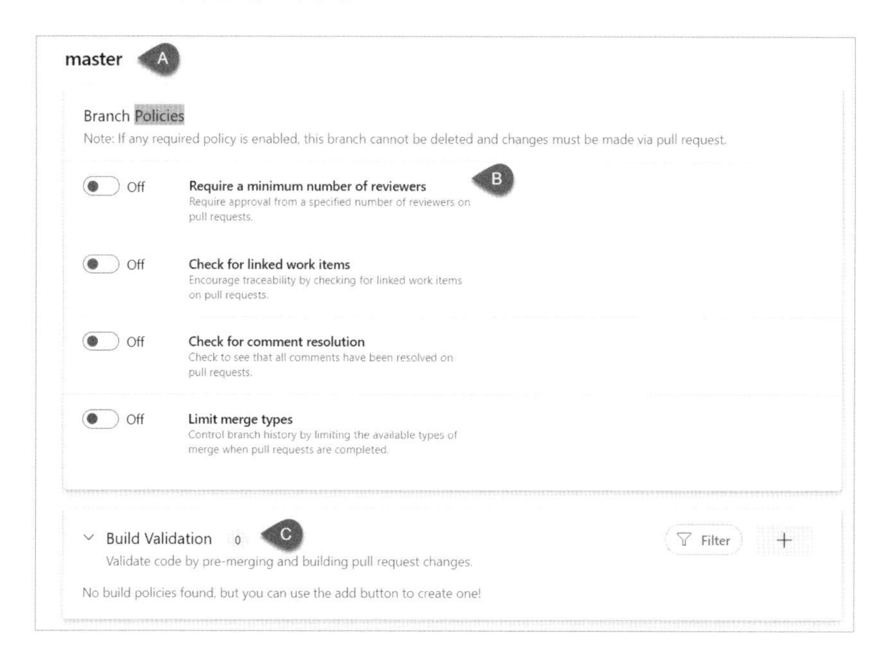

在上圖之中，標示（A）的部分就是我們待會要設定 Policies 的分支（主線分支也行）名稱。其實在平時，我們可能早就會對分支設定必須的 reviewer 數量（上圖 B），假設當此數量設定為 N 之後，該分支就必須要有 N 個 reviewer 檢視過，才能進一步的 merge，這個設定會迫使該分支**必須**建立 PR 才能 merge，而不能直接 commit 在該分支上，這是我們先前就知道的功能。

而上圖（C）的 Build Validation，則是會讓系統實現 PR-CI 的功能，當我們為某分支（或主幹）新增了一個 Build Validation 之後，將會使得該分支所衍生出去的每一個分支，在建立了 PR 之後，都自動在分支上（而非主幹上）跑過一次我們所設定的 Pipeline，這就是所謂的 PR-CI 或 PR Pipeline。

和原本的 CI Pipeline 有個很大的不同，原本的 CI Pipeline，是發生在 Merge 之後，運行在主幹上的。而 PR-CI（或稱 PR Pipeline），則是發生在 Merge 之前，運行在分支上的。

透過設定 PR-CI 與 CI Pipeline，我們在程式碼的品質控管上，得以大大的前進了一步。

3-5-3 PR-CI 要不要進行部署？

過去，傳統的部署環境往往是底下這樣：

開發人員本機 → Dev環境 → 測試環境 → Staging環境 → Production環境

我們先說明一下，開發人員自己的 NB 常常就是開發與測試的環境，因此上圖中的「Dev 環境」，我們指的是開發團隊共用（或共同）的開發成果驗證環境，該環境往往是開發團隊自行搭建或自行管理的。和開發人員自己的 NB 不同，在這個環境上，主要的用途並非開發，而是運行開發後的成果，做為開發團隊內部的第一道把關與確認。

而上面所謂的「測試環境」，則比較多是提供給後續驗證單位（例如 QA Team, 測試人員）使用，而非開發人員。至於 Staging 環境，則是準正式環境（也有人稱為 pre-production），而 Production 環境當然就是你所熟悉的正式環境。

好，倘若依照上面這樣，一般在 CI Pipeline 上的部署，常常是部署到測試環境上（提供測試團隊進行驗證、測試使用）。而 PR-CI 的部署，則會是部署到 Dev 環境上（提供開發人員內部驗證、測試使用）。

如此一來，CI Pipeline 或是 PR-CI Pipeline，到底要不要部署到相對的環境上，則由團隊自行決定，一般來說，我們會鼓勵團隊可以進行相對應的部署，以便於後續的測試（這些測試，可以是自動或者是手動）或驗證。

3-6 在 Pipeline 中加上單元測試

3-6-1 關於單元測試

我們說過，單元測試在 CI Build 中有著非常重要的意義。

CI 本質上最主要的目標，是讓多人開發的時候，程式碼可以**頻繁地**整合，減少因為開發環境差異、個人撰寫風格差異、或是其他個別的開發問題，而造成程式碼整合時耗費時間或品質低落的狀況。

而 Unit Test 採用自動化測試的方式，讓開發人員可以透過程式碼來測試程式碼，且由於這是可以自動化執行的程序，因此我們就可以安排在 CI Build 的程序中自動進行，這也是為何你在上面我們介紹 .net framework 的 Build Template 時，會看到底下這顆 Task 的原因：

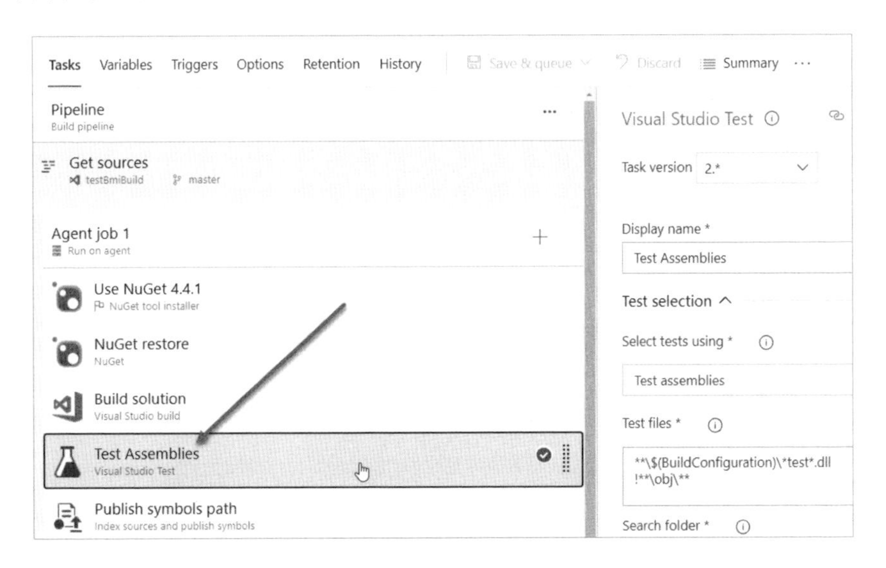

如果是 .net core 程式，則是底下這顆 Task：

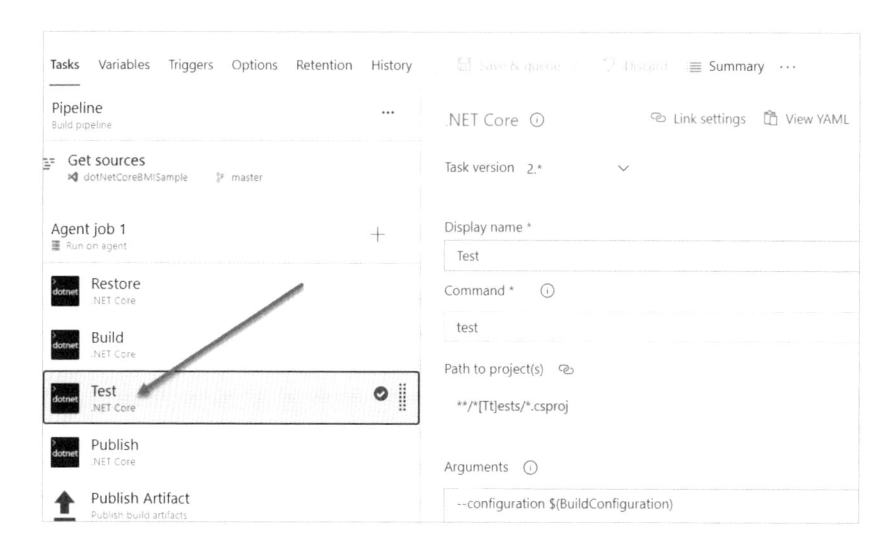

我們透過上面這個 Task 去觸發專案中的單元測試程式碼。透過運行單元測試程式碼，來測試主程式中的邏輯。

雖然本書主要目的不是為了教導大家撰寫單元測試，但由於實在是太重要了，讀者還必須對單元測試的開發有一定的概念。不管你是否為開發人員，請跟我們一起檢視底下這段程式碼：

```
20    public float Calculate()
21    {
22        float result = 0;
23        //將 float 改成 int 試試看
24        float height = (float)Height / 100;
25        result = Weight / (height * height);
26
27        return result;
28    }
29 }
```

前面提過，上面這段程式碼，是計算 BMI 的核心程式，BMI 的計算公式是體重（公斤）除以身高（公尺）的平方。所以上面程式碼中的 24 行是對的。

但如果某位開發人員，不小心把 24 行的（float）改成了（int），整個計算結果就會完全不同。

以身高 170 公分（1.7 公尺）體重 70 公斤來說。上面程式碼如果是（float），計算出的結果大約是 24.22。如果是（int），則計算出的結果是 70。這就是我們常說的**邏輯性的錯誤**。

這類邏輯性的錯誤並非程式碼語法錯誤，在開發環境 Build 的時候是不會被檢查出來。但運行時卻會造成系統致命的錯誤。這也就是我們俗稱的 bugs。

3-6-2 建立單元測試程式碼

前面提到的這些 bugs，就是軟體開發時品質低落的來源，如果能夠盡可能地杜絕，那對於系統品質將會有顯著的提升。

好，那如何來解決這樣的問題呢？單元測試就是我們的解決方案之一。

我們來看怎麼做...

如果你用的是 Visual Studio 2019 開發工具，你可以在你想要自動測試的 Method 身上，按下滑鼠右鍵，你會發現選單中有一個 Create unit test（中文版是「建立單元測試」）：

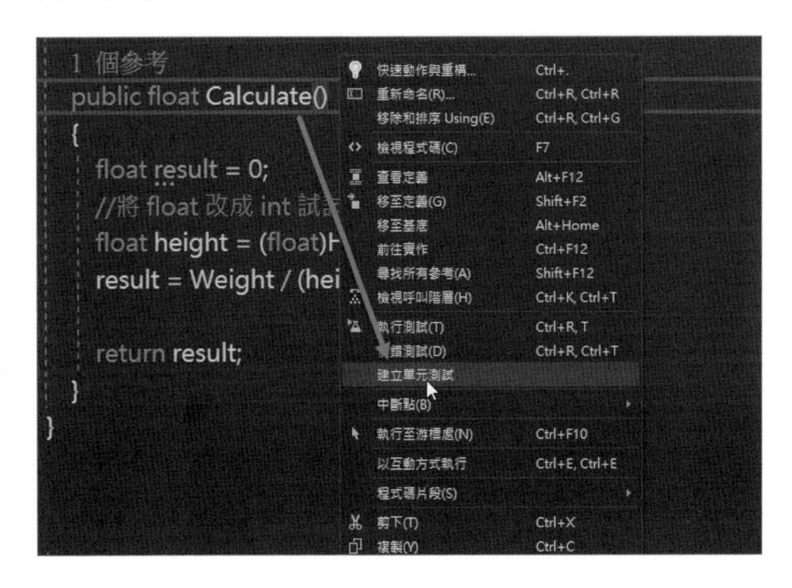

點選之後，會出現類似下圖的視窗：

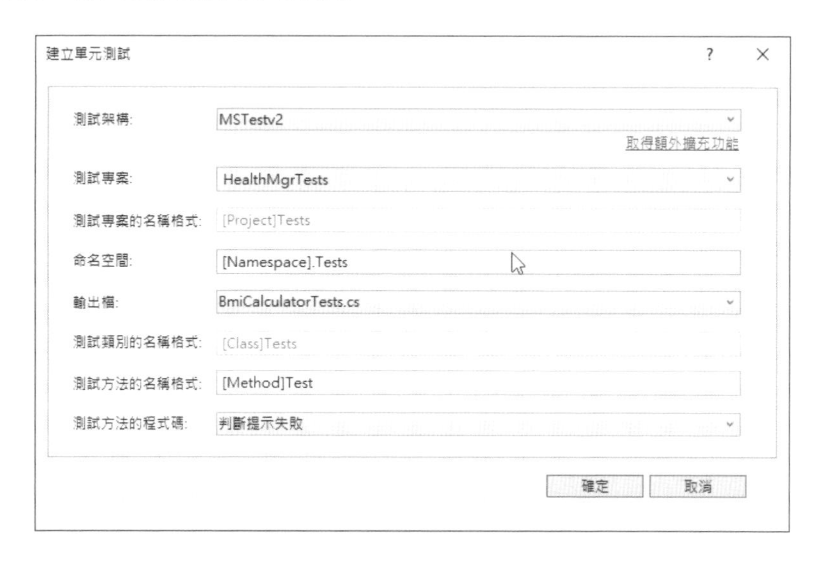

這是一個程式碼產生器的精靈（wizard）。

點選「確定」之後，他會幫助我們在專案中建立另一個 project：

```
9   namespace HealthMgr.Tests
10  {
11      [TestClass()]
        0 個參考
12      public class BmiCalculatorTests
13      {
14          [TestMethod()]            B
            0 個參考
15          public void CalculateTest()
16          {
17              HealthMgr.BmiCalculator bmi = new HealthMgr.BmiCalculator();    A
18              bmi.Height = 170;
19              bmi.Weight = 70;
20
21              var result = bmi.Calculate();
22
23              Assert.AreEqual("24.22", result.ToString("00.00"));
24          }
25      }
26  }
```

產生出的專案會具有上圖這樣的程式碼框架（像上圖 B 一般），然後我們再自己把測試剛才那個 Method 的邏輯寫入（像上圖 A 一般）。

你會發現上面的這段程式碼邏輯其實不難，就是用特定的參數去呼叫我們剛才計算 BMI 的那個 Method 主體。

前面說過，我們其實已經知道，當傳入的身高體重是 170/70 的時候，計算出的結果應當是 24.22，我們就用這個當作驗證邏輯，然後去呼叫並測試 BmiCalculator 類別中的 Calculate ( ) 方法，並且去判斷看看他是否符合預期結果（上圖程式碼中的 23 行），如果符合，我們就當作驗證成功，否則就是失敗。

上圖中 B（14 行）的 TestMethod ( ) 宣告了該 method 是一個測試方法，這意味著我們可以透過開發工具來運行該單元測試：

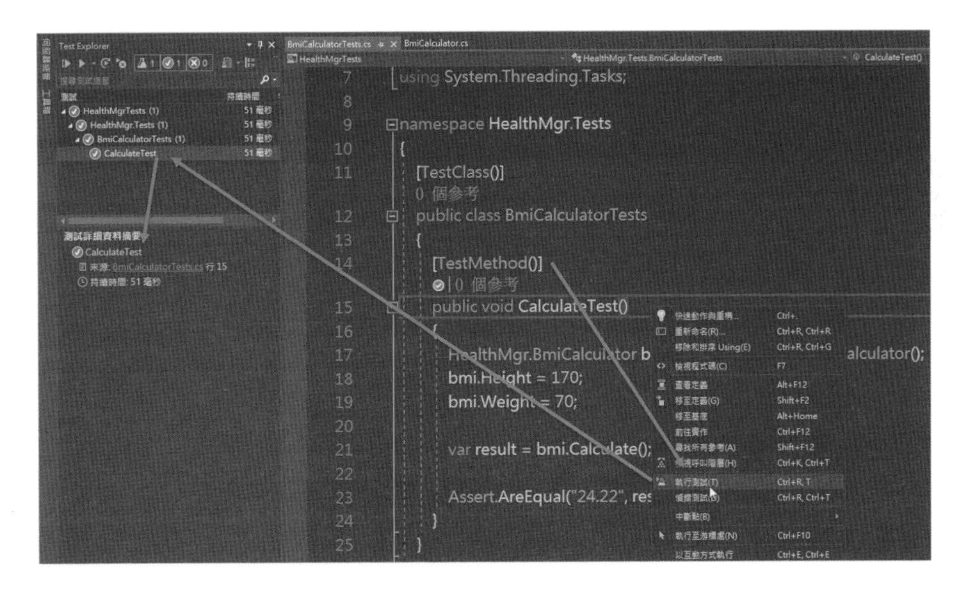

你會發現，當我們在該 Unit Test 上按下滑鼠右鍵，可以讓 Visual Studio 在背景去 run 該 unit test，並且呈現出結果，上圖中因為測試結果符合 24.22，因此是綠燈（pass）。

我們做個實驗，當我們去修改主程式碼，刻意讓主程式運算結果錯誤：

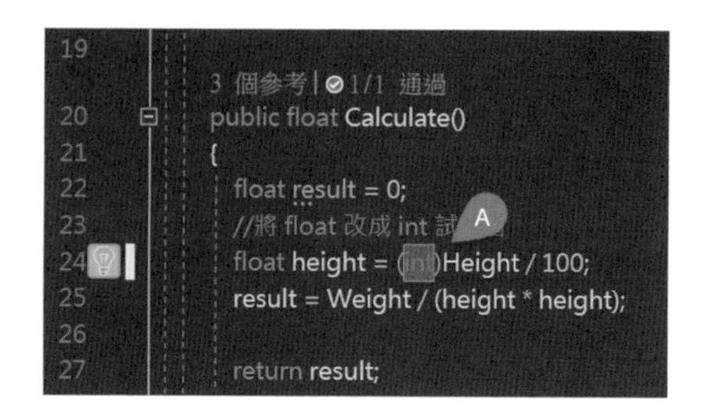

然後再去運行 Unit Test，你會發現：

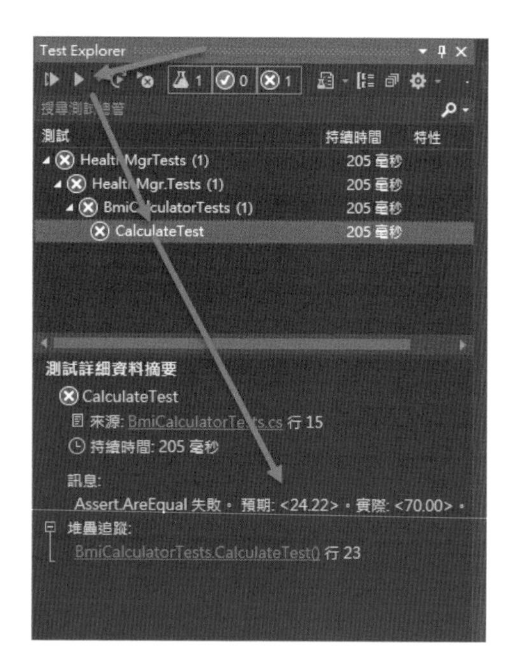

由於預期的結果是 24.22 但實際運算出的結果是 70，我們的測試程式攔截到了這個邏輯上的錯誤。

一般來說，我們會在資訊系統當中，建立為數不少的像這樣的單元測試案例，以各種不同的邏輯角度去驗證我們撰寫的程式邏輯。當我們在撰寫 API 或是商業邏輯程式碼（像是薪資計算公式、利率計算公式...等）單元測試特別好用。

除了用在 API 或 Class Library 的 method 身上的測試驗證，一般開發團隊在面對用戶反饋來的 bug，並且完成了修復之後，也會盡可能的加上相關的單元測試，這樣一來，我們未來就可以透過執行單元測試來進行自動化驗證，省去大幅的回歸測試時間（不需要大量的用人工去點 UI 來測試）。也無須擔心未來碰到其他 bugs，改了這邊壞了那邊的事情發生...

總的來說，單元測試可以有效的幫助我們讓開發的品質得以提升，錯誤率更低，測試的速度更快，整體開發效率更高。

而當我們在 Build Pipeline 中加入了運行單元測試的 Task 之後，如此一來，可以幫助我們在每次的雲端建置動作完成之後，自動運行系統中每一條（或部分重要的）單元測試，這樣對整體的開發品質和效率，將有著顯著的提升。

3-6-3 運行不同語言的單元測試

前面提到過，不同的開發語言或是框架，在運行 Build Pipeline 的時候，執行 Unit Test 的 Task 有所不同。例如，傳統 .net framework 在運行 Unit Test 的 Task，是底下這支：

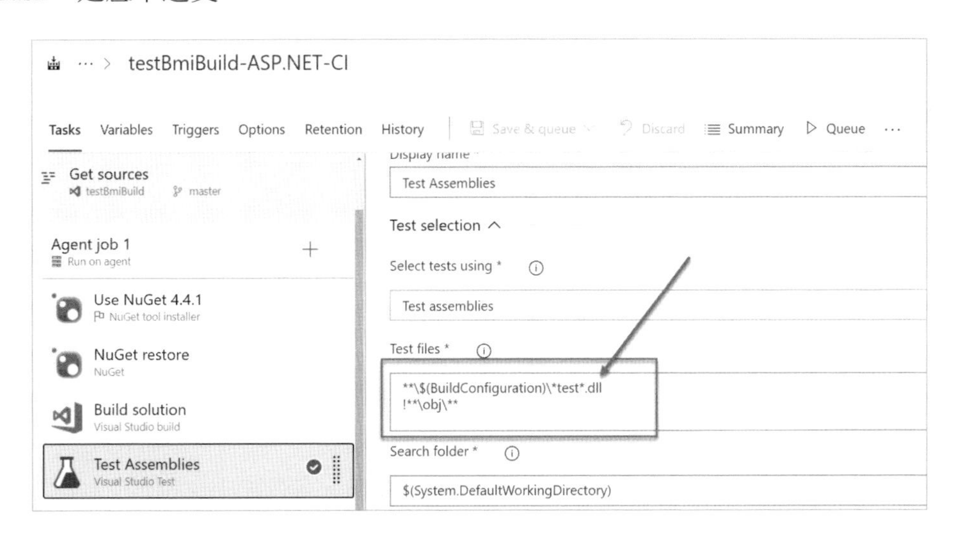

運行的邏輯很簡單，就是找出專案 Build 完之後，具有 test 字眼的.dll，單元測試引擎會找出該.dll 中具有[TestMethod（）]這個 attribute 的 method 來運行，並評估執行結果，這就形成了 CI Build Pipeline 當中執行 Unit Test 的效果。

而.net core 的專案，則是 Test 這支 Task 的功勞：

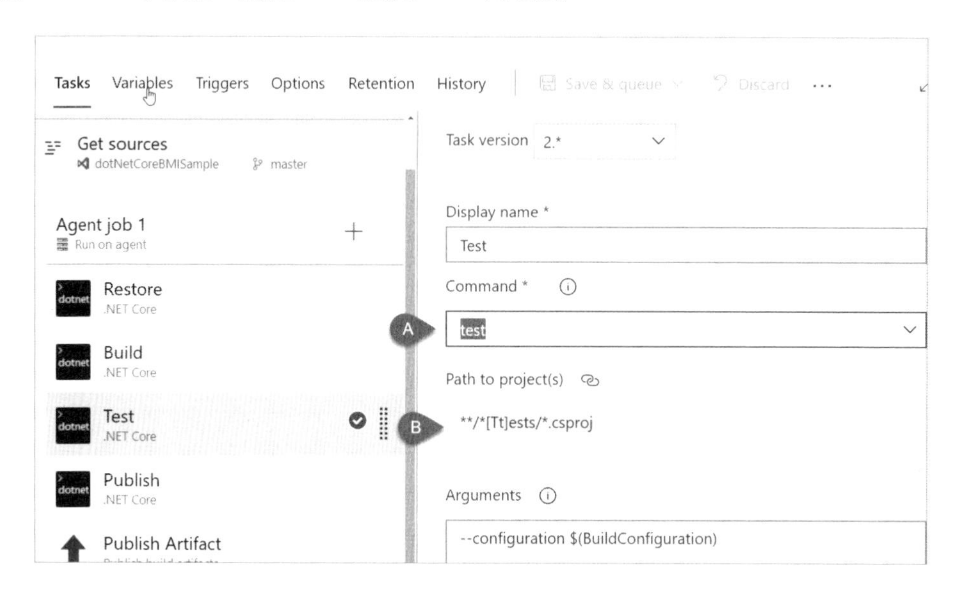

事實上，.net core 的 Build Pipeline，上圖中連續四個 .net core task，其實是同一顆，只是分別運行不同的指令。而負責單元測試這個動作的，就是 Test 指令而已，相當於在 command line 下「dotnet test」。

3-7 在 Pipeline 中加上程式碼品質掃描

在 CI Pipeline 當中，想要持續提升開發品質，除了單元測試，靜態程式碼檢查也很重要。在 Build Pipeline 運行過程中，適度的加上程式碼檢查工具，可以幫助我們掃描程式碼的狀況，檢查是否有具有潛在風險的程式碼。

我們常聽到的程式碼壞味道（code bad smells），或是技術債（technical debt[10]），都是靜態程式碼檢查的主要標的。

而 SonarCloud，就是這類掃描工具中的翹楚，他是一個獨立的第三方產品，但可以跟 Azure DevOps Pipeline 做很好的整合。

[10] 技術債這個概念是 1992 年，由 Ward Cunningham 首次提出，而後常出現於 Martin Fowler 等大師的文章中。泛指為了縮短開發時程，而在開發過程中做出的妥協(像是安全性、測試、變數的命名…等)雖然可以得到立即的效果，但未來將可能連本帶利付上更大代價。

要在 Build Pipeline 當中加入 SonarCloud 進行程式碼檢查非常容易，你只需要到 SonarCloud.io 申請帳號，並且在 Azure DevOps 站台上安裝免費套件後，即可進行這樣的掃描。

整個服務完全免費。

3-7-1 安裝 SonarCloud

要使用該服務在 Build Pipeline 上，首先得安裝套件，請至底下網址：

```
https://marketplace.visualstudio.com/items?
itemName=SonarSource.sonarcloud
```

在出現下列畫面時，選擇 Get it free：

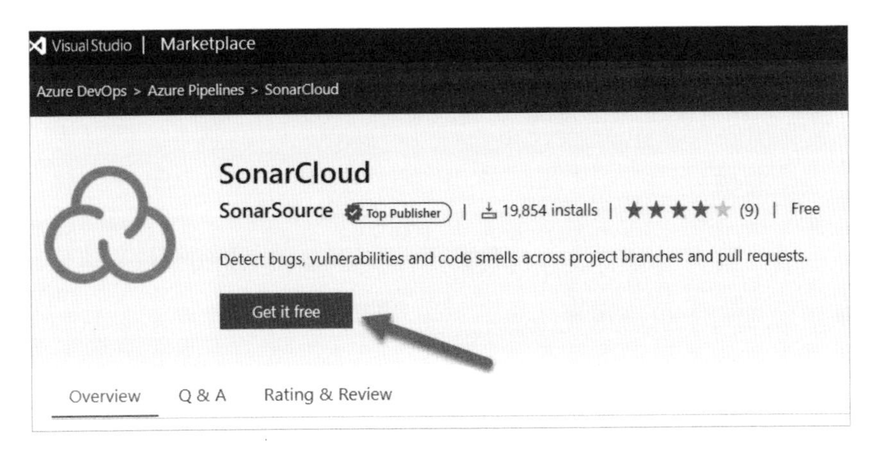

接著在出現的畫面中，選擇你的組織（站台），然後按下 Install 即可：

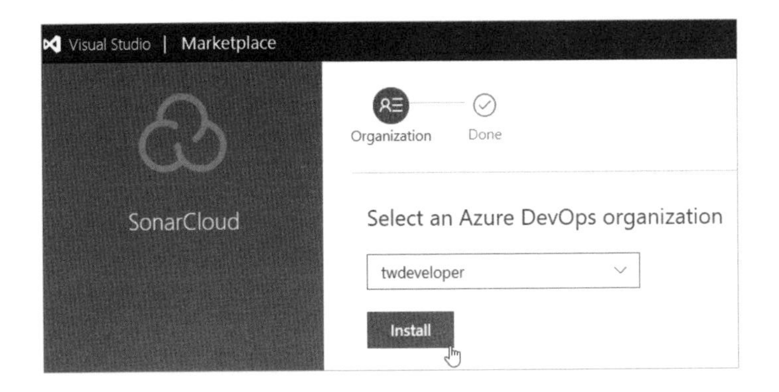

安裝完成後，你會發現在建立 Pipeline 的時候，多了幾個 Tempalte：

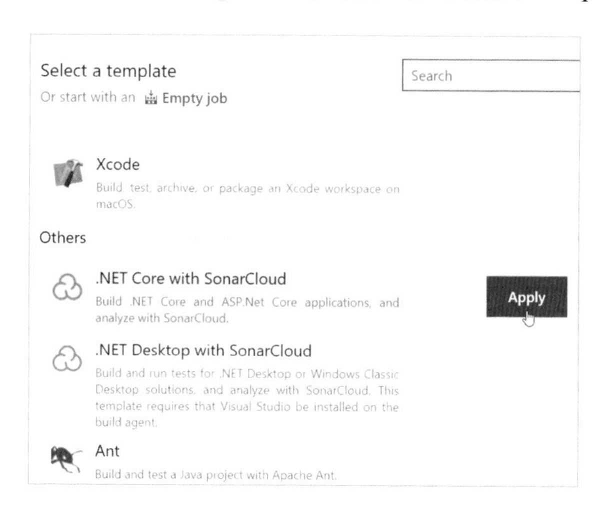

上面這幾個「...With SonarCloud」的 Build Process Tempalte，就是安裝套件後，自動幫你加上的。針對.Net Core 和傳統 .Net Framework 環境的開發專案，都有著適合的建置範本可供參考。

3-7-2 申請帳號

在使用之前，我會建議你，先到 https://sonarcloud.io/這個站台建立帳號，你只需要透過 Azure DevOps 帳號（也就是 Microsoft Account）即可以 Single-Sign-On 的方式，取得 SonarCloud 帳號：

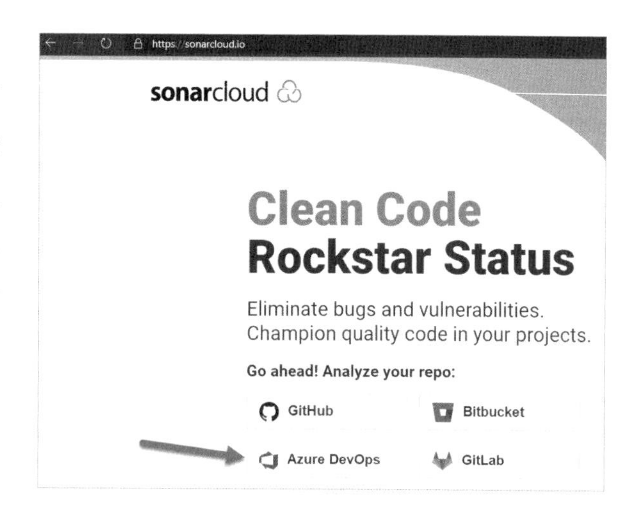

進入 SonarCloud 的 Portal 後，你可以在畫面右上角看到你的個人帳號，你可以依照需要，新增組織（organization）或專案（project）。建議你點選右下角「手動」建立一個組織：

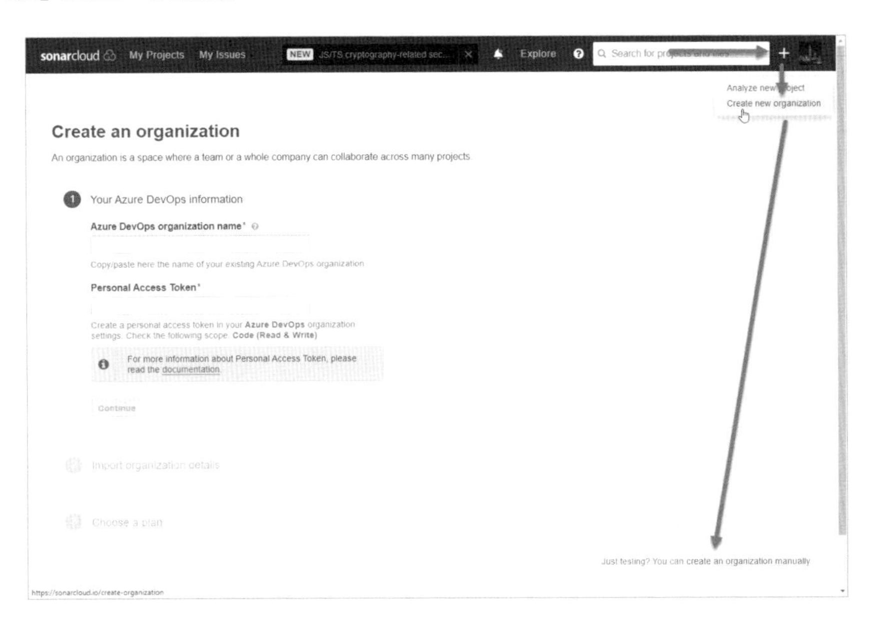

點選手動建立之後，會出現底下畫面，請輸入一個唯一的 key 值：

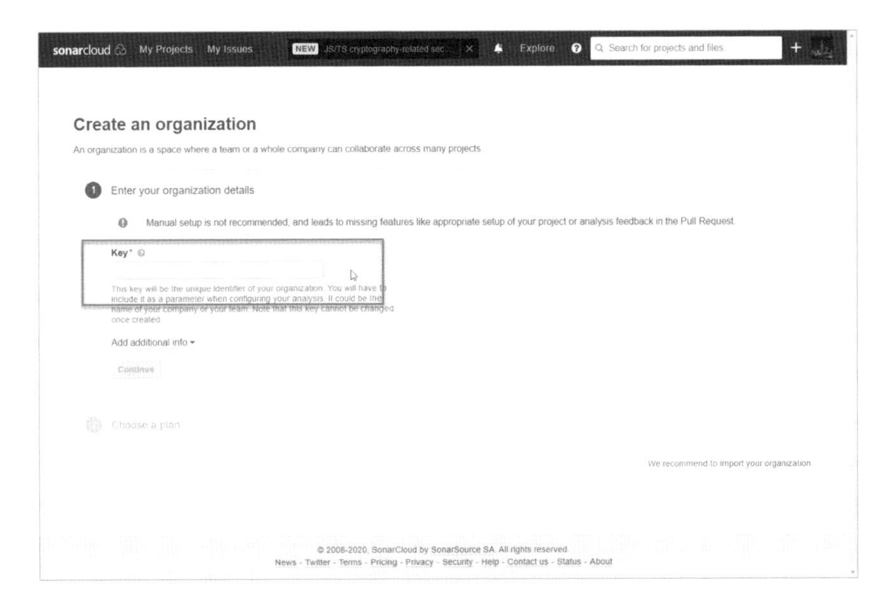

雖然他不建議你這麼做，但手動建立有個好處，你不需要額外輸入 Azure DevOps 的 PAT，另外自由度也高一點。建立完成之後，你可以在該組織下，建立一個分析專案：

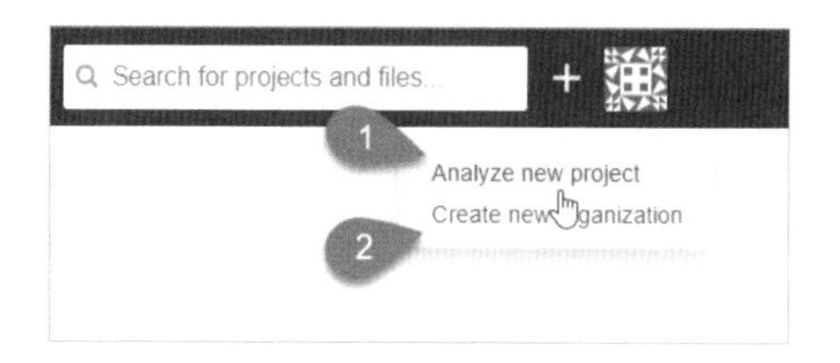

你可以選擇上圖 1，在既有的組織之下，建立一個新的專案。

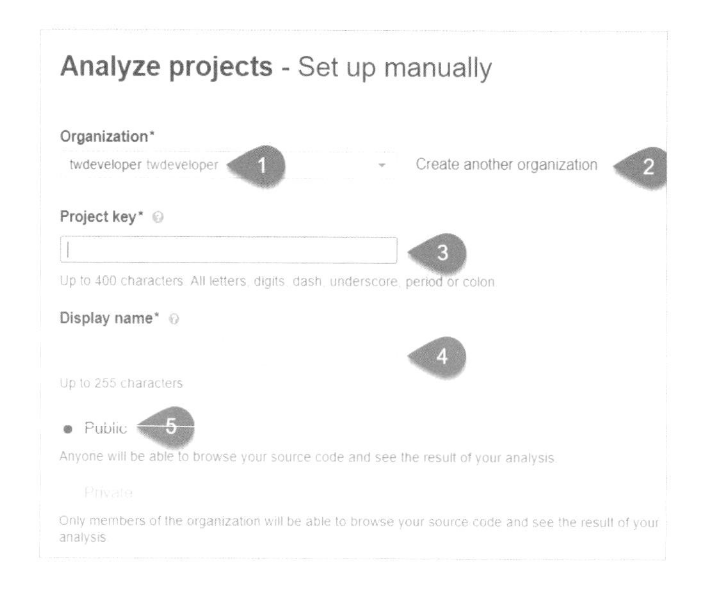

首先選擇的是組織名稱（或是建立新組織，上圖 2），建立專案比較重要的是設定專案的 Key（上圖 3），這個 Key 必須是唯一的，它會跟你的 Build Pipeline 連結在一起，我會建議你可以把你的 Azure DevOps 站台名稱，加上專案名稱再加上特定的序號，以此作為 Project Key 即可，因為該 Project Key 必須是全球唯一的。

這個 Key 將會作為 Build Pipeline 將要生成的報表、與 SonarCloud 專案連結的關鍵。舉例來說，我在 Azure Devops 中有一個站台「mytestaz400」，而其中有個專案「testBmiBuild」，該專案的網址就會是：

```
https://dev.azure.com/mytestaz400/testBmiBuild
```

那用在這個專案上的 project key，我可能就會用底下這樣：

```
mytestaz400-testBmiBuild-001
```

其實，你用「mytestaz400-testBmiBuild」當然也行，但有鑑於你的專案中可能有多個 Repos，而每一個 Repos 都可能會有多條 Pipeline，所以後面加上「-001」似乎比較理想。

當然，你要在 key 中再加上 Repo Name + Pipeline Bame 也可以，看起來更無敵，但這樣就會顯得 Project key 很長，似乎有些不便。

好，總之填好一個唯一的 Project key，並且確認無誤之後，預設狀況下，display name（下圖）會和 project key 相同，其實無須修改。

有一個地方稍微留意一下，你會發現該專案目前是 Public 的（下圖 A）並且似乎無法修改：

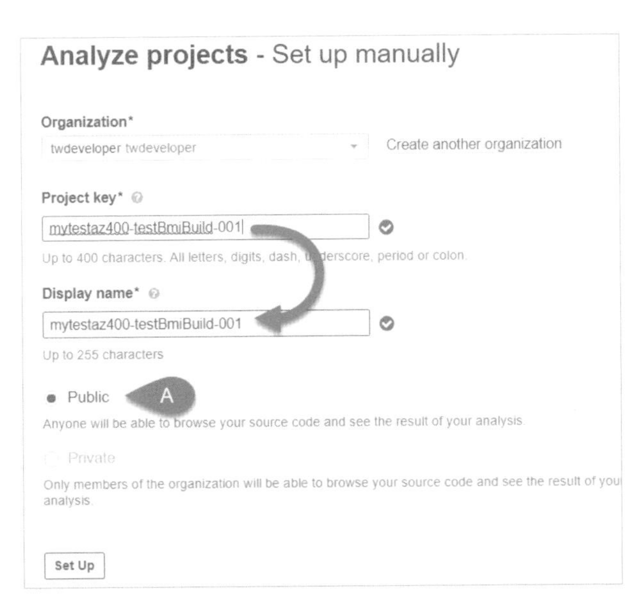

沒錯，因為你採用的是免費方案，預設狀況下無法修改，如果想要改成 Private 專案，則必須升級（付費）。

那免費專案有什麼缺點呢？

嗯...其實倒也還好，就是你的掃描報告是公開在網際網路上的，任何人只要知道了你的 Project key，都有機會可以看到你的掃描結果（其中還包含你專案的掃描部分的 source code）。這一點確實可能造成一些顧慮。你可能會擔心如果有人猜到你專案的這個 key，豈不是全被看光了嗎？是啊，所以或許你可以考慮把 project key 再設定的長一點[11]。😉

好，不管如何，最後請按下「Set up」鈕，並牢記你的 Project key，我們要接著後續的步驟了...

3-7-3 建立含有 SonarCloud 掃描的 Pipeline

得到了 Project Key 之後，接著，我們可以回到 Pipeline，後面我們以.net core 為例子，底下是填寫 Task 的參數時幾個主要的關鍵：

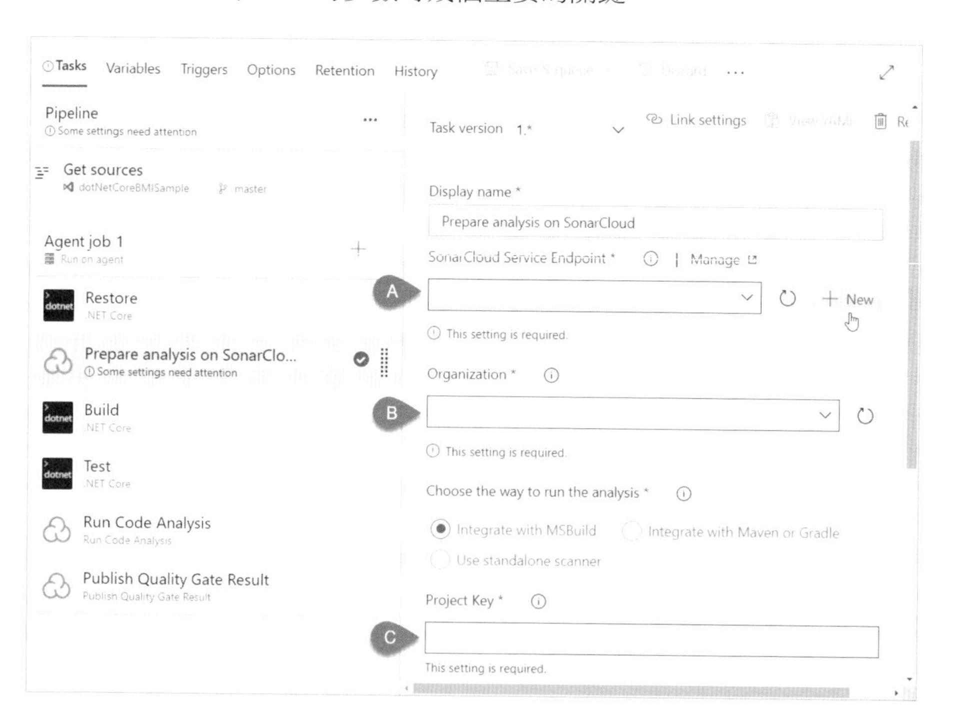

11 不然就是花錢付費變成正式用戶囉...

首先是上圖 A 的部分，我們必須建立一個 SonarCloud 的 Service Endpoint，你可以點選「+New」，在跳出的視窗中，輸入 Token 與連線名稱：

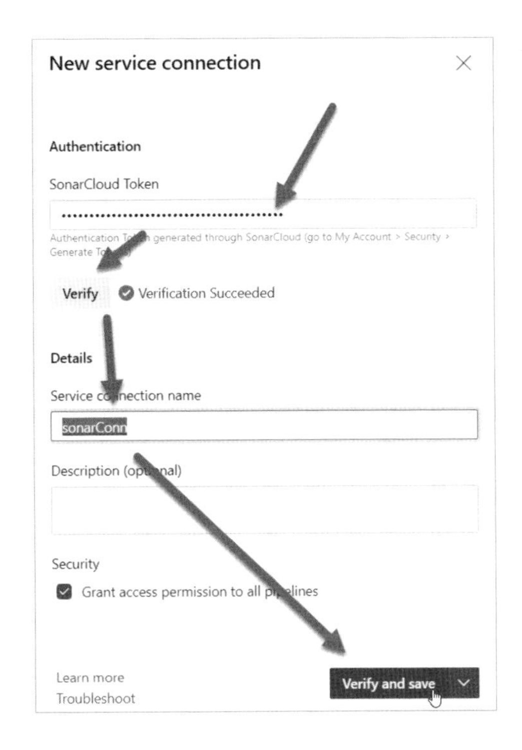

但這個 Token 該如何取得呢？

你可以在剛才的 SonarCloud 的 Portal，點選 My Account→Security 即可產生一個新的 Token：

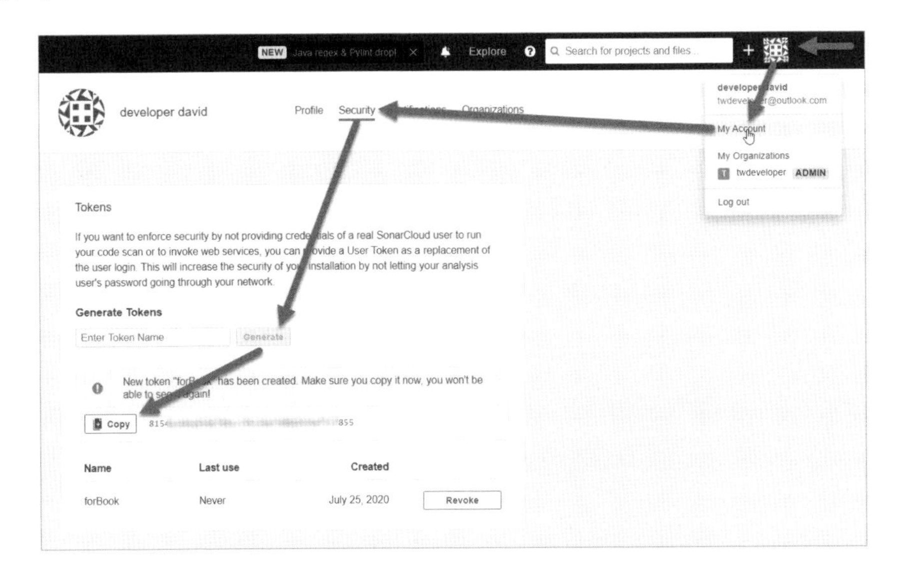

好的，順利取得 Token，建立好連線之後，我們重新回到 Pipeline：

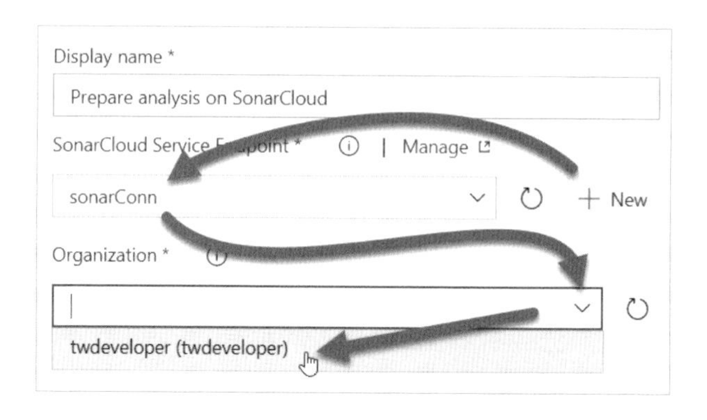

若連線建立正確，這時候你應該可以很順利地下拉出你的組織（如上圖），選定組織之後，填寫剛才一開始我們取得的 Project Key：

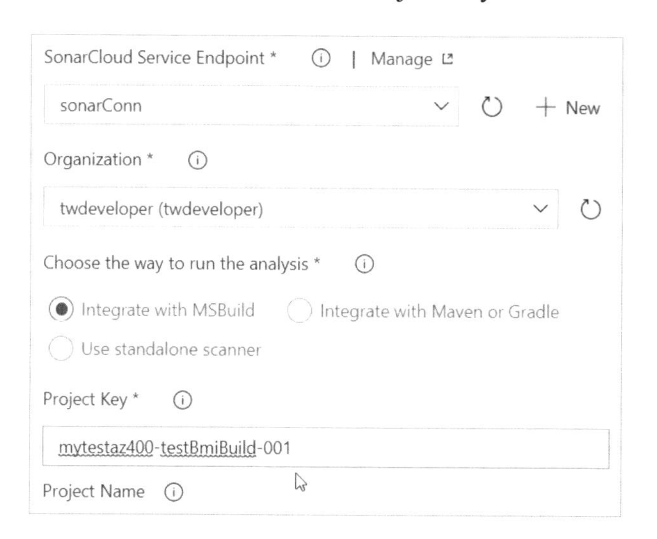

完成之後， Pipeline 也就設定完成了。

3-7-4　運行程式碼掃描

接著，你可以試著運行這個 Pipeline，你會發現，在運行完 SonarCloud 的「Run Code Analysis」Task 之後，報告就出現在底下的網址了[12]：

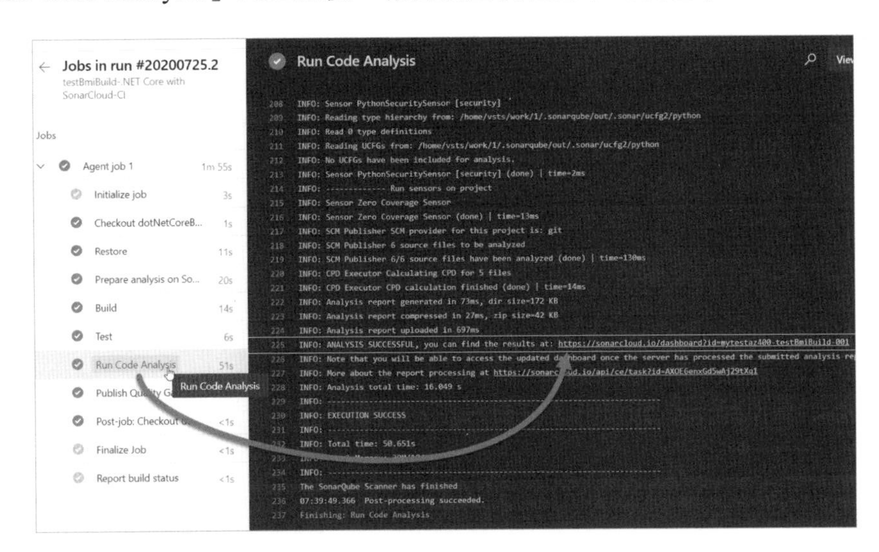

開啟該頁面，你會看到類似底下這樣的畫面：

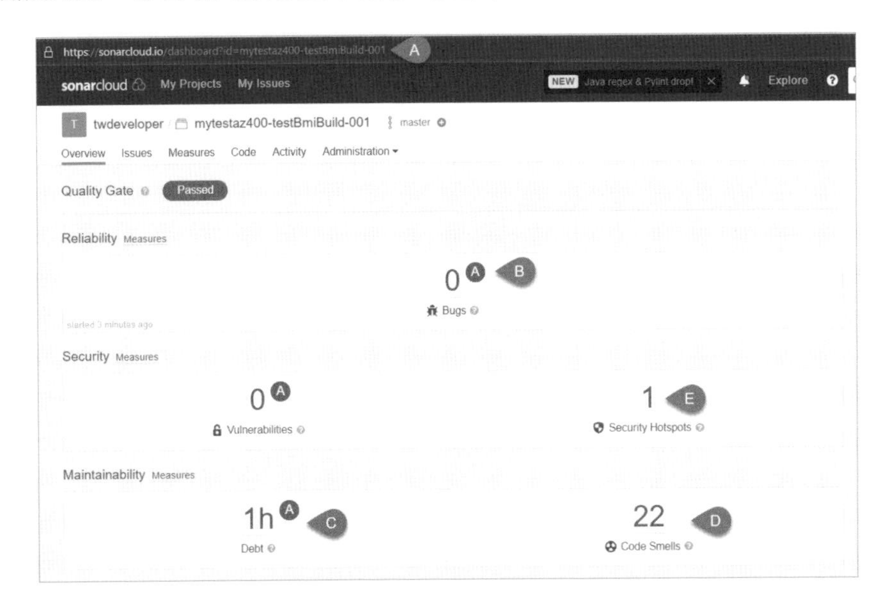

12　如果你仔細觀察，該網址其實就是剛才你設定的 Project Key。

其中包含了我們最關心的 Bugs（上圖 B），以及安全性問題（上圖 E），技術債（上圖 C）以及程式碼壞味道（上圖 D）。

我們可以點進去細看問題來源，例如當你點選上圖 E 中的安全性問題，會發現，它幫我們檢查到我們的 .net core 程式碼中有一行潛在的風險：

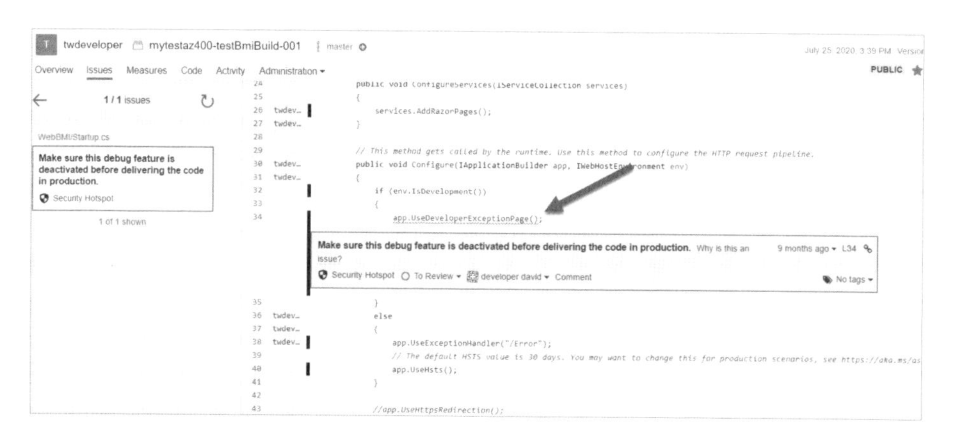

上面這行 code（34 行），是讓專案在開發階段碰到執行階段錯誤時，呈現較多錯誤訊息的指令，一般來說我們會建議在正式機上不要這樣寫，以避免可能的資安風險。

你會發現 SonarCloud 不只幫你掃描，也告訴你為何它認為這是一個問題：

```
if (env.IsDevelopment())
{
    app.UseDeveloperExceptionPage();
```

is debug feature is deactivated before delivering the code in production. Why is this an

tspot ○ To Review ▾ developer david ▾ Comment

```
}
else
{
    app.UseExceptionHandler("/Error");
    // The default HSTS value is 30 days. You may want to change this for productio
    app.UseHsts();
}
```

另外，像底下這個建議，則是潛在的技術債建議：

這是因為我們在程式碼中把一個變數設為 Public 了，其實是沒有必要的。

凡此種種，都是 SonarCloud 幫我們透過掃描程式碼所發現的潛在問題。妥善地逐一檢視這些問題並著手解決，絕對會有效地提升開發品質。

SonarCloud 和 Azure DevOps 算整合得很相當緊密，是一個很值得嘗試的工具。

3-7-5 在既有 Build Pipeline 中加上掃描

我們前面說過，你可以自由地在 Build Pipeline 當中增減 Tasks，因此，如果你想要為既有的 Build Pipeline 加上 SonarCloud 掃描功能，其實也很簡單，只需要在 Pipeline 的設計畫面，透過 Add Tasks 功能，找到 SonarCloud 的 Tasks（前提當然是你已經安裝了我們前面介紹過的套件）：

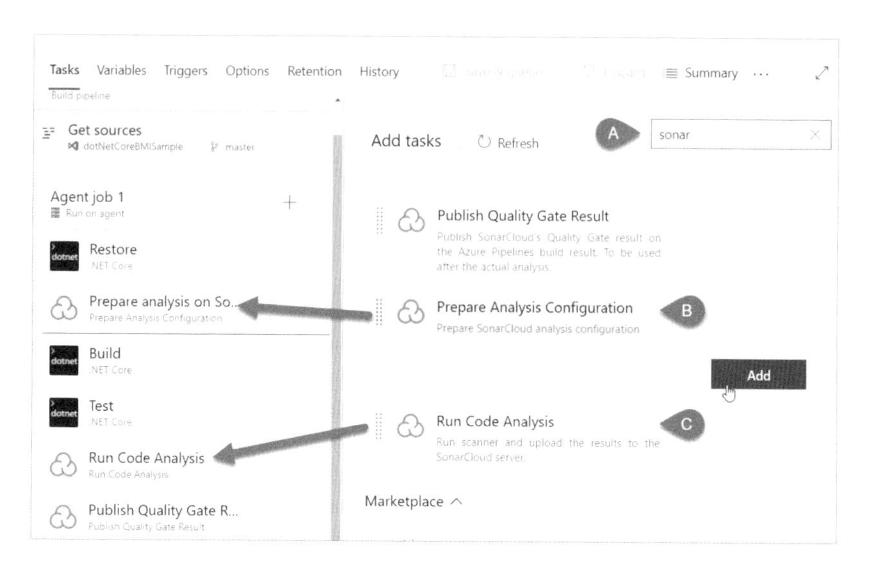

將「Prepare Analysis Configuration」加入，放在 Build 之前，把「Run Code Analysis」放在 Test 之後，並進行相關的配置即可。

3-8 在 Pipeline 中加上套件安全性掃描

近代軟體開發，不管是使用哪一種語言，幾乎都一定會使用到套件（Package），套件的使用其實對開發人員有著非常大的價值。套件不只是讓開發變的更方便，套件的版本管理，能夠讓專案之間的相依性被有效控制，避免 dependency hell 的發生。另外，套件也是軟體重用性和可抽換性的實踐。

所以各大開發語言，不管是 node.js、python、Java...都有自己的套件庫，微軟的.net 當然也是，NuGet 從出現到現在也不過就十年左右，但已經是每位 .net 開發人員每個專案必然會使用到的工具。如今，使用套件庫上的組件來開發企業內的專案，已經是理所當然的習慣了。

3-8-1 套件庫的使用風險

然而，使用套件並非 100%毫無風險，由於開源軟體的觀念盛行，這個時代任何人都可以將自己開發的套件貢獻上 NuGet 讓大家使用，雖然開發社群與 NuGet 站台會針對有潛在或惡意風險的套件提出警訊，但由於這些資訊並非即時提供，且有可能因為開發人員的疏忽而沒有被發現，導致你的專案使用到有品質不佳，或是有安全疑慮的套件。

除此之外，套件還有許可授權的問題，並非每一個套件使用上都是毫無代價的，雖然 NuGet 會要求套件開發人員具體標明套件的使用授權許可，但倘若開發人員不察，使用到一些並非可以免費使用的套件，或是使用到了標註為 GPL 的套件，那你依賴該套件開發的專案，也可能會被要求開源或負上些其他代價，這對於公司來說，會造成一場災難...

3-8-2　在 CI Pipeline 中掃描套件

因此，為了避免軟體開發人員一時疏忽，CI Pipeline 有必要針對軟體套件的使用作一些掃描和檢查。而 WhiteSource Bolt 就是這樣的一套掃描工具。

你可以在 Pipeline 中，加入 WhiteSource Bolt 這個 Task，就可以輕易的掃描整個專案中使用的套件：

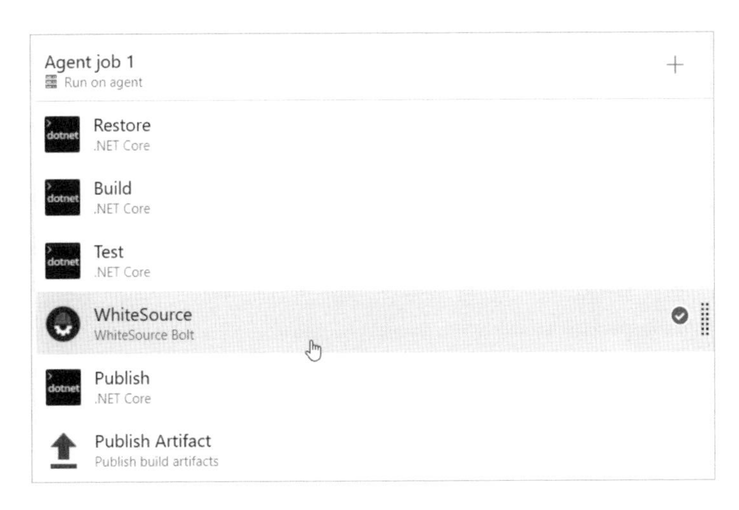

呈現出的報表如下：

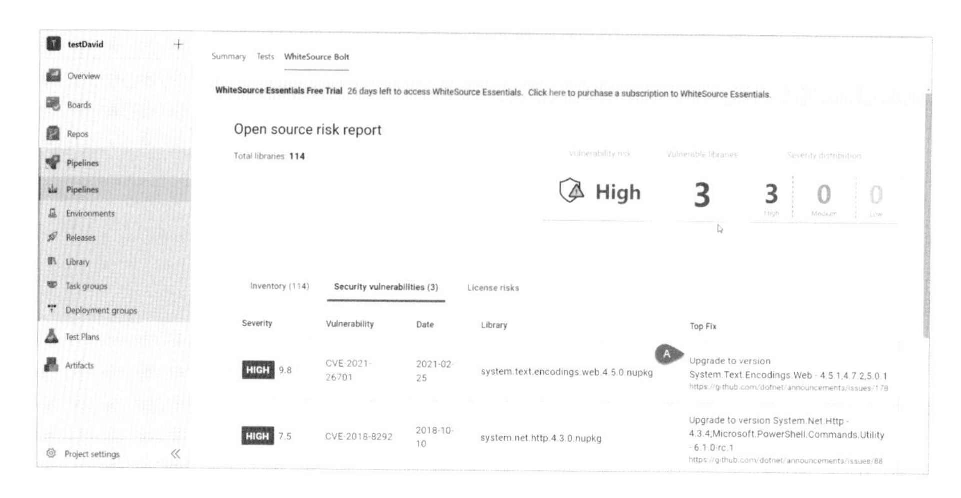

你會發現，報表中清楚的告訴我們，哪些套件是高風險的，並且原因為何（上圖 A）。如果你的專案有紅色高風險套件，強烈建議你要立即著手處裡（升級版本或尋找替代套件）。

要在 Azure DevOps 中啟用 WhiteSource Bolt 非常簡單，只需要為你的組織安裝 Azure DevOps Marketplace 中的外掛套件：

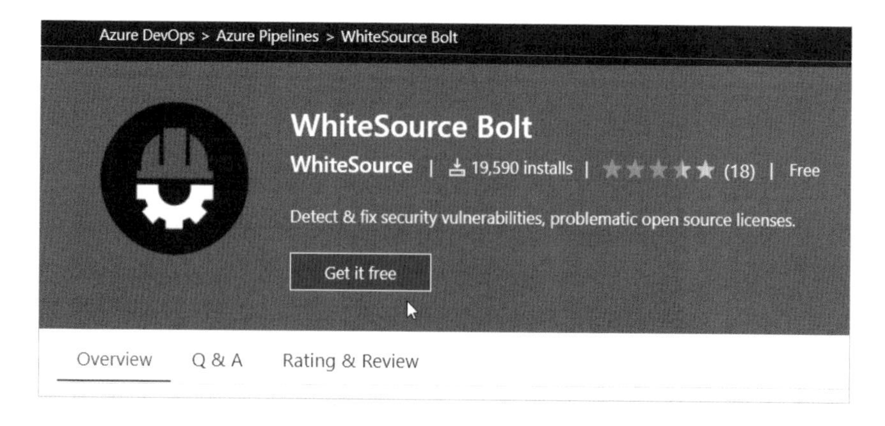

下載位置位於：https://marketplace.visualstudio.com/items?itemName=whitesource.whiteSource-bolt-v2

安裝好之後，你重新進入 Azure DevOps，在 Orgnization Settings 選單，可以看到在 Extensions 底下，出現了 WhiteSource 項目，請點選進去，依照指示完成 30 天試用設定後，即可開始使用：

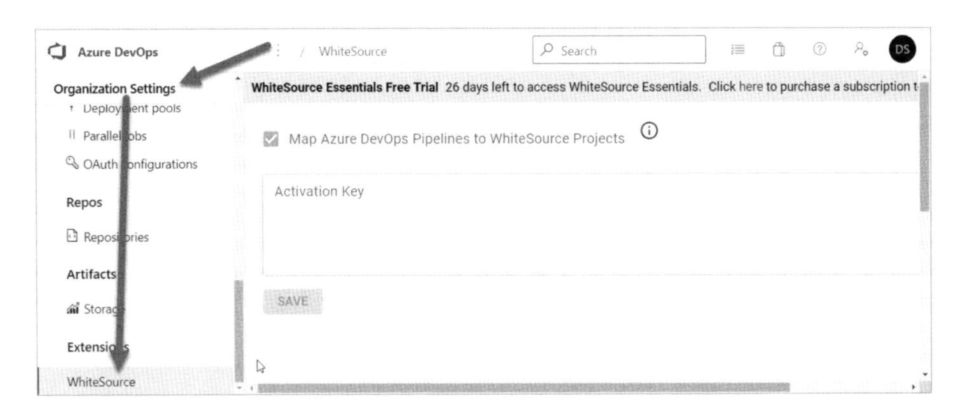

接著，請進入 Pipeline，在其中加入「WhiteSource Bolt」Task，並且設定 working directory：

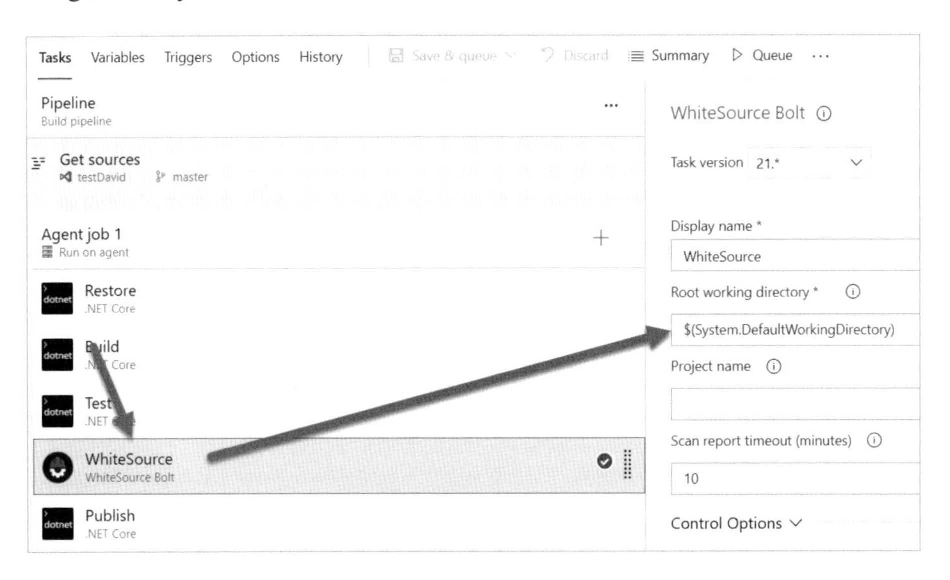

完成之後，重新觸發運行 pipeline，完成後即可看到報表囉：

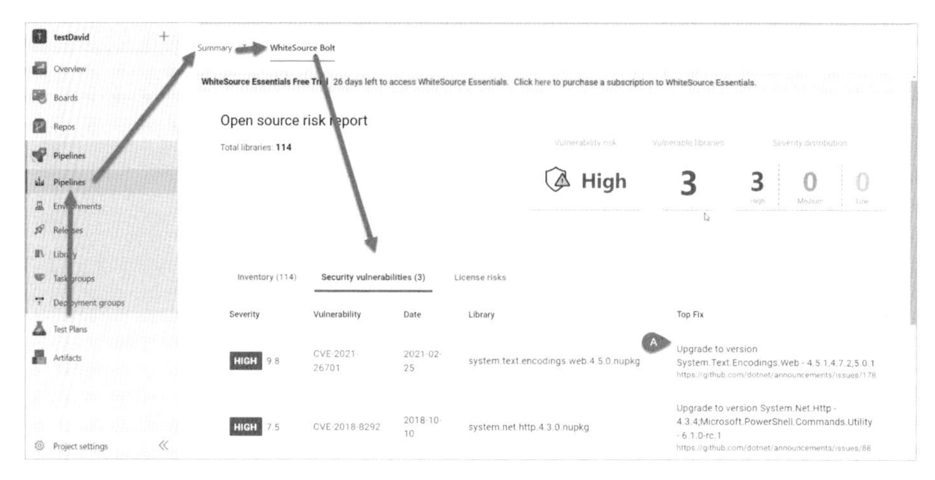

幾個小小的動作，讓專案免於套件使用的風險，非常划得來吧。

3-9　關於 Docker/Container 的 CI 設計

近幾年 Docker/Container 技術相當被業界重視，而微軟的 .net 開發技術也適時的支援了容器化的功能。為了實現容器化， .net 開發技術必須支援跨平台，特別是 asp.net，這也造就了 .net core 的誕生。

因此，現在你不管用何種開發工具，也可以產出能運行在 Linux 環境上的 asp.net 應用程式，這同時也表示，asp.net 理所當然的也可以支援 Linux Container 了。

3-9-1　Docker file

要讓 asp.net 專案產出支援 Docker 的 image 非常簡單，你可以在建立 asp.net 專案的時候，勾選「啟用 Docker」，「Docker OS」選擇 Linux：

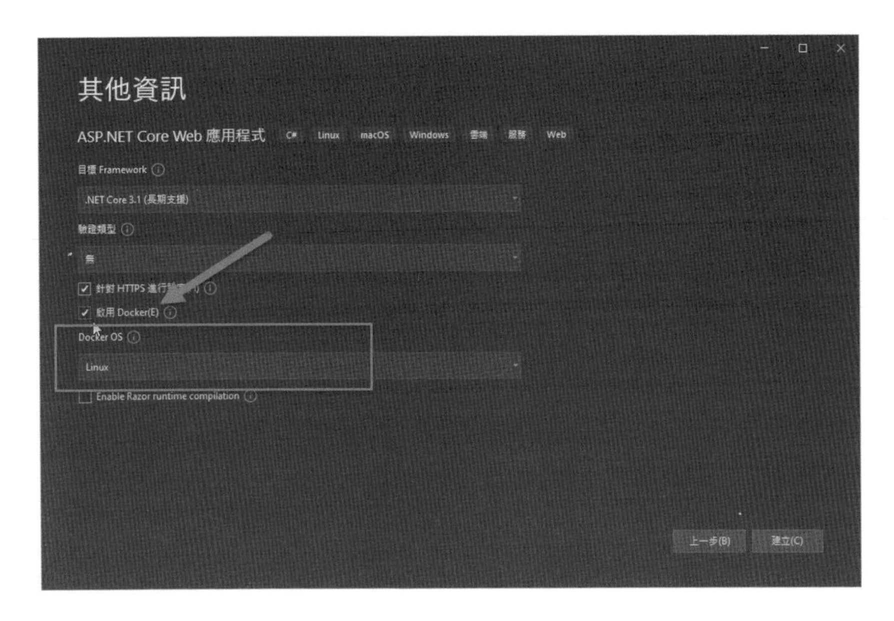

或者，你也可以在一開始沒有啟用 Docker 支援的專案中，點選滑鼠右鍵，選擇「加入→Docker 支援」：

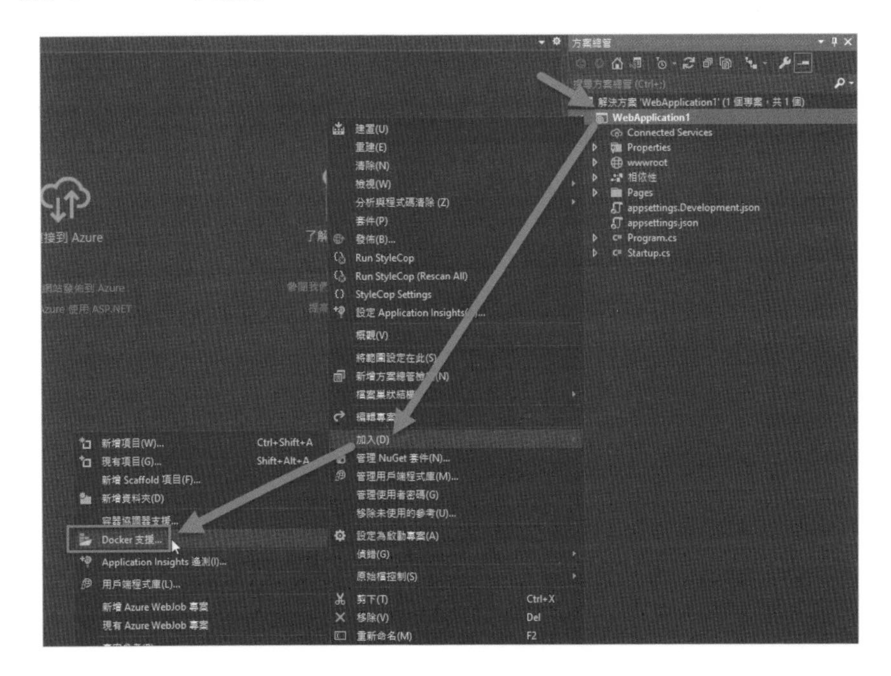

Visual Studio 會幫你在專案中建立一個類似底下這樣的 Docker File：

範例

```
FROM mcr.microsoft.com/dotnet/core/aspnet:3.1-buster-slim AS base
WORKDIR /app
EXPOSE 80
EXPOSE 443

FROM mcr.microsoft.com/dotnet/core/sdk:3.1-buster AS build
WORKDIR /src
COPY ["webapp01.csproj", ""]
RUN dotnet restore "./webapp01.csproj"
COPY . .
WORKDIR "/src/."
RUN dotnet build "webapp01.csproj" -c Release -o /app/build

FROM build AS publish
RUN dotnet publish "webapp01.csproj" -c Release -o /app/publish

FROM base AS final
WORKDIR /app
COPY --from=publish /app/publish .
ENTRYPOINT ["dotnet", "webapp01.dll"]
```

這個 docker file 就是我們用來建立 docker image 的關鍵。

總的來說，透過 asp.net 建立一個容器化應用的流程是底下這樣：

建立docker file → 產出Image → 送上Docker Hub → 下載使用

asp.net 的原始程式碼無須修改，只要加入了 docker file，就足以產生 docker image，而產生出的 docker image，我們需要將其送上 Docker Hub（或其他 registry，例如 azure container registry），以供用戶下載使用。[13]

上面這一段動作，平時大多都可以在 Visual Studio 中完成。如果你的開發工具是 VS Code，那你也可以透過 .net CLI 搭配 Docker Command 來完成。從原始程式碼依照 docker file 的流程產出 image 的這個動作我們一般稱為 docker build。

3-9-2 Docker task

知道上面的概念後，我們接著來看，現在我們想要實現的，就是在 Azure DevOps 當中來設計出可以自動完成 docker build 並且將產出的 image 推送上 docker hub 的自動化 Pipeline。

其中的關鍵在於「Docker」task：

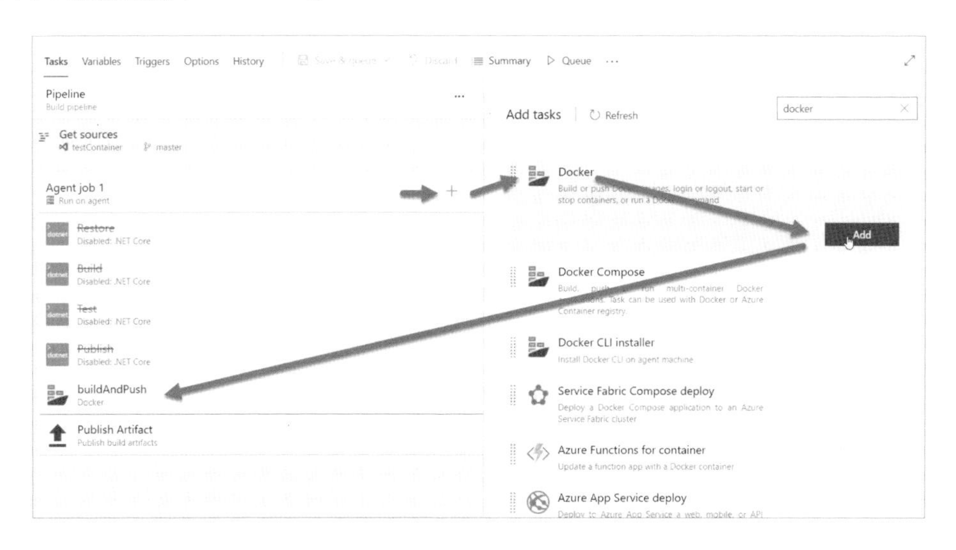

---

13 如果你曾經使用過 docker，肯定知道筆者的意思。由於本書並非介紹 container 技術的專書，若您對此技術不熟悉，可以上網搜尋相關資訊，這邊就不詳細介紹了。

你可以先透過 asp.net core 範本建立一個 Pipeline，並且在流程中加入 Docker task。這個 task 本身就足以運行 docker build 與 docker push 指令：

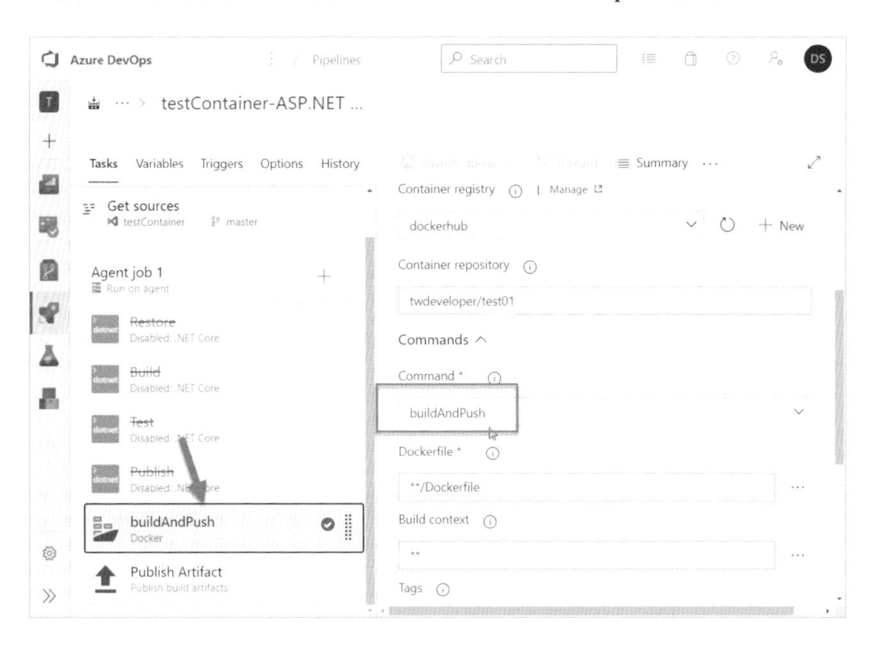

藉此把產出的 image 送上 docker hub（或 azure container resgistry）。

其中有幾個需要稍微說明一下的參數，Container registry 的部分，請選擇「New」：

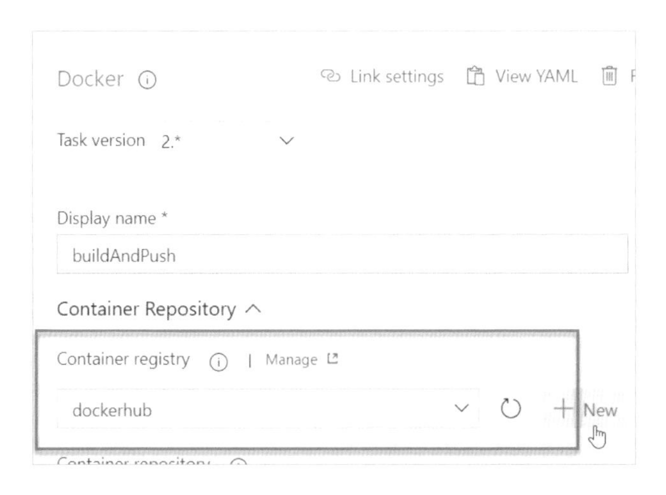

接著，在出現的視窗中，選擇 Docker Hub[14]，然後輸入你的 Docker ID 與密碼即可：

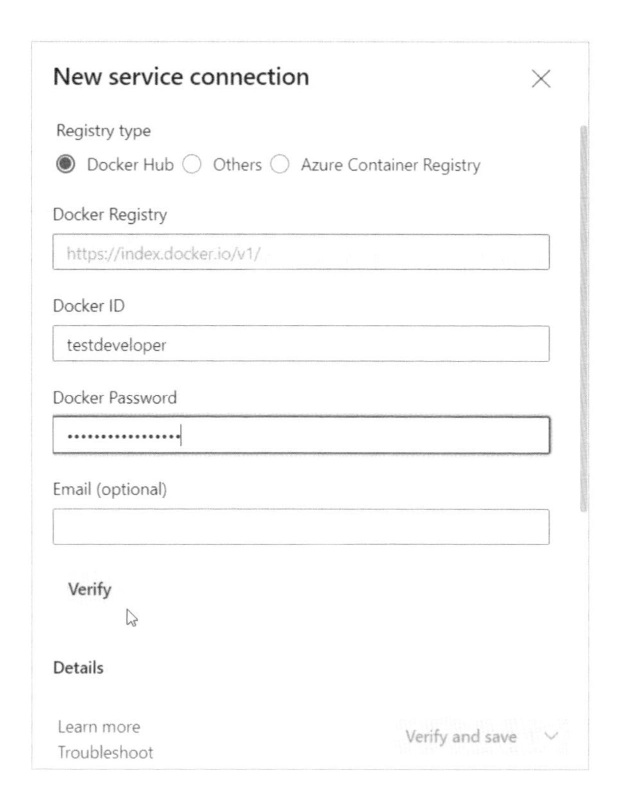

按下 Verify 之後，系統會驗證你的帳密正確性，如果確定沒有錯誤，你就可以設定一個連線的名稱，然後按下 Verify and Save 將其儲存：

Details

Service connection name

dockerhub

Description (optional)

Security

Grant access permission to all pipelines

Learn more

Troubleshoot

Verify and save

---

14 如果您要使用 ACR(Azure Container Registry)，則可以在 Registry type 部分選擇相對應的選項，本書在這邊就不多做介紹了。

儲存後，你就可以在 Container registry 下拉選項中看到該連線項目：

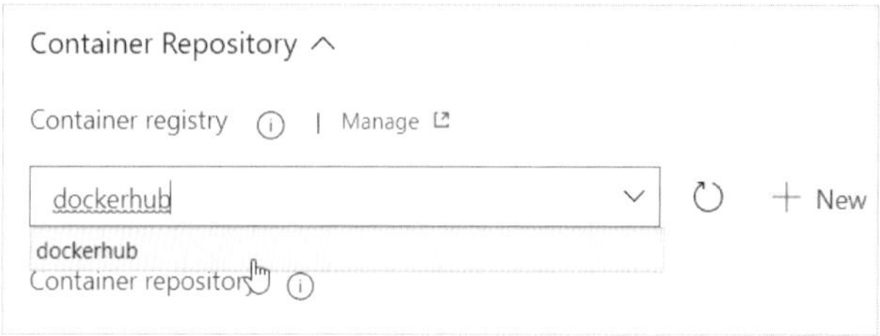

另外，還有幾個你需要注意的選項：

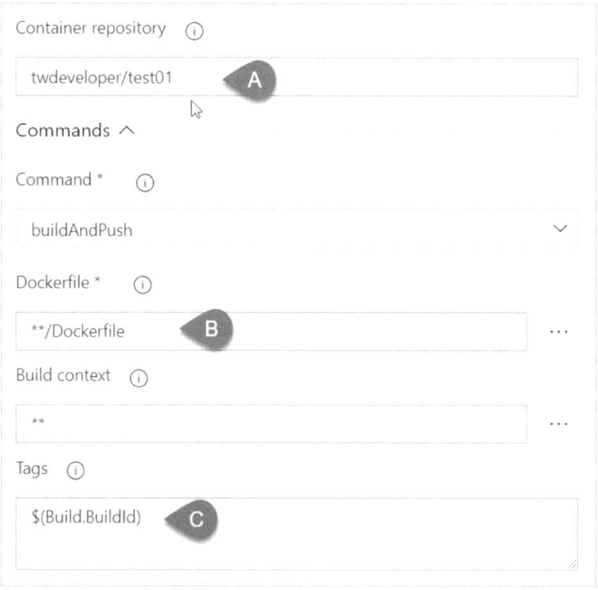

像是 repository 路徑你必須給你在 docker hub 上所建立的 repository 名稱（上圖 A），而上圖 B 之中的，則是專案的 docker file 所在路徑，一般保留上述這樣即可，這表示 Pipeline 會在專案的所有檔案中搜尋。

而 Tags 的部分，我們之所以用「$（Build.BuildId）」，是因為這個數字每一次 build 都不同，這樣如果你要把成品（docker image）上傳到 Docker Hub 的時候，才不會因為版號相同而有所衝突。

例如，這個建立好的 docker image 如下：

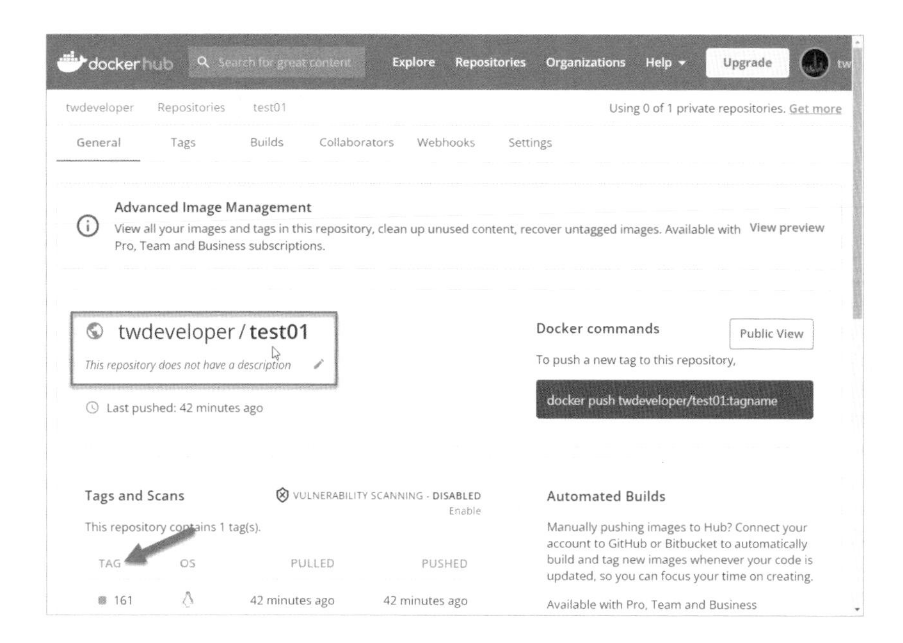

由於你每次建置的$（Build.BuildId）都不會相同，這樣，即便 pipeline 被多次重複執行，也不會發生錯誤，而$（Build.BuildId）剛好也可以做為類似版號的存在。

若 pipeline 正確執行，其結果會是：

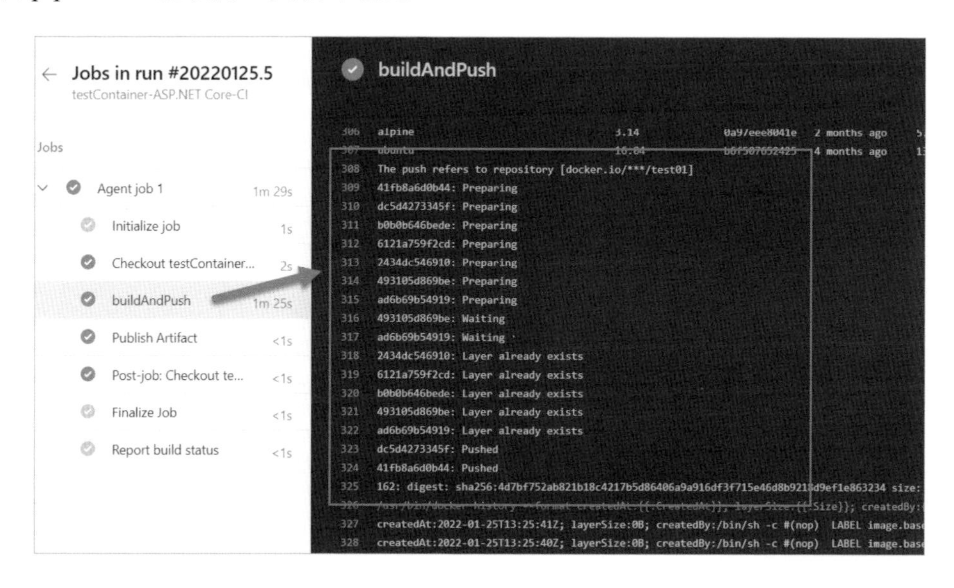

你會發現，pipeline 中的 docker push 指令順利完成，同時 docker hub 上的 image 也更新了一版：

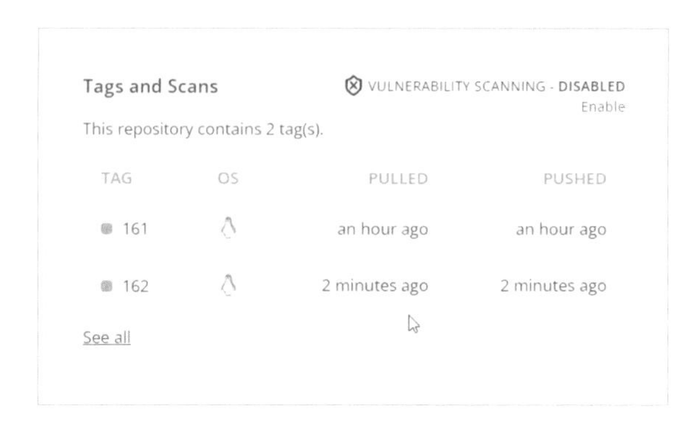

從上面的介紹中你可能也會發現，其實一開始並不一定要使用 asp.net core 範本來做為 pipeline 的設計基礎，其實用空的範本（empty）也可以，因為，整個 build project 與 build image 的動作，其實都是透過 docker task 中的指令來完成的，因此，原本 asp.net core 的那幾個 restore/build/pulish 動作根本是可以直接槓掉（或移除）的：

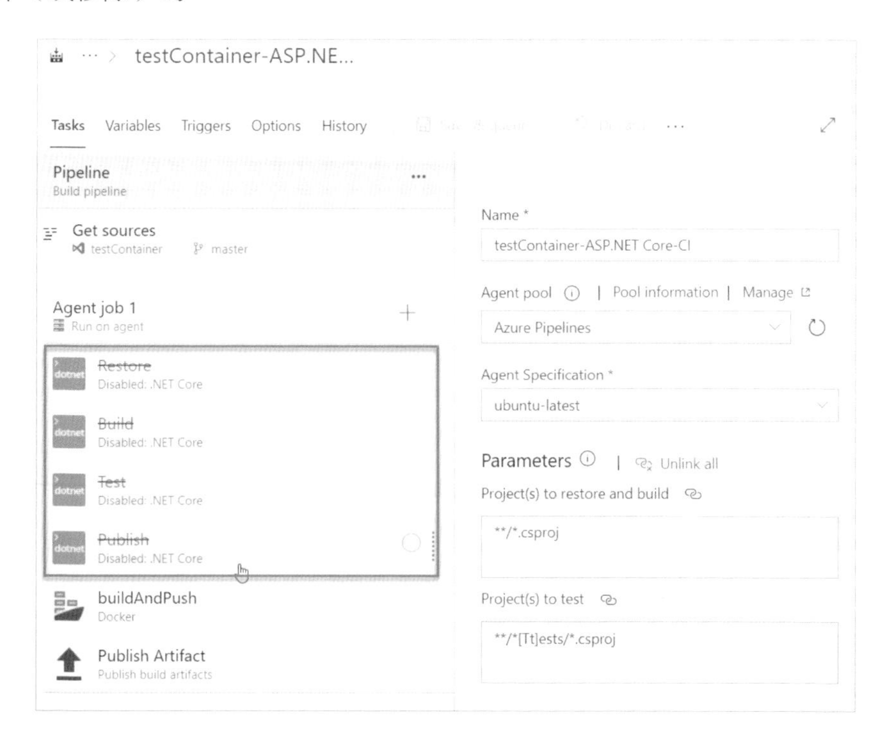

只需要透過 docker task 即可幫我們完成相關的工作。除非你希望在 Build Docker Image 之前，先進行單元測試，這樣的話，則可以考慮保留 asp.net core 預設範本中的 tasks。

以上，就可以輕鬆的自動化產生 docker image 並送上 registry 囉！

3-10 小結

持續整合（CI），是 DevOps 當中非常重要的一部分。它承擔著後續頻繁交付甚至整個軟體專案成敗的關鍵。因此在這一章中，我們除了介紹基本的 CI 流程，也特別討論了 PR-CI（PR Pipeline）這個重要的機制，這部分請讀者務必掌握。

另外，CI Pipeline 中的單元測試（Unit Test）、程式碼品質掃描、套件掃描…都是確保交付品質的重要關鍵。沒有這些，CI Pipeline 的價值將會大打折扣。

另外，容器技術的重要性我想大家都明白，因此，在本章當中，我們也特別談到了如何設計一個支援 Container 建立與發佈的 Pipeline，這也是讀者不可錯過的。

3-10-1 Hands-on Lab 1

請參考本章內容，依序完成下列工作：

1. 建立新的 Azure DevOps 專案。
2. 匯入 source code

   https://github.com/isdaviddong/dotNetCoreBMISample.git
3. 建立 CI Pipeline。
4. 嘗試 run pipeline，觀察是否有錯誤？
5. 設法解決造成錯誤的問題。
6. 重新運行 CI Pipeline。

3-10-2 Hands-on Lab 2

承接上一個 lab，為 Azure DevOps 專案建立以下功能：

- 限制開發人員不能直接修改 master 上的程式碼。
- 必須透過建立 Feature Branch 與 PR 才能更新。
- PR 過程中，必須自動觸發 Build Pipeline（PR-CI），以確保將要合併到 master 上的 code，是可以符合需求的。

CHAPTER

軟體品質不該是空談

開宗明義我們就說了，DevOps 的挑戰絕不只是自動化，真實世界中的 DevOps，絕對不可能跳過**安全性**與**品質**。事實上，真正有難度的部分，也是安全性與品質。同時，頻繁交付的前題是持續整合，但持續整合到底為了什麼？為什麼我們會覺得**持續整合是必須的**？

初接觸到 CI/CD 的技術人員可能會覺得持續交付沒什麼呀，不就是用戶要改什麼 bug 就快快改完然後上線，要新增什麼功能，就快快給他，這我也會呀，以前我也是這麼幹的呀。反正就是有 bug，改玩 code，以迅雷不及掩耳的速度直接丟上正式機，然後拍拍屁股收工，有問題？明天再說。

是這樣嗎？斷乎不是。

DevOps 中的持續交付，是必須兼顧高品質與安全性的，沒有良好的自動化持續整合，根本不可能有安全性和品質，這樣的持續交付也只是持續敷衍用戶而已。在 CI/CD 當中，如何實現軟體的高品質？有很多種方法，這一章，我們先從提高軟體的可測試性、以及改善組件的相依性開始談起，然後，讓我們介紹一下 Azure Test Plans 這個在 Azure DevOps 中特別的存在…

4-1 持續整合是為了什麼？

我在上課的時候，常常問學員：「為什麼程式碼要持續整合？持續整合到底是為了什麼？」

有些學員回答道：「持續整合是為了頻繁交付做準備。」

這個回答是很好，但，**為何頻繁交付前要先有持續整合？**

我跟學員說，如果你能回答出這個問題的答案，表示你對 CI/CD 這件事情，已經有了真正的認識。

其實，答案很簡單。

因為沒有任何一個用戶，能夠接受惡劣的產品品質，一個好軟體的先決要件，第一當然就是要能夠使用，且要能夠有好的品質。**一個不能用或不好用的軟體，不管更新頻率再怎麼頻繁，也無法讓用戶滿意的。**

切記：品質不良的持續交付，只會讓用戶更加困擾而已。

明白之後，我們來思考一個問題，到底，怎樣才稱得上是一個好軟體？

教科書上衡量軟體品質的指標很多，例如：bugs 數量、運行效能、穩定性或可用性（availability），然而好的軟體肯定源自於好的程式碼。那我們要如何來衡量什麼是好的程式碼呢？單元測試的涵蓋率？程式碼的行數？程式模組之間的相依性？

如果要用一句話來形容什麼是好的軟體品質。我最喜歡的描述，莫過於底下這一句從書上看到的話：

決定程式碼好壞的關鍵，在於它有多麼容易被修改（加入新功能）

這句話來自於 Martin Fowler 的 Refactoring（第二版）一書。

作者想表達的意思是，一段好的程式碼，一定是容易閱讀、容易調整、容易修改的。當你發現問題的時候，可以立即著手修改 bug 而無須擔心可能造成的副作用；當用戶有需要的時候，你可以隨時加入新功能，而無須從頭到尾閱讀完所有的程式碼，也不需要擔心修改程式碼可能會發生什麼意料之外的問題。

反之，如果你拿到一份程式碼，客戶要你加入一個新功能，但你把程式碼翻來覆去，卻遲遲不敢動手，深怕改壞了什麼，那它肯定不是一套好的程式碼。

當我們以這樣的方式，定義出什麼是好的程式碼時，評估程式碼品質的指標就會慢慢浮現。

其中，有幾個指標是我特別在意的，例如：

1. 單元測試（以及程式碼的可測試性）
2. 組件之間的相依性
3. 程式碼可讀性（可維護性）

在什麼情況下，你才可以有足夠的信心，可以隨時依照需要調整程式碼，卻毋須擔心可能因為這些修改，對整體系統帶來負面的影響？

答案是：有「測試」的時候。特別是，**有單元測試的時候**。

唯有系統中已包含了足夠的測試，才能夠確保整個系統的行為是可以被驗證的、其正確性是有依據的。程式碼的修改，好比多個作者同時寫一本書、譜一首曲子。你能想像，若每一位作者，都可以依照需要隨時修改別人正在寫的段落，卻又不時常溝通整合，最終會產生出什麼結果呢？這本書、這首曲子，肯定會零零散散、四分五裂。

我們寫的系統，又何嘗不是如此。

你一定也有這樣的經驗，一兩年後，重新拿起自己寫的程式，感覺好陌生，根本不像是自己寫出來的東西。想加入新功能，卻不知該何從改起。軟體開發就是這樣，如果沒有「什麼」來把關系統的品質和程式碼的異動，就如同剛才說的「書」和「曲子」一般，程式碼最終只會像是斷簡殘篇、難以整合。

有千萬種提升程式碼品質的方法（好吧，我誇張了，但也不下十數種），但我覺得最有效的方式，對於開發人員來說，不外乎兩個方面。

第一個是撰寫單元測試，而另一個，則是盡可能的提升重用性，也就是，妥善的管理好程式碼之間的相依性。

這兩件事情，將可以讓軟體品質在無形之中提升，同時確保開發人員在修改程式碼、加入新功能的時候，內心更無罣礙、更有確據。

備註　這一章不談程式碼的可讀性，這部分在前面的章節已經提過。可透過像是 SonarCloud 這樣的自動化掃描工具，搭配在 Azure DevOps 的 CI Pipeline 當中，進行自動化品質掃描，甚至搭配 Release Gate 來控管交付，這部分有興趣的朋友可以回頭看前面的章節。

4-2　再談單元測試

前面說了那麼多，你大概已經有些知道，為何我們如此在意單元測試。因為有單元測試的存在，我們得以放膽的修改程式碼，無須擔心程式碼的頻繁異動將造成意料之外的副作用。

也因此，有一些團隊追求著程式碼單元測試的覆蓋率。

然而，高覆蓋率的單元測試並不意味著就會有更高品質的程式碼，反而真正重要的是，如何為我們系統中的核心邏輯、重要的核心函式，適當的添加單元測試。

所以，我們接下來要來談一談，如何增加程式碼的可測試性。

4-2-1　關於可測試性

我們在前面章節的介紹當中，稍微談到了單元測試，你大概也已經知道，可以透過 Visual Studio 為特定的 method 來建立單元測試。特別是重要的商業邏輯運算函式、或是 API，都是單元測試非常能發揮功能的好對象。

然而，你可能會發現有些程式碼似乎難以測試，例如底下這個例子：

```
Console.Write("請輸入金額(USD):");
var amount = int.Parse(Console.ReadLine()); //100
Console.Write("請輸入人數:");
var people = int.Parse(Console.ReadLine()); //5
```

```
Financy f = new Financy();
var CostByPeople = f.SplitMoney(amount, people);
Console.Write(CostByPeople);
```

上面這段程式碼看起來簡單，實際上，也真的很簡單。

SplitMoney()是一個計算旅遊消費金額分攤的函式。

假設，你和一夥人出國旅遊，在路邊店家吃了一餐，總共 100 美元，你想計算每個人要負擔多少台幣，就可以使用這個函式。呼叫 SplitMoney()時，傳入「美金總金額」和「人數」兩個參數，它就幫你算出一個人要付的台幣金額。

假設我們要針對這個函式進行單元測試，乍看之下似乎並不難，但我們看 SplitMoney()的具體內容：

```
public class Financy
{
  public double SplitMoney(double USDAmount, int People)
  {
    var currencyConverter = new CurrencyConverter();
    //使用到外部函式（抓取匯率）
    double rate = currencyConverter.Convert("USD", "TWD");
    //計算台幣總金額
    double Total = USDAmount * rate;
    //回傳一個人需要付多少錢（台幣）
    return Total / People;
  }
}
```

這下問題來了。

我們 SplitMoney()這個方法本身不難，也不過就是把總金額除以旅遊人數，就算出平均金額了。倘若我們需要為 SplitMoney()這個方法撰寫單元測試，似乎也沒啥問題。

但這邊出現了個障礙，你知道的，單元測試是以程式來驗證程式，也就是說，我要從外部來驗證一個函式是否正確，就撰寫單元測試函式，來呼叫我想驗證的函式，傳入固定的參數，我想驗證的函式理當也會有著同樣固定的回傳結果。藉由判斷回傳結果是否與預期的一致，我就可以驗證該函式是否正確。

但剛才說，這邊出了點問題，因為 SplitMoney()這個方法在計算的過程中呼叫到了 Convert 這個函式：

```
//使用到外部函式（抓取匯率）
double rate = currencyConverter.Convert("USD", "TWD");
```

上面這個方法，抓取的是「即時」的匯率，而因為匯率是浮動的，這表示，當我們每一次呼叫這個函式時，即便傳入的，是同樣的參數，也可能得到不同的結果！

如此一來，該函式就沒有可測試性（testability），因為我們無法去驗證它，是否在被修改後，還維持著一致的運算邏輯。

該如何解決前面提到的問題？

4-2-2 使用 fake 類別提高可測試性

我們先釐清問題在哪，顯然，問題的來源不是來自於 SplitMoney()這個方法本身，而是來自於 SplitMoney()這個方法執行的過程中，所呼叫的即時匯率抓取函式。

倘若，我們能夠在執行單元測試方法時，也就是運行掛載著[TestMethod()] 這個 attribute 的單元測試方法時，將 SplitMoney()中抓取即時匯率的函式給換掉，改成永遠回傳固定值（例如台幣與美金的兌換永遠維持在 27：1），如此一來，我們的單元測試函式，就可以撰寫了，因為我們每次重複呼叫時，都可以得到一個穩定的預期結果值。

不過，我們在執行單元測試的時候，雖然抓取的匯率必須是固定的值，但一般呼叫的時候，則必須要保持是抓取到動態的匯率才行呀。

為了實現這個功能，我們可以針對 SplitMoney()中所用到的抓取匯率的這個類別，設計一個相同的偽裝類別（Fake Class）。為了這麼做，我們先把抓取匯率的這個類別 CurrencyConverter 抽提出介面 ICurrencyConverter，同時調整一下原本的 CurrencyConverter 類別，讓它繼承自介面 ICurrencyConverter：

```
public interface ICurrencyConverter
{
    float Convert(string From, string To);
}

public class CurrencyConverter : ICurrencyConverter
{
public float Convert(string From, string To)
    {
        //...具體程式碼請參考 github
        return data;
    }
  }
```

然後，再繼承 ICurrencyConverter 介面設計出一個 fake 類別：

```
  //建立fake類別
  public class FakeCurrencyConverter : ICurrencyConverter
  {
    public float Convert(string From, string To)
```

```
    {
        return 27.67222F;
    }
}
```

你會發現，我們在假類別中，把匯率固定在 27.6，如此一來，倘若我們在單元測試方法中，可以讓 SplitMoney()採用這個假類別 FakeCurrencyConverter，而非使用真的 CurrencyConverter 類別去抓取即時匯率，那就可以在測試方法中，維持 SplitMoney()回傳值的穩定性。如此一來，就可以正確的撰寫單元測試了。

那我們要怎麼讓單元測試中的程式碼在呼叫 SplitMoney()方法的時候，採用假類別，而一般程式碼呼叫 SplitMoney()方法的時候，卻又使用真的類別呢？

請注意，這時候，建構子注入就要出現了。

4-2-3 透過 IoC 與 DI 提高可測試性

就物件導向程式設計的概念來說，如果 A 方法對於 B 類別有依賴，我們可以幫 B 類別設計（重構出）一個介面 C，將 A 方法程式碼中對於 B 類別的依賴，改寫成對介面 C 的依賴。

這其實，就是剛才上一節我們做的事情。

我們對 SplitMoney()所倚賴的類別 CurrencyConverter 進行重構，為它建立介面 ICurrencyConverter，並且繼承該介面建立出一個類似 CurrencyConverter 類別的假類別 FakeCurrencyConverter。

這樣有何好處？

如此一來，我們可以調整原本 SplitMoney()方法的程式碼，把寫死依賴 CurrencyConverter 類別的這個狀況，改為依賴介面 ICurrencyConverter：

```
ICurrencyConverter _CurrencyConverter;
public double SplitMoney(double USDAmount, int People)
```

```
    {
      //var currencyConverter = new CurrencyConverter();
      //使用到外部函式（抓取匯率）
      double rate = _CurrencyConverter.Convert("USD", "TWD");
      //計算台幣總金額
      double Total = USDAmount * rate;
      //回傳一個人需要付多少錢（台幣）
      return Total / People;
    }
```

然後，在建立該類別的時候，把_CurrencyConverter 先預設設定為 CurrencyConverter 類別即可。

這樣做的好處是，有需要時，我們可以動態替換抓取匯率的類別，將其改成 fake 類別，以便於固定抓取到的匯率回傳值。進而讓 SplitMoney()方法的計算結果冪等，好讓我們可以撰寫單元測試。

因此，我們依照上面的邏輯，把程式碼改成底下這樣，實現所謂的建構子注入：

```
public class Financy
{
  //加入建構子注入
  ICurrencyConverter _CurrencyConverter;
  public Financy(ICurrencyConverter currencyConverter)
  {
    _CurrencyConverter = currencyConverter;
  }
  public Financy()
  {
```

```
        //預設狀況下，用標準類別
        _CurrencyConverter = new CurrencyConverter();
    }

    public double SplitMoney(double USDAmount, int People)
    {
        //var currencyConverter = new CurrencyConverter();
        //使用到外部函式（抓取匯率）
        double rate = _CurrencyConverter.Convert("USD", "TWD");
        //計算台幣總金額
        double Total = USDAmount * rate;
        //回傳一個人需要付多少錢（台幣）
        return Total / People;
    }
}
```

也就是說，我們在呼叫這個 SplitMoney()方法前，在建立其所屬的類別 Financy 時，可以把將來要具體使用的抓取匯率的類別，以建構子參數的方式傳入，而不是寫死在 SplitMoney()方法中。如此一來，我們就可以在運行單元測試的時候，採用 fake 類別：

```
[TestClass()]
public class FinancyTests
{
    [TestMethod()]
    public void SplitMoneyTest()
    {
        //注入測試用類別實作
        Financy f = new Financy(new FakeCurrencyConverter());
```

```
        var CostByPeople = f.SplitMoney(100, 5);
        Assert.IsTrue(CostByPeople.ToString().StartsWith("553.444"));
    }
}
```

而運行一般程式的時候，採用正常的類別（當沒有傳入建構子參數，則預設使用一般類別）：

```
Console.Write("請輸入金額(USD):");
var amount = int.Parse(Console.ReadLine()); //100
Console.Write("請輸入人數:");
var people = int.Parse(Console.ReadLine()); //5
Console.ReadLine();
Financy f = new Financy();
var CostByPeople = f.SplitMoney(amount, people);
```

這樣一來，是不是讓原本不易撰寫測試程式的程式碼，變成可以輕易測試了呢？這就是可測試性（testability）的提升。

4-3 關於專案的相依性與套件管理

近代軟體開發大多以套件或框架為基礎，不管你採用哪一個語言。最近這五年，我們在專案的相依性管理上已經有了很大的成熟度和改變。如果你回憶十幾年前的軟體開發，可能常常看到專案中有底下這樣充滿相依性的設計：

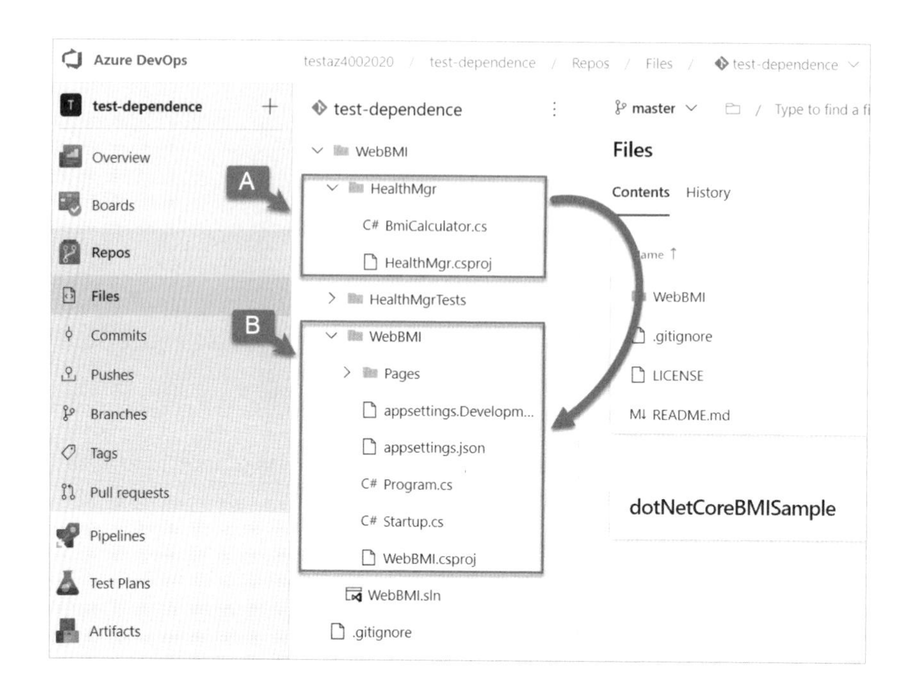

說明一下，在上圖中，WebBMI.sln 內共有三個專案，HealthMgr（上圖 A）它是一個類別庫（Class Library），而 HealthMrgTests 是該類別庫的 UnitTest，WebBMI 則是 Web UI 的主程式（上圖 B）。

由於主程式中使用到了 HealthMgr，因此它是相依於 HealthMgr 的，也就是說，主程式在建置時，必須要參考到 HealthMgr 內的一些類別與方法。

如果你開啟 Visual Studio 來看會更清楚：

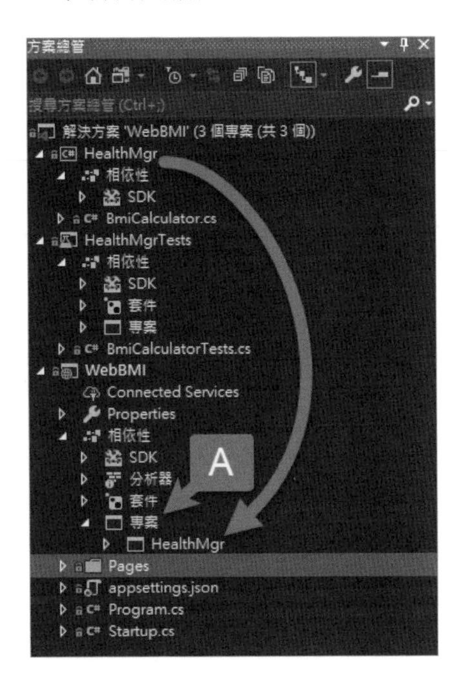

Visual Studio 2019 本身有著很好的相依性檢視工具（上圖 A），你可以看到主程式 WebBMI 相依於同一個.sln 中的 HealthMgr，而且是以專案型式相依，這點是我們不喜歡的。

這種作法，是在 WebBMI 中將 HealthMgr 專案以「加入參考」的方式加入：

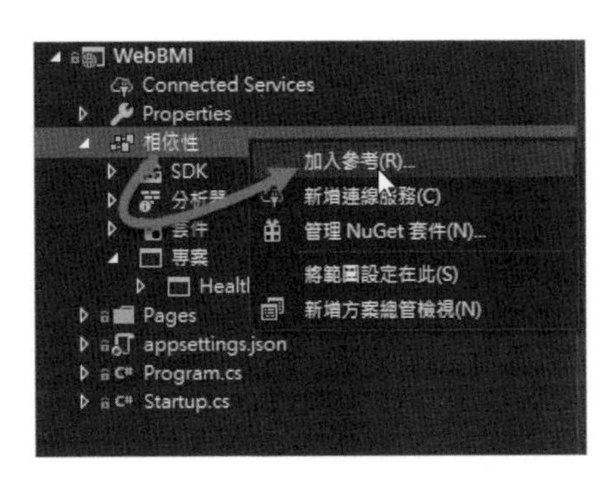

把同一個.sln 中的 HealthMgr 給加入到 WebBMI 當中：

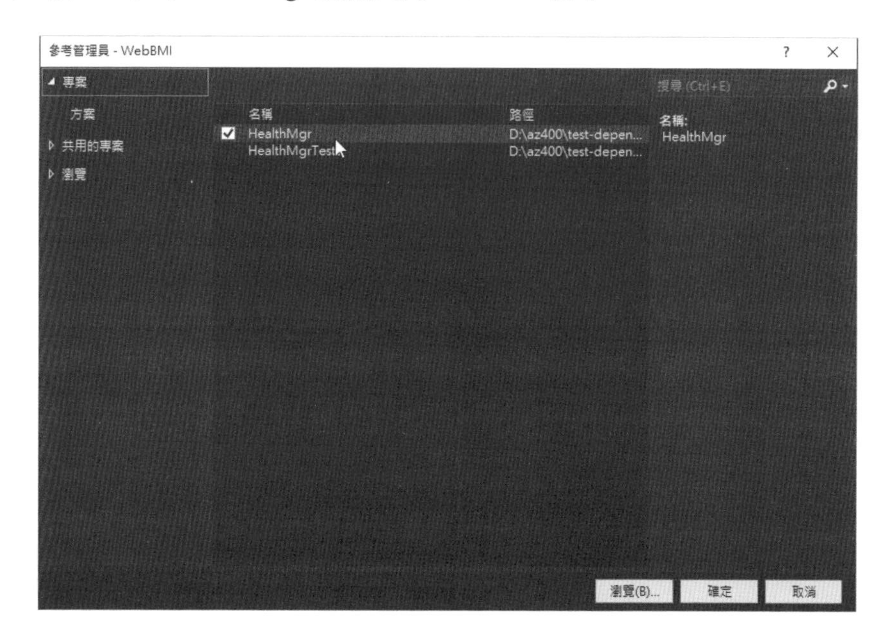

這雖然讓 WebBMI 可以輕鬆的使用到撰寫於 HealthMgr 內的類別和方法，並且可以很方便的 debug，但這是很古典的作法，不能說不好（如果把 HealthMgr 內的類別直接全寫在 WebBMI 主程式中可能更不好），但最近幾年我們已經不再鼓勵開發人員這樣作了。

最主要的原因有兩點：

1. 這使得 WebBMI 這個 Project 在 Build 的時候，非得跟 HealthMrg 專案綁在一起，兩者無法分割，形成高相依性。若只有三兩個專案，你看起來還好，但當單一.sln 的 solutions 中有近百個專案的時候，一切就會開始失控了。
2. 如果 HealthMrg 專案又同時被另一個 B 專案所參考使用，未來很可能造成潛在的版本衝突問題。例如，當 WebBMI 專案因為某些理由，必須修改 HealthMrg 專案中某個類別的運算邏輯，但因為除了 WebBMI 專案之外，B 專案同時也在使用 HealthMrg 中同一個類別，導致若修改了 HealthMrg 就會與 B 專案不相容，不改又不符合 WebBMI 新的需求，進入兩難的狀況。

4-3-1 砍斷針對專案的相依

因為前述的原因，近代在我們作軟體開發時，幾乎都已經不會再如同過去這樣，**直接**對某一個專案作參考（reference），因為這會造成專案之間的潛在相依性衝突，而是改為針對套件（Package）的相依[1]。

砍斷**對專案**的相依，改成**對套件**相依有許多好處，我們可以將前面講到的 HealthMrg 專案，建立成一個副檔名為 HealthMrg.nupkg 這樣的套件，然後把主程式（WebBMI.csproj）對 HealthMgr 專案的參考，改為對 HealthMrg.nupkg 套件的參考。

由於套件本身可以有多重的版本機制（例如 HealthMrg.1.0.1.nupkg，HealthMrg.1.0.2.nupkg 這樣），每一次當需要修改套件的程式碼時，我們只需要增加套件的版號即可。

如此一來，就算同時有多個專案參考到同一個套件，因為建置出來的套件有著版本可以區分差異，所以無須擔心 A, B 兩個專案同時參考了 HealthMrg 這個套件後，HealthMrg 需要更新時該怎麼辦的問題，每當有新版，只需要做出新版套件，讓需要的專案參考新版本，舊的專案參考舊版本套件即可。

也因此，近代軟體設計中，只要可能被其他專案參考使用的類別（或模組），我們幾乎都會設計成套件的形式，這也讓套件庫這樣的機制開始盛行，Node.js 開發有 NPM、python 有 pip、.net 開發則是 NuGet。

為了確保使用到套件的應用程式可以正確執行，所有的套件都必須維持恆定性，也就是套件一旦上架之後，是不能修改、不能刪除（只能下架隱藏）的。同時，只要程式碼有任何修改，就必須對套件作版號上的增添。這也是你會看到套件都有這樣的版號的原因：

---

[1] 讀者有沒有發現，這其實和先前我們談過的軟體可測試性中，不要針對特定類別相依，而是改為針對介面相依，有那麼一點異曲同工的感覺。

```
HealthMrg.1.0.1.nupkg
HealthMrg.1.0.2.nupkg
...
HealthMrg.2.1.1.nupkg
...
HealthMrg.2.2.1.nupkg
```

一般來說，版號會遵循著業界的規則。

例如，HealthMrg.3.2.5.nupkg 這個套件其中的 3 是 Major, 2 是 Minor, 5 是 Patch：

3.2.5
Major Minor Patch

舉凡 Major 版號有所變更，例如從 2 升到 3，大多表示新版（3.x.x）將與舊版（2.x.x）有相當大（大到不相容）的改變。因此，當我們看到自己專案中所採用到的套件升級了 Major 版號的時候，一般也意味著開發團隊必須留意升級後相容性的議題。

而 Minor 版號的變更，則大多是在維持相容性的前提下，所作的套件功能擴充或修改。而 Patch 版號則大多是 bug fix，或是某些與新功能無關的套件修正或調整。

這個版號是業界對於套件建立與開發的慣例，遵循這樣的版號機制，可以讓套件的開發者與使用者在同一個基礎上順暢的合作。

4-3-2　在 .net core 專案中建立 NuGet 套件

對於套件有一定的認識之後，我們就實際來建立一個套件。打開 Visual Studio 2019 建立一個.net core 的類別庫：

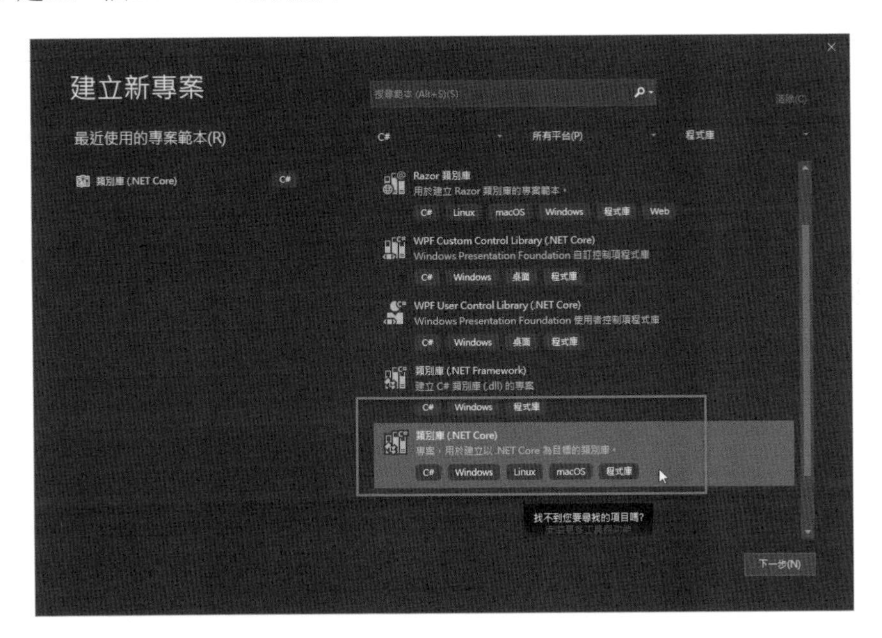

或乾脆使用我在 Azure DevOps 上公開的 Repo，其 Clone 位置如下：

https://mytestaz400@dev.azure.com/mytestaz400/SampleCode/_git/dotNetCoreBMISample

請注意上面這個 url 你不能直接檢視（看到的會是空白網頁），但你可以直接建立一個 Azure DevOps 專案，然後在你所建立的專案的新 repo 中，以上面這個網址來 Clone 這個現有的 source code（我們前面介紹過怎麼做喔，請讀者試試看）。

完成後，你會發現，Clone 下來的程式碼中，有一個 HealthMrg 專案：

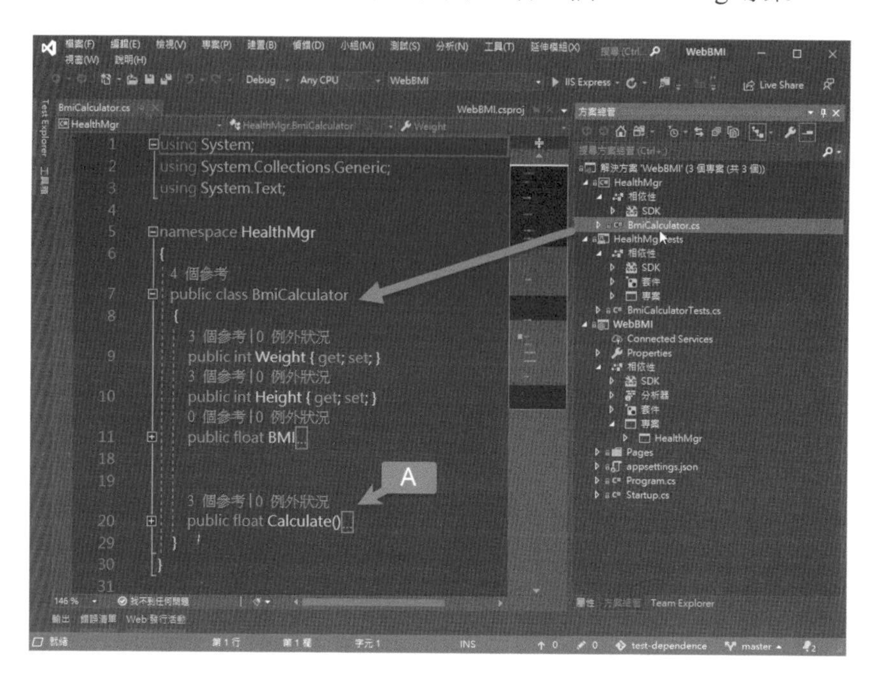

這個類別有一個 Calculate 方法（上圖 A）我們會在 WebBMI 的主程式中使用到：

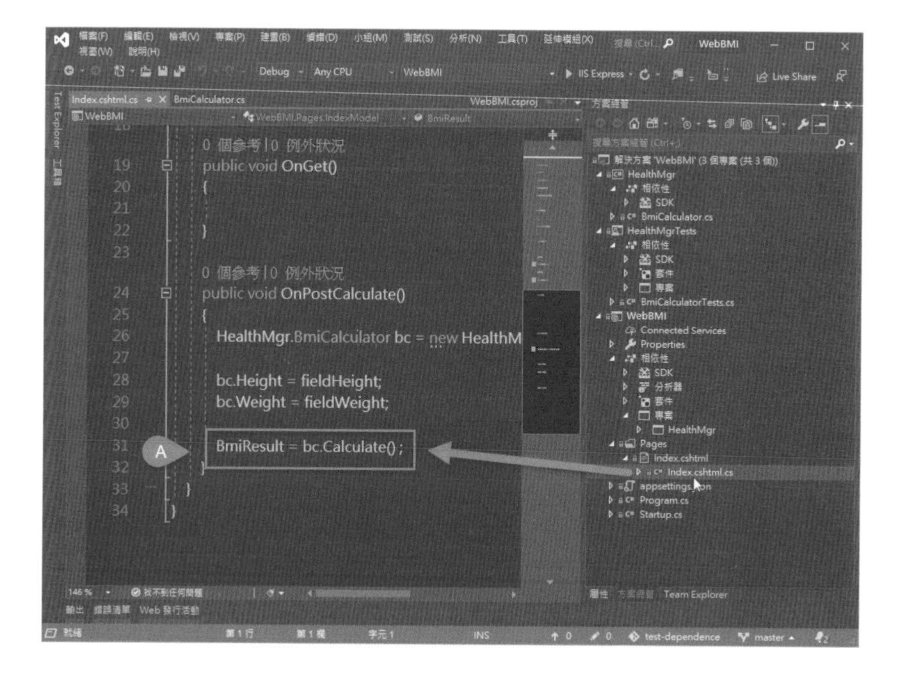

參考上圖 A，你會看到這是以.net core 的 razor page 所撰寫的主程式，其中呼叫到了 HealthMgr 類別中的 Calculate 方法，用來計算 BMI。這是因為在這個主專案中我們透過「加入參考」的方式，參考了同一個 .sln 方案中的 HealthMgr 專案，之前說過，這是傳統的作法，而現在我們要改成以 NuGet Package 的方式參考。

我們來到了 HealthMgr 專案的屬性視窗：

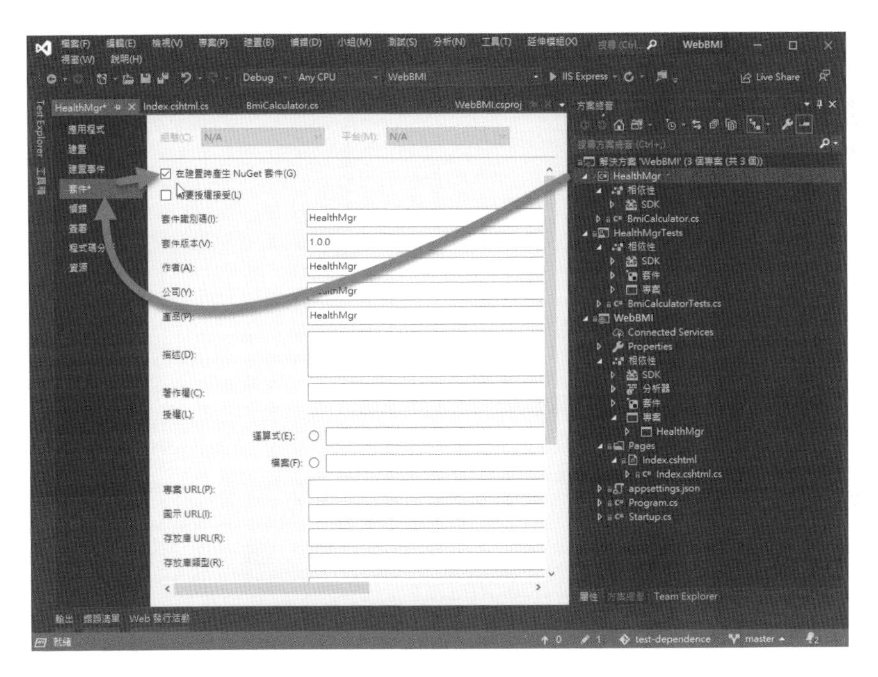

你會發現，在.net core/.net standard 的類別庫（Class Library）專案上，想要讓某一個類別庫專案建置為 NuGet 套件非常、非常容易，只需要在上圖的畫面中打一個勾即可。

當專案勾選了「建置 NuGet 套件」後，在 Build 這個類別庫時，就會自動建置出該組件（.dll）的 NuGet 套件。

若你開啟產生出的 NuGet 套件，可以看到：

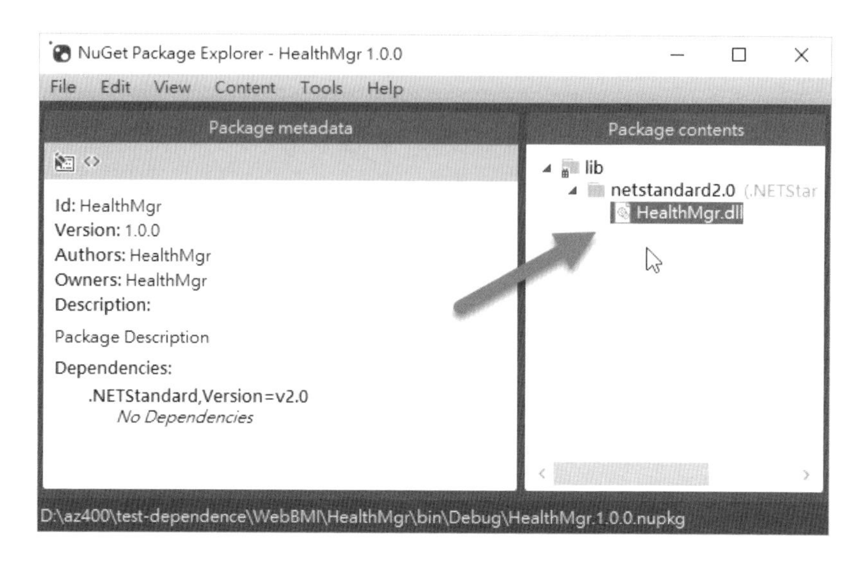

包含該 .dll 的 NuGet 套件就這樣被自動的建立出來了。

4-3-3 將套件上傳到 NuGet.Org

建立好 NuGet 套件之後，我們得讓原本主程式 WebBMI 改為**對套件參考**，而非**對專案參考**。因此，我們必須先把建置好的套件發佈到套件庫裡面。

套件內的程式碼常常會被視為企業資產的一部分，所以一般來說，企業應該要針對自己開發的套件建立一個 Private 的套件庫，而非上傳到開放給所有人存取的 NuGet.Org[2]，以避免全世界都來共享你的開發成果。

要建立一個 Private NuGet 也不是太難，但更方便的是 Azure DevOps 裡面已經具有內建的套件庫，位於 Artifacts：

[2] 當然，如果企業覺得該套件沒有敏感性，也沒有商業考量，想要上傳到 nuget.org 和全世界一起分享也並無不可。

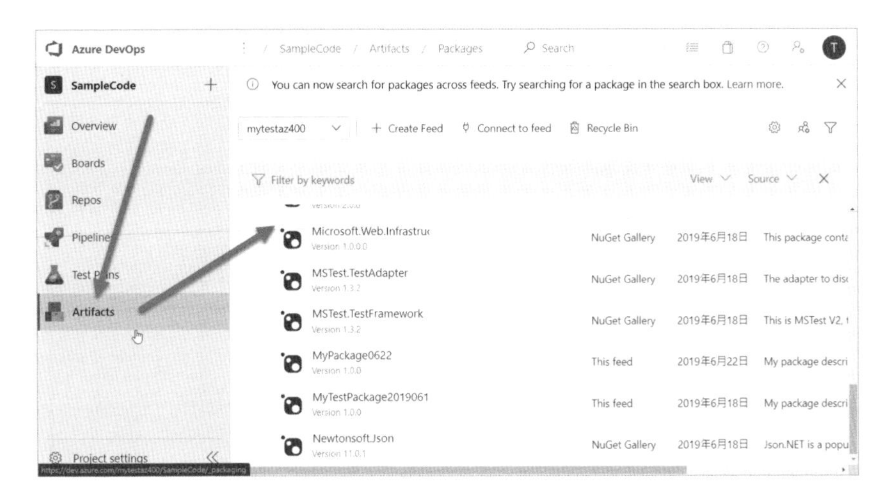

不過，我們後面若有機會才會再來細談這個部分。我們先來看，如果要把套件上傳到 Public 的 Nuget.org 該如何做？

開發人員只需要具有 Microsoft Account，就可以透過 Single Sign On 的方式，登入 Nuget.org（人人可開發套件的概念）：

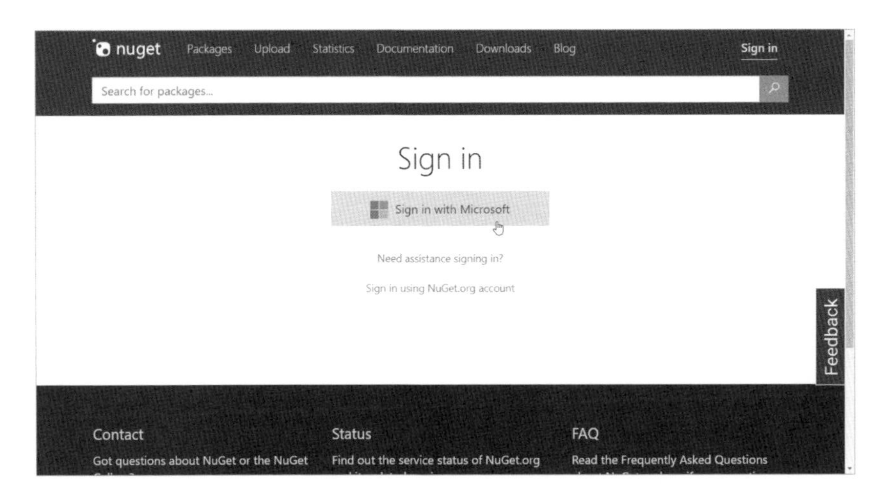

登入後，最簡單的方式，是透過 Upload Package 選單來上傳你開發好的套件：

在右上角登入的個人選單底下，選取 Upload Package（上圖 A），就可以進入上傳畫面，然後選取你要上傳的組件直接 Upload 即可。

不過要請留意，你的套件 ID 不能跟其他人的相同，且每一個套件的同一個版本（版號），也只能上傳一次，否則就會出現底下的錯誤訊息（下圖 A）：

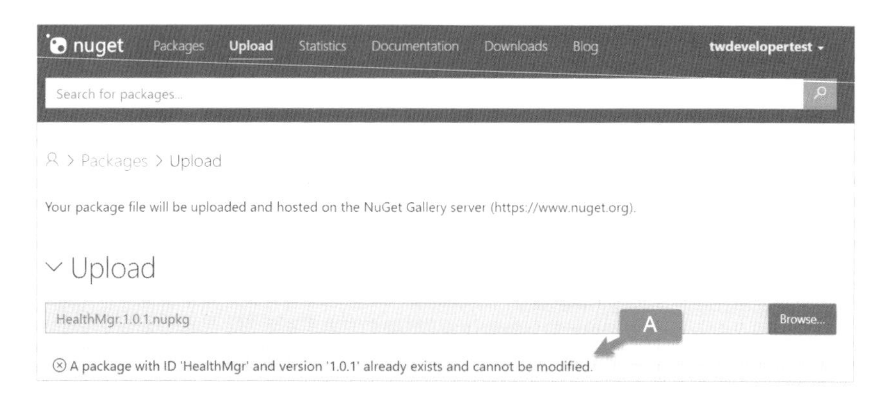

所以，如果你是 Clone 本文中前面提到的專案，你必須修改套件名稱和版號，才能夠上傳的上去 NuGet Gallery。由於我是 HealthMgr 這個套件的作者，因此我可以上傳 id 為 HealthMgr 的套件，只需要修改版號即可：

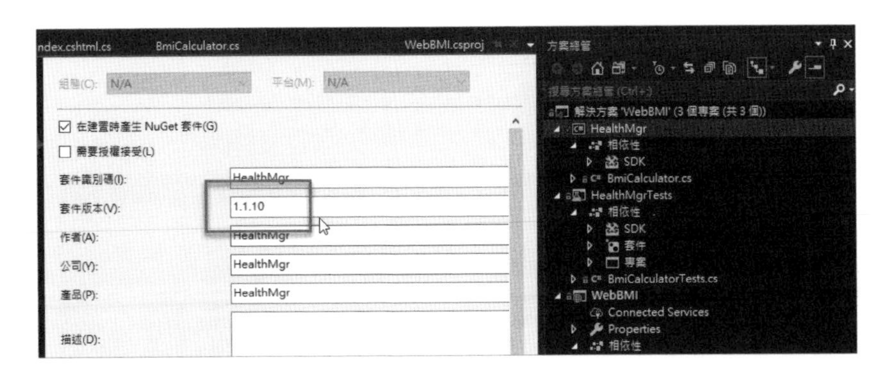

在上圖中我們把版號改成 1.1.10，Visual Studio 會自動建置出名稱為「HealthMgr.1.1.10.nupkg」的套件。

取得套件後我們將其上傳：

Version History

Version	Downloads	Last updated	Status
1.1.10	0	a few seconds ago by twdevelopertest	Validating
1.1.9	28	14 days ago by twdevelopertest	Listed
1.1.7	49	14 days ago by twdevelopertest	Listed
1.1.6	71	a month ago by twdevelopertest	Listed
1.1.5	81	a month ago by twdevelopertest	Listed

+ Show more

上傳後你會看到該套件會先被自動檢查，並且 NuGet 會為其建置索引，一段時間後（大概十幾分鐘到一小時），該套件的狀態（Status）就會變成 Listed，這意味著剛才我們上傳的套件已經上架，這時候你在開發工具中，就能夠使用該套件了。

4-3-4 改爲針對套件的相依

在套件上架後，我們可以透過 Visual Studio 的方案總管，先移除 WebBMI 主專案原本對 HealthMrg 專案的相依。

你可以在專案名稱上按下滑鼠右鍵，選擇**加入參考**，就會出現底下畫面。然後直接把原本打勾的 HealthMgr 勾選取消：

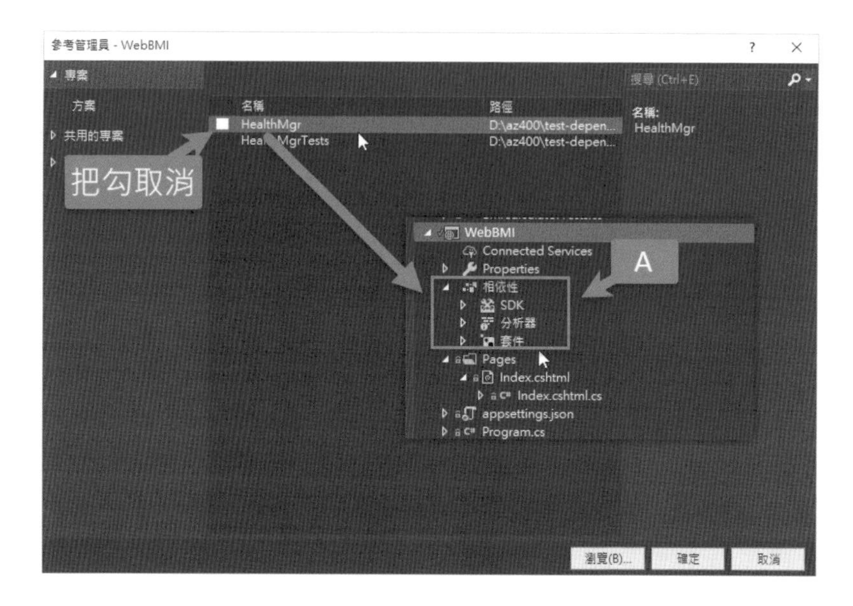

移除後，你會發現，方案總管中相依性的部分也看不到「專案」了。

接著，我們再對主專案加入 NuGet 套件：

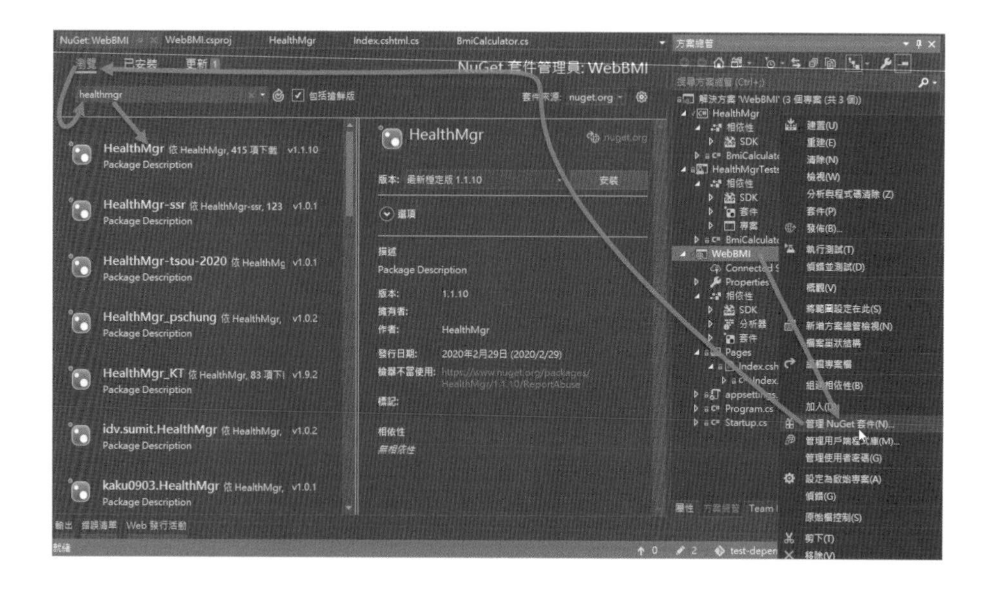

我們可以透過專案的「管理 NuGet 套件」選單，開啟 NuGet 套件管理員，接著選擇「瀏覽」頁標籤，透過關鍵字搜尋套件名稱。

你會發現我們剛才上傳的套件果然有列在清單中，點選該套件選擇「安裝」即可：

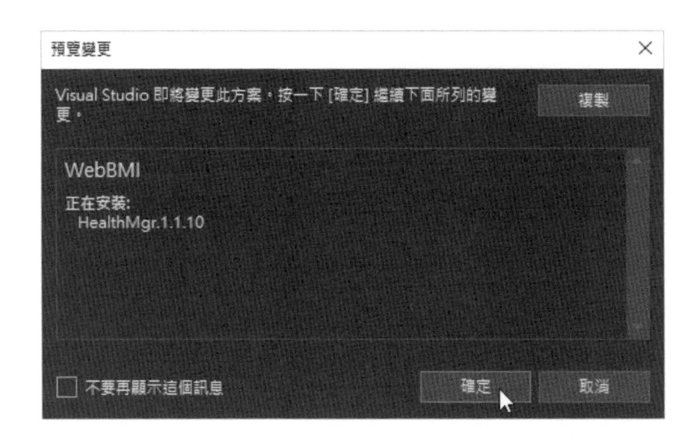

成功安裝後，你可以建置（Build）主專案，會發現主專案由於使用了這個套件，既便沒有直接對 HealthMrg 專案的相依，依舊是可以建置與執行的：

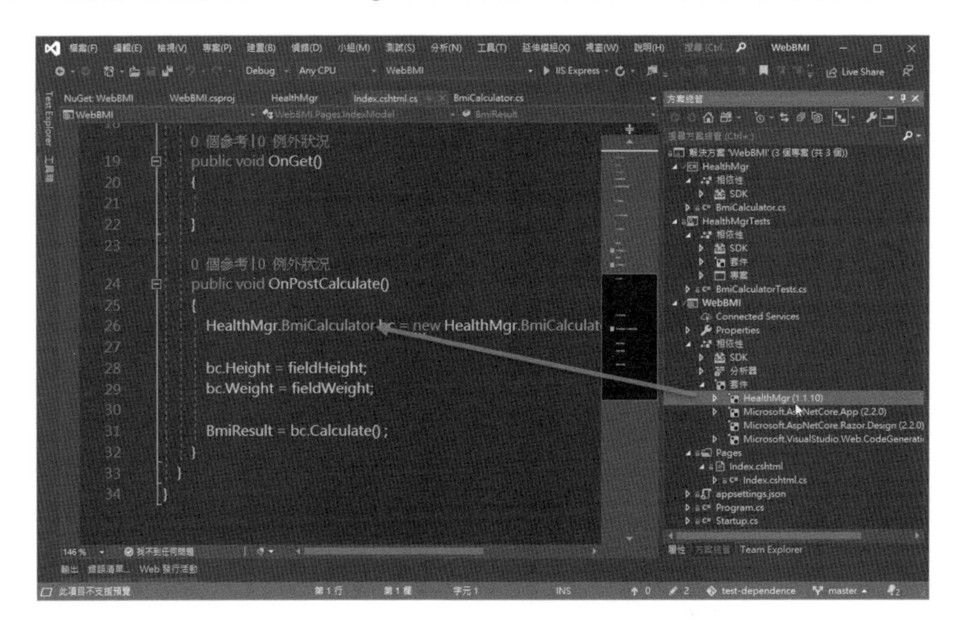

就是這樣，我們將主專案中針對 Project 的相依，改成針對 Package 的相依，過程並非相當困難，但對於系統相依性的管理則大大的提升了便利性。

4-3-5 Azure DevOps 內建的 Artifacts

前面曾經提到，Azure DevOps 有內建的 Artifacts。如同 nuget.org 一樣，你可以把建立出的套件，上傳到這個 private 的 artifacts 當中。一般來說，一個組織有一個共用的 Artifacts 已經很足夠。

但 Azure DevOps 也允許你針對個別 project，建立自己的 artifacts：

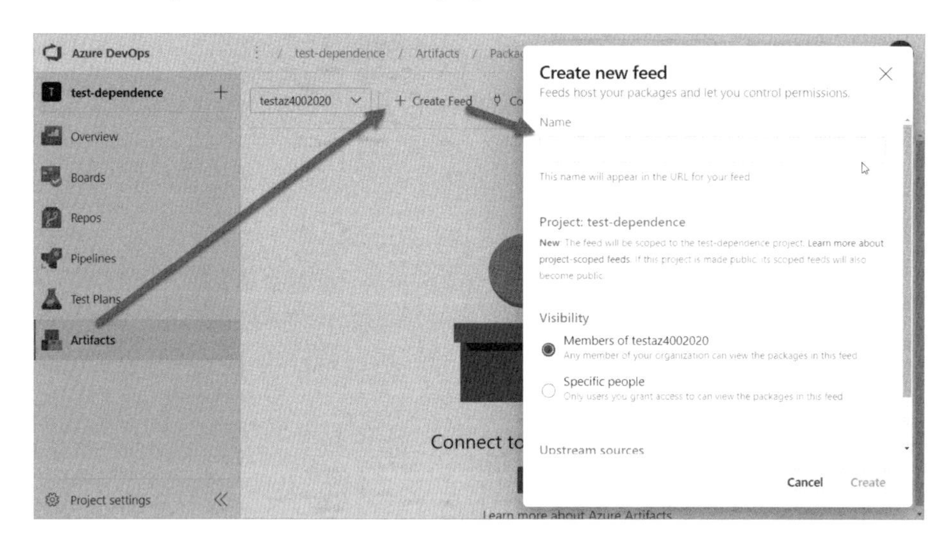

你只需要在專案中，點選 Artifacts 主選單，然後在「+ Create Feed」選項這邊點選，輸入 Feed Name 即可，這樣就可以建立一個新的套件庫了。

你可以選定特定的套件庫，然後點選「connect to feed」：

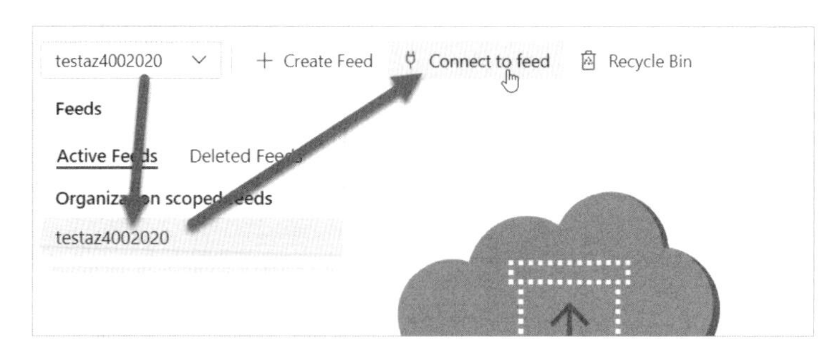

在出現的畫面中，會顯示出你你該如何連結上這個套件庫的方式：

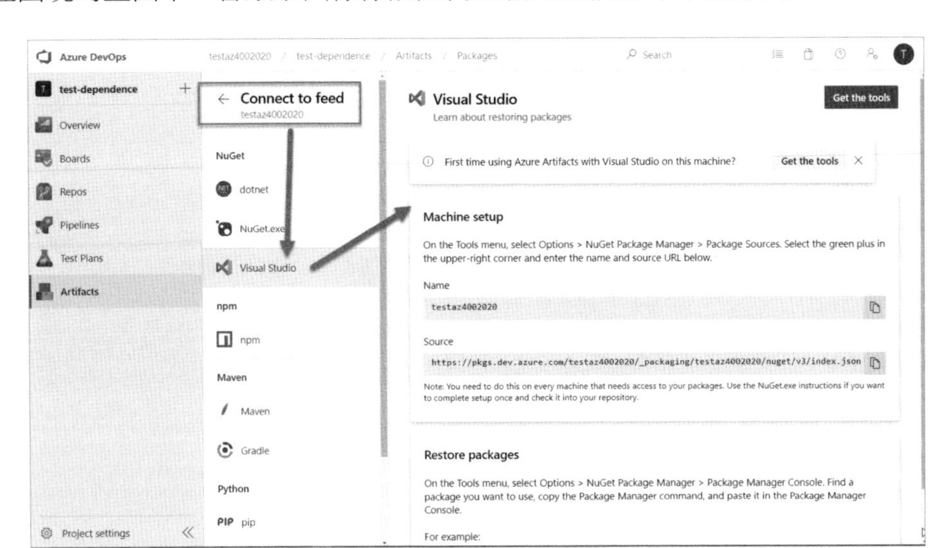

你會發現，其實 Azure DevOps 的套件庫不只支援.net 開發，甚至也支援 npm、Java、Python…以及它們的開發工具，頗讓人驚艷呢。

4-3-6 別忘了還有套件的 CI 與自動化發佈

關於套件的建立以及套件庫的使用方式，我們先介紹到這邊，但別忘了我們在後面將會討論到套件的 CI 與自動發佈。不只有網站或應用程式可以自動建置與發佈，套件當然也可以。

後面我們會繼續為讀者介紹，如何讓套件有所改版時，在 CI Pipeline 中，自動建置出.nupkg 檔案，並且自動發佈到 nuget.org 或你自己 private 的 artifacts，別錯過囉！

4-4 在 CI Pipeline 中發佈 NuGet 套件

前面的章節曾經介紹過，軟體重用性提升一個很大的要素就是套件化。時至今日，不管你用哪一種軟體開發語言，大概都離不開各式各樣的套件庫。

因此，我們在前面的章節中，曾經約略介紹過如何建立套件，也介紹過利用 Azure DevOps 的 Artifacts 功能來建立的私有（Private）套件庫：

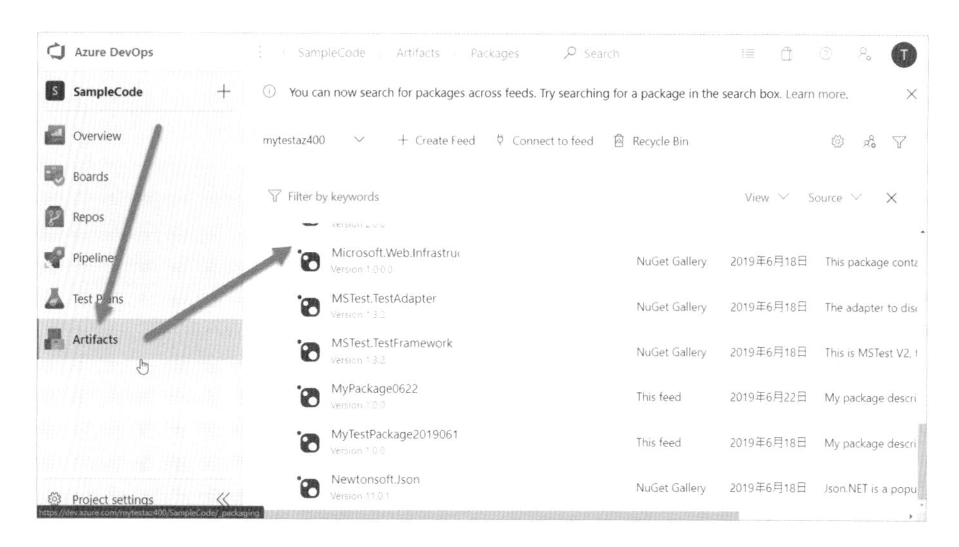

你大概已經知道，我們可以將組件（.dll）封裝成具有版號的套件，以便於分享給團隊甚至網際網路上所有開發人員來使用。只是先前，我們封裝好的套件（.unpkg）都是以手動方式上傳到 nuget.org，我們接著來看看，如何透過 Pipeline 自動化完成這件事情。

4-4-1 設計自動發佈套件的 Pipeline

一個自動化建置出 NuGet 套件並且上傳的 CI Pipeline 並不難設計，就建立 .net core 的套件而言，你可以直接使用 ASP.NET Core 的範本來修改即可：

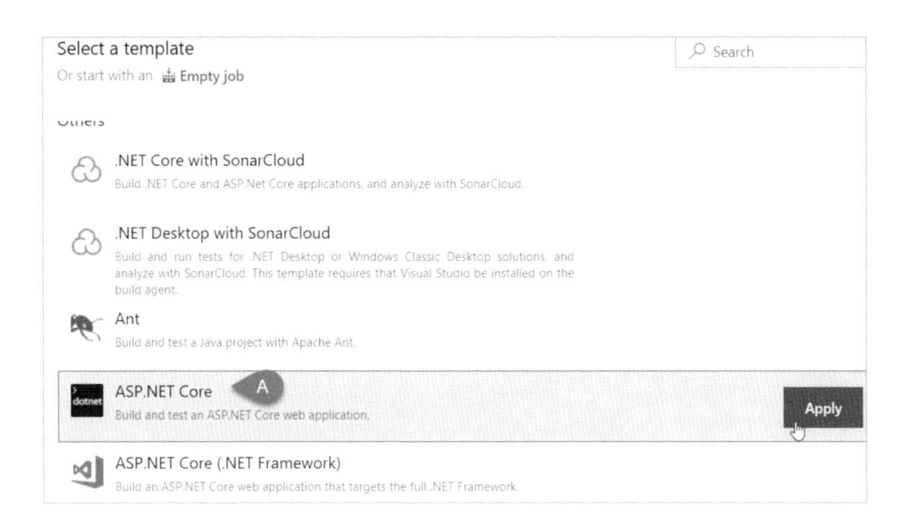

接著將範本中的 Publish 改為（Pack）：

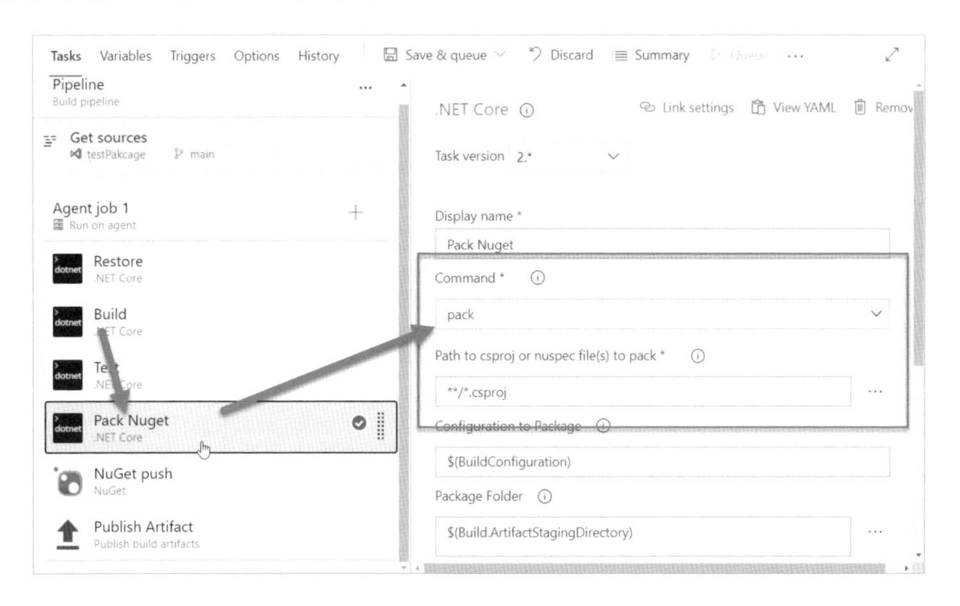

因為套件本身不是網頁，因此沒必要「Publish」出什麼，倒是需要產生出 .unpkg 檔案，因此我們需要執行 dotnet 的 Pack command。

然而光 Pack 還不夠，你還得上傳到 nuget.org，這部分則可以透過 NuGet push task（下圖 B）來完成：

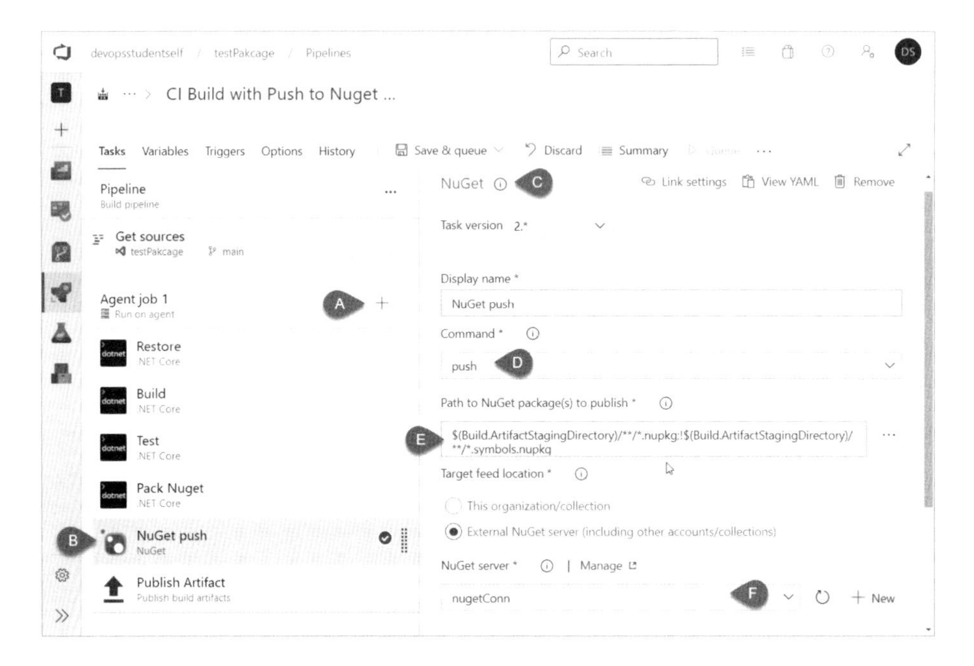

上圖中的 NuGet push task，其實是在運行 NuGet 的 push command（上圖 D），該 task 會在預設（上圖 E）的位置嘗試尋找我們先前透過 Pack Nuget 命令所建置出的 .nupkg 檔案，然後將其上傳發送到指定的套件庫。

因此，我們需要進行上傳位置的設定。

第一次連線時你必須點選（上圖 F）右方的「+New」按鈕，接著會出現底下畫面：

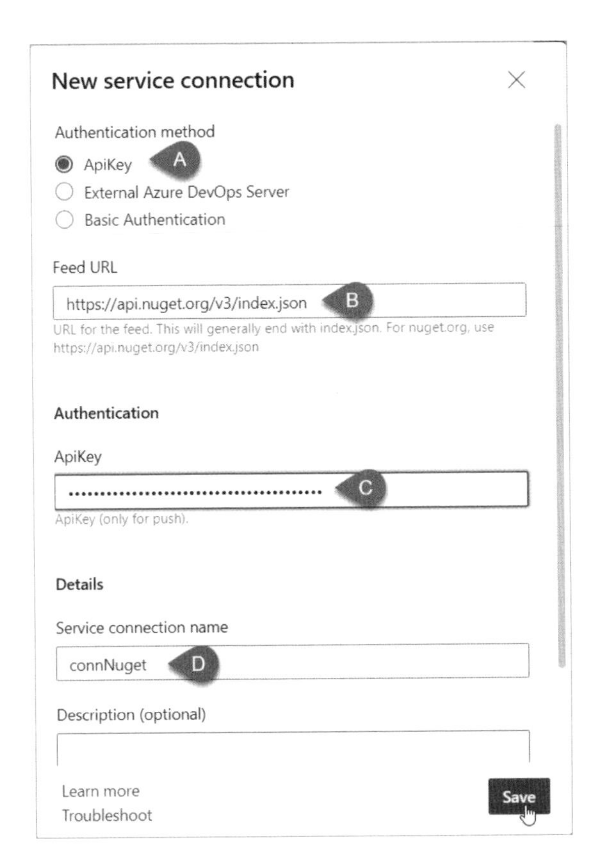

在出現的畫面中，我們必須輸入 ApiKey（上圖 C，待會介紹如何產生）以便於具有連線到 NuGet 的權限，後續可以讓 Pipeline 把套件檔案上傳到 Nuget。

一般來說，公開的 NuGet 套件庫位於：

```
https://api.nuget.org/v3/index.json
```

如同先前介紹過的，你只需要有 Microsoft Account 即可登入並且上傳套件。

要取得 ApiKey，請先用你的 Microsoft Account 登入 nuget.org：

登入後你會發現右上角的頭像圖示選單中，就有一個 API Keys 選項，透過該選項，你就可以取得一組 API Key。

取得 API Key 之後，把該 Key 填入下圖 C 的位置，設定好連線名稱（下圖 D）：

按下 Save 鈕之後即可。

建立好連線，並且整個 Pipeline 被運行之後，你應當會看到自動建置出的套件被上傳到 NuGet 了：

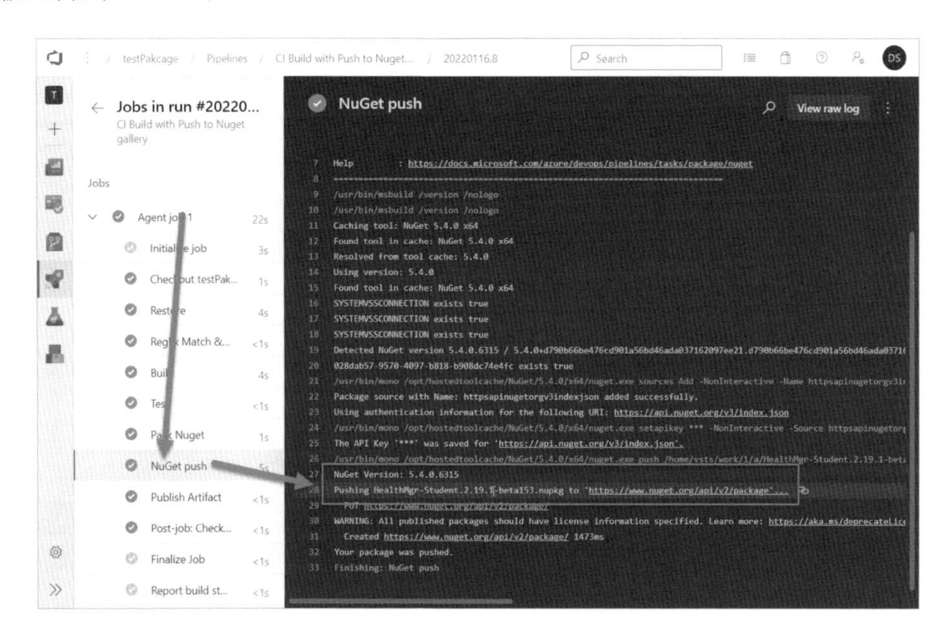

如果你是要上傳到 Azure DevOps 的 Artifacts，其實也很簡單：

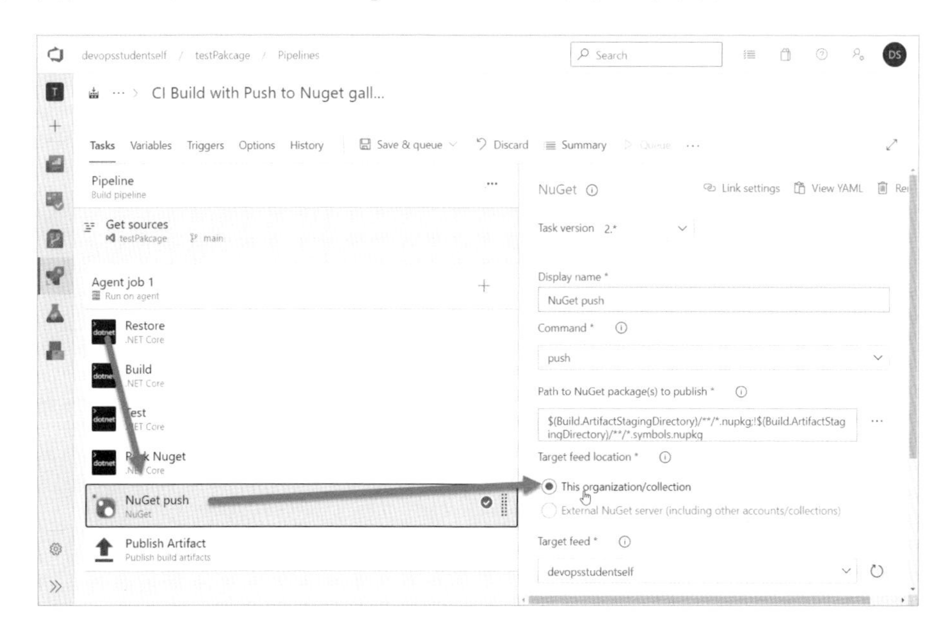

只需要把 Task 的 Target feed 選項設為「This organization/collection」即可。

如果讀者想自己試試看，你可以參考筆者在 Github 上的 source code，位於：https://github.com/isdaviddong/HealthMgrPackageDemo.git

將其 Clone 到你的專案後，請修改底下檔案：
HealthMgrPackageDemo/HealthMgr.csproj

將其中程式碼 <PackageId>HealthMgr-[yourName]</PackageId> 中的 [yourName] 換掉，成為你的姓名（必須是全球唯一值），因為這個值會影響套件的 ID，而該 ID 在整個 NuGet 平台必須是唯一的，否則將無法上傳。

4-4-2 自動化 Pipeline 中的版號重複問題

當你重複執行前面設計好的 Pipeline，有沒有發現，第二次執行時可能會出現底下這個錯誤訊息？

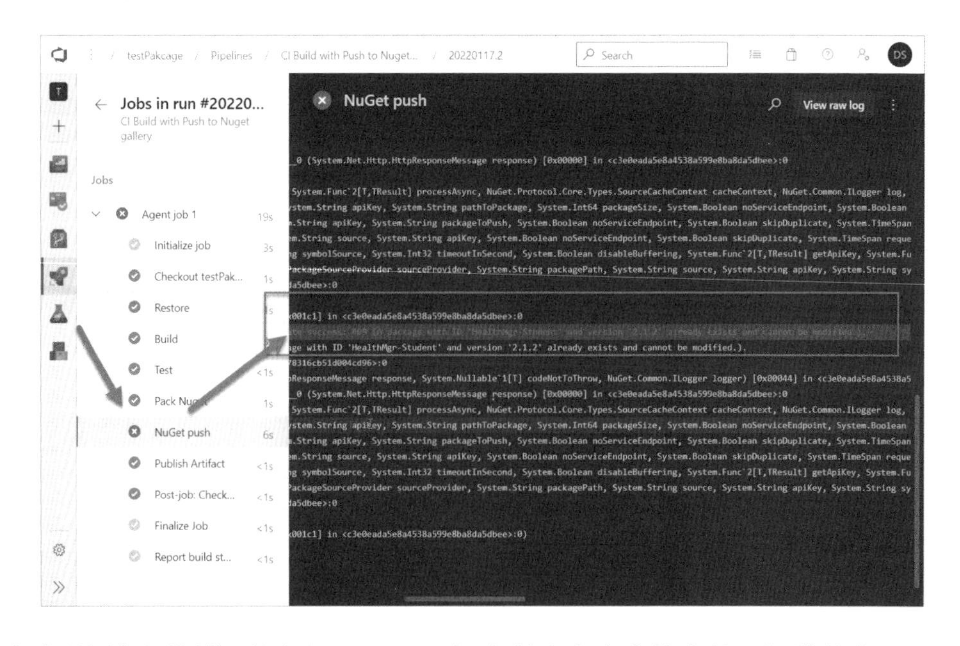

會出現這個問題的原因是，Pipeline 每次所建立出來的套件，版號其實是相同的（因為套件版號其實是來自於.csproj 專案檔），但相同版號的套件，上傳到 NuGet Gallary 的時候，就會被 NuGet 給退件，因為套件必須是唯一的。

一般來說，套件的版號連同檔案名稱可能是底下這樣：

```
PackageName.2.8.1-beta3
```

名稱後面的三個數字，分別是 major、minor 和 patch。這個版號它其實是有意義的，一般來說，其意義如下：

Major：主版號。變更代表有 breaking changes，亦即和過去版本可能不相容。

Minor：次版號，與過去相容，但新增了一些功能或更新。

Patch：更正或 bug 修復，和過去相容。

而版號後面的「-beta3」則是品質編號，一般可能是 alpha, beta 這樣。

有了這個概念之後，我們接著繼續來處理版號重複的問題。

剛提到，NuGet 套件的版號在生成時，是來自於 .csproj 文檔中的 Version 區段：

```
<Project Sdk="Microsoft.NET.Sdk">

  <PropertyGroup>
    <TargetFramework>netstandard2.1</TargetFramework>
    <GeneratePackageOnBuild>true</GeneratePackageOnBuild>

<AutoGenerateBindingRedirects>true</AutoGenerateBindingRedirects>
    <PackageId>HealthMgr-Student</PackageId>
    <Authors>your_name</Authors>
    <Company>your_company</Company>
    <Version>2.1.2</Version>
  </PropertyGroup>
</Project>
```

因此，倘若我們希望每次自動建置（CI Build）的時候，產生不同的版號，只需要設法動態修改上面這個文檔的<Version></Version>區段即可。

4-4-3 如何動態改變 source code？

那要如何在每次 CI Build 的時候，動態修改程式碼檔案的內容呢？

我們可以使用底下這個外掛套件：

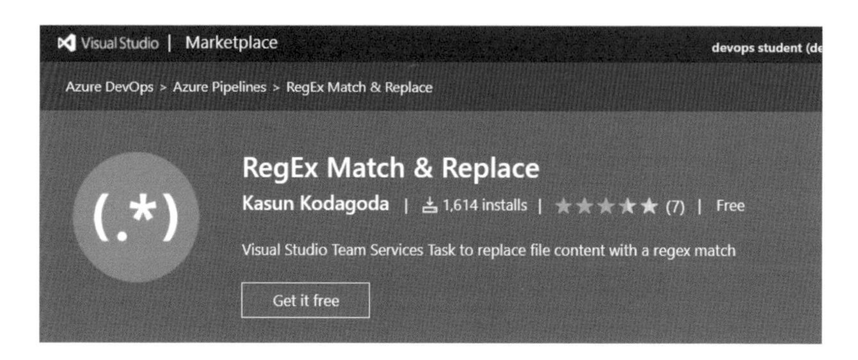

其網址位於：

```
https://marketplace.visualstudio.com/items?
itemName=kasunkodagoda.regex-match-replace
```

當你安裝了這個套件之後，我們可以在 Pipeline 當中動態的替換 source code 的內容，別擔心，所調整的當然是被複製到 Build Agent 上的內容，而非原始的 source code。

但這對我們來說已經很足夠了。

例如，我們在 Pipeline 中加上這個 task：

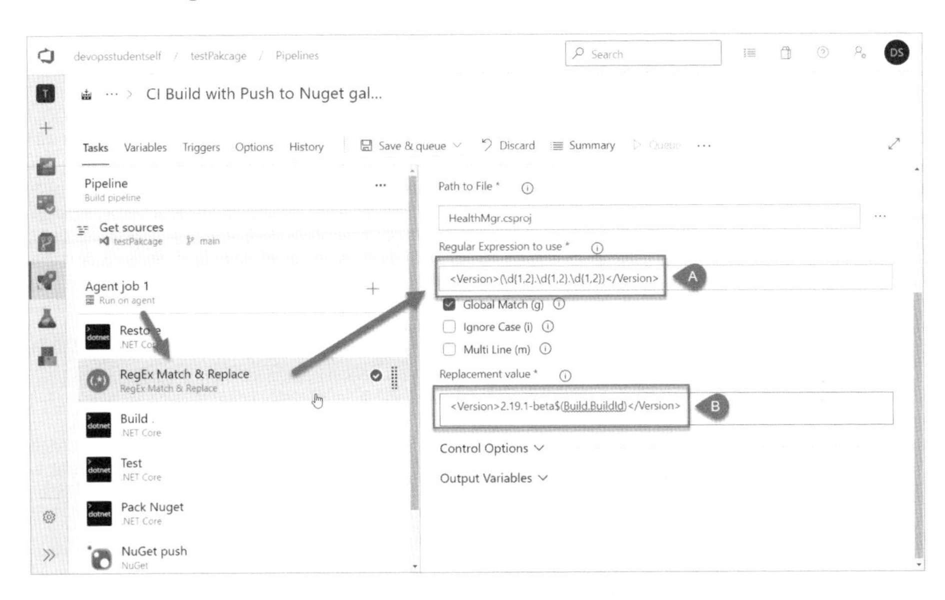

我們把該 task 放在 build 的前面，接著設定參數，上圖 A 的部分，是我們要尋找的標的（也就是要替換的對象），透過填入 regular expression，可以方便地找到符合條件的文字，然後將其替換成另一組文字（上圖 B）。

請留意替換的文字中，我們主要是想把版號換成底下這樣：

```
<Version>2.19.1-beta$(Build.BuildId）</Version>
```

你會發現，其實真正動態產生的部分只有$(Build.BuildId），其他是固定的，而$(Build.BuildId）這個變數是每一次運行 CI Pipeline 的時候，都會不同的。

然而前面的 2.19.1-beta 我們並沒有替換，因為這部分我們比較傾向（建議）由開發團隊手動去調整，因為這編號對於版本控管來說是有意義的，自動化更新它並不一定適當。

將 Pipeline 調整成如此之後，重新運行 Pipeline，你會發現，每一次產生的 NuGet 套件名稱都會有所不同：

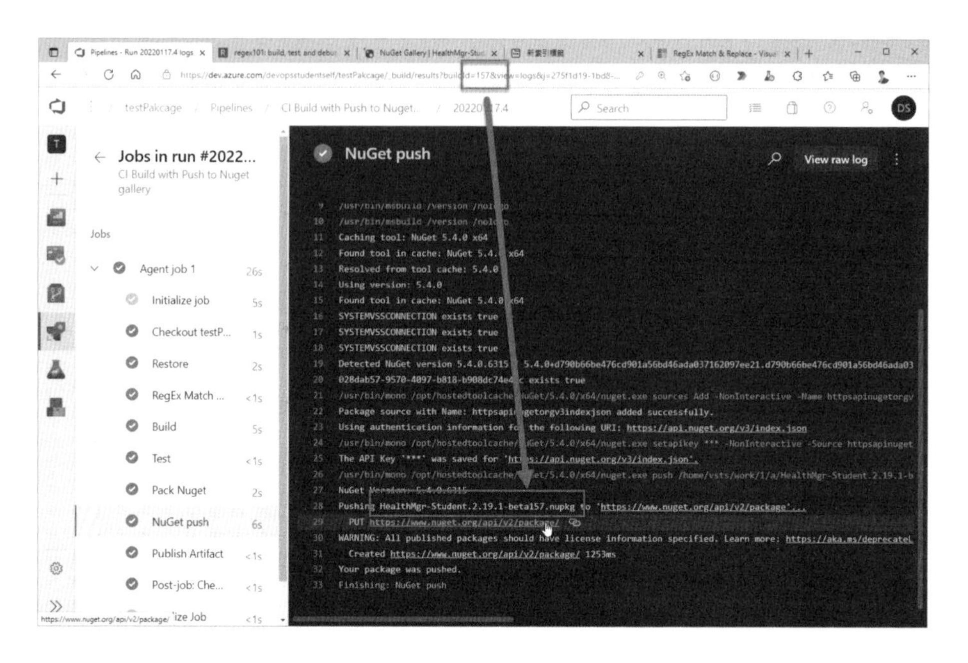

而這個名稱，是跟著 Build ID 的，因為該 ID 在每一次 CI Build Pipeline 運行的時候都會有新的值，如此一來我們不僅能夠持續的透過 Pipeline 自動上傳 NuGet 套件，也容易知道每一次上傳的套件是由哪一次的 CI Build 所產出的，便於後續的追溯與管理。

4-5 使用 Test Plan 管理手動測試

Test Plan 是 Azure DevOps 當中一個非常高貴的功能，除了價值不斐，它也是唯一一個相對不那麼「自動化」的功能，在 Azure DevOps 整套系統中，它是蠻特別的一個存在。

它讓你可以透過建立 Test Plan 與 Test Case，來管理所有的測試行為，進行有條有理的手動測試，並且，讓測試的結果以更具有結構的方式呈現在管理者的眼前。

早期很多 QA/tester，在進行手動測試的時候，只是針對要進行測試的應用程式或網頁隨手按來按去點來點去，就當作測試完畢了。然而，真正的測試卻不是如此，尤其是敏捷時代。

我們在本書中一直提到，軟體的交付已經從過去的幾個月一次，到現在的頻繁交付，一週數次甚至一天數次，在這種狀況下，你要再單單依靠傳統的手動測試來確保軟體品質，近乎不可能。因此，我們鼓勵開發人員，盡量採用自動化測試。而自動化測試的核心、佔比最高的部分，應該是單元測試，而非自動化的 UI 測試，這是所謂的自動化「測試金字塔理論」，讀者在網上應該可以找到相當多資訊。

既然如此，我們還需要進行手動測試嗎？

當然還是需要的。首先，並不是所有的測試都能夠很順利的自動化，某些測試的自動化成本很高（特別是與 UI 相關的部分）。例如，若系統 UI 的回應時間（response time）不固定、測試過程中、需要連帶進行很多外界的連續性操作，這時候為這類行為撰寫自動化測試特別勞民傷財。也有許多測試是需要倚賴操作者根據經驗來嘗試的，透過自動化較無法實現這樣的需求，這也是採用人工測試的原因。

4-5-1 關於 Test Plan

有了這些概念之後，我們來看，如何進建立測試計畫。首先，你需要知道的是，Azure DevOps 與測試相關的功能，安放在 Test Plans 功能項目下，你可參考底下畫面：

在上面的畫面中，包含所有主要與測試計畫相關功能。在介紹前，你必須先瞭解，底下這幾個重要的 work item 元素：

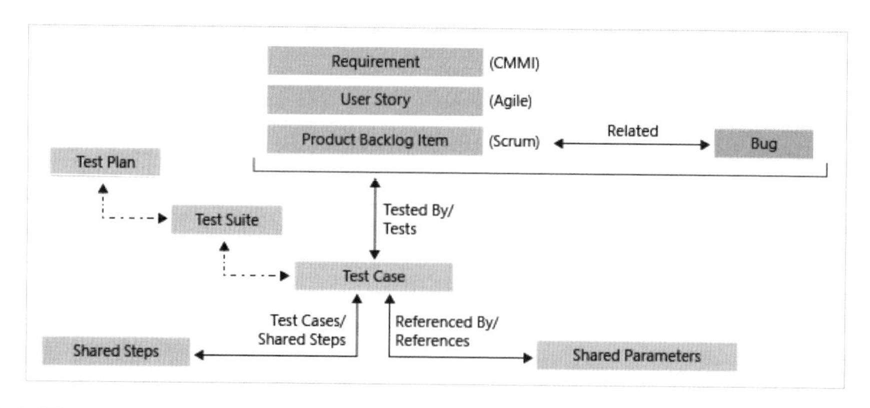

圖片來源： https://docs.microsoft.com/en-us/azure/devops/test/overview?view=azure-devops#test-specific-work-item-types

測試的 Test Case 與工作項目（例如 Product Backlog Item、User Story、Requirement）是可以直接關聯的，我們所說的 Test Case 也就是測試案例。一個測試案例當中，包含了可以被測試人員一步一步執行的測試步驟（Steps），而測試步驟運行的過程中，可能會帶入一些參數（Parameters）。而 Test Plan 和 Test Suite 則可以視為 Test Case 的容器。

測試計畫與測試案例的建立，要從建立 Test Plan 開始，你可以透過 Test Plans 底下的功能鈕「New Test Plan」，來建立新的測試計畫：

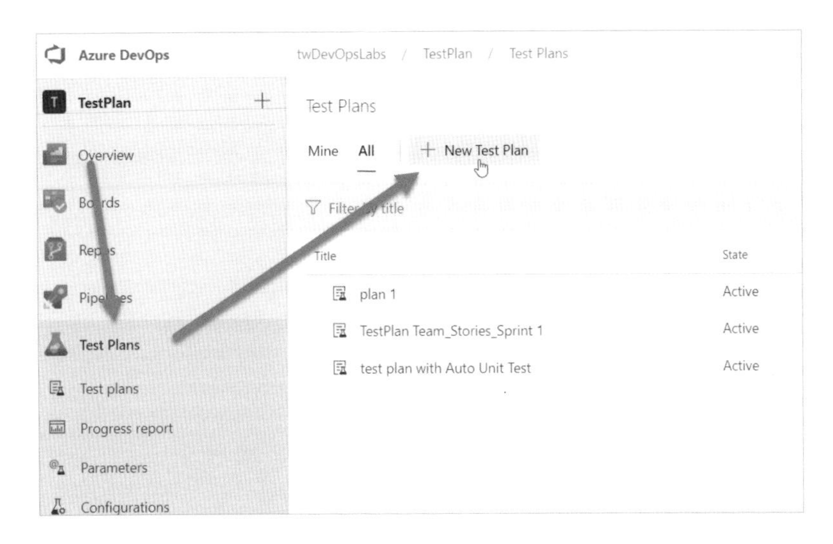

建立好新的測試計畫後，就可以在其中建立測試案例：

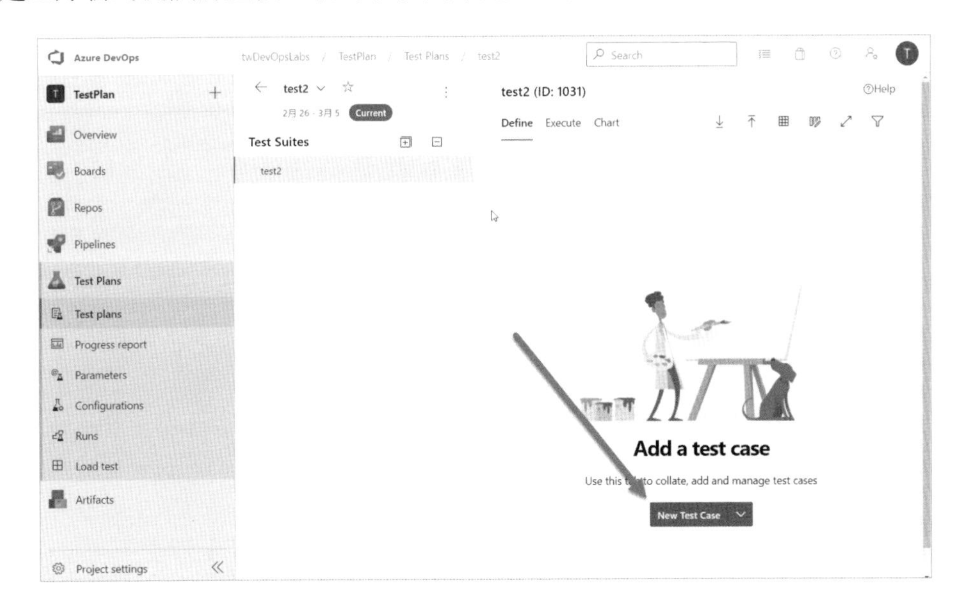

4-5-2 建立 Test Case

剛才提到，從 Test Plan 中，我們可以建立測試案例（Test Case），建立的畫面如下：

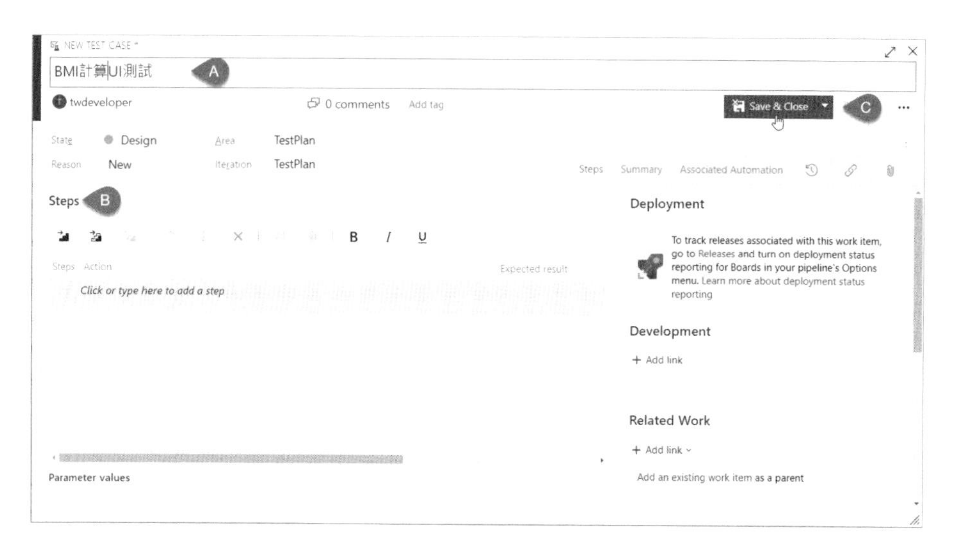

當你進入建立測試案例的畫面中（如上圖），除了測試案例名稱（上圖 A）之外，可以看到最主要的部分是 Steps（上圖 B），也就是測試步驟。

舉例來說，如果我想要測試底下這個計算 BMI 的網站是否可以如期待一般運行：

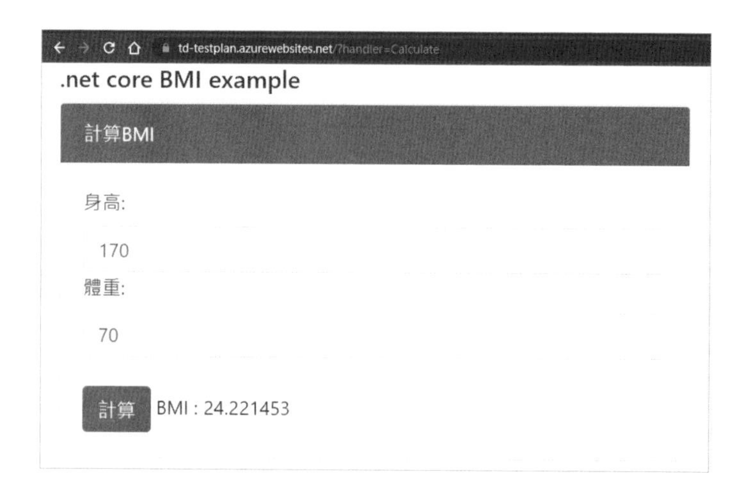

我們的測試步驟可能是：

1. 開啟網頁 https://td-testplan.azurewebsites.net/
2. 在身高欄位輸入 170
3. 在體重欄位輸入 70
4. 按下「計算」鈕
   觀察：是否出現計算結果 24.221453

上面就是我們的測試案例，落實在建立的畫面上，則如下圖：

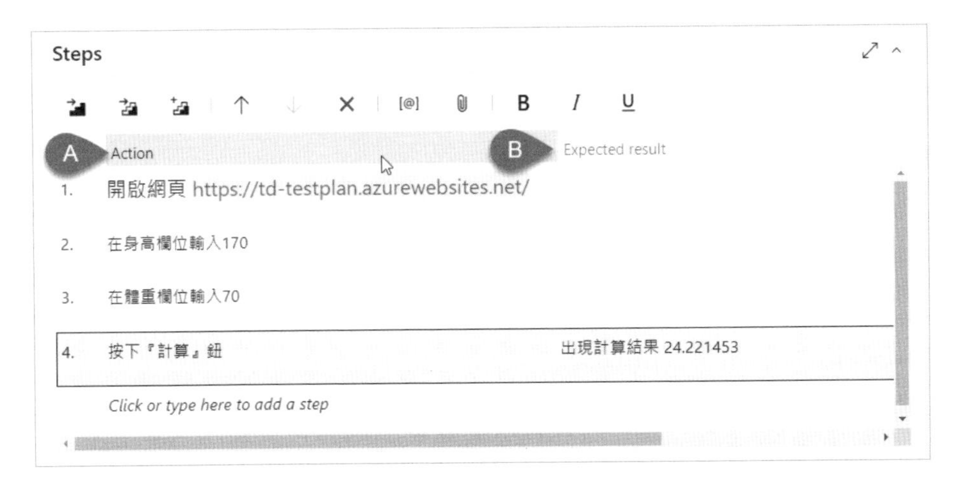

請注意輸入畫面有兩個部分，一個是測試 Action，一個則是預期結果（上圖 B）。在上面的案例中，測試步驟執行後，預期第 4 個 action 的結果應該是得到計算結果 24.221453

預期結果（Expected result）的部分，是測試案例相當重要的部分。它明確的指出，整個測試步驟最終的結果應當是如何？

如果測試人員依照測試步驟執行，卻沒有得到預期的結果，則可以被視為一個 bug。

當建立好測試案例，儲存後，其實就可以運行了。在 Test Plan 的檢視畫面底下，你會看到我們剛才建立好的 Test Case：

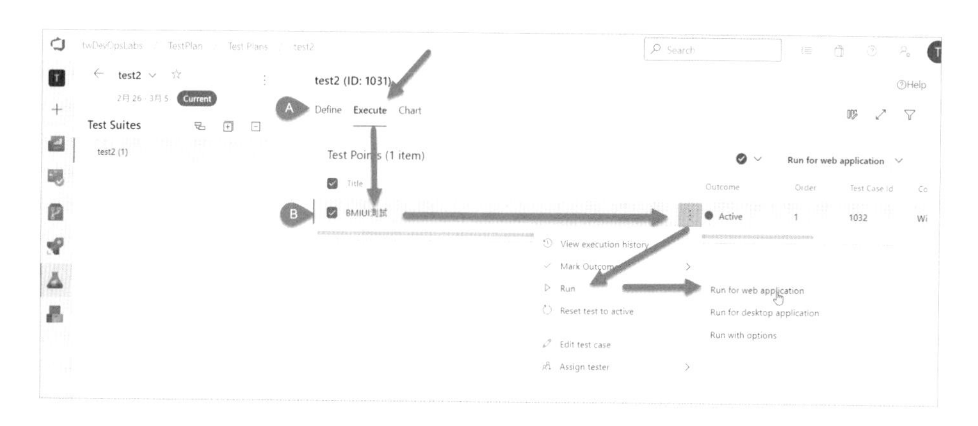

請留意，在上圖 A 的地方，你必須從 Define 切換到 Execute，並點選剛才建立的 Test Case 右方按鈕，在 Run 選單中，你會看到三個選項：

1. Run for web application
2. Run for desktop application
3. Run with options

你可以分別依照需要以不同的方式進行測試。

4-5-3 進行手動測試

你可先選擇「Run for web application」，系統會以開新網頁的方式，跳出一個突顯式畫面：

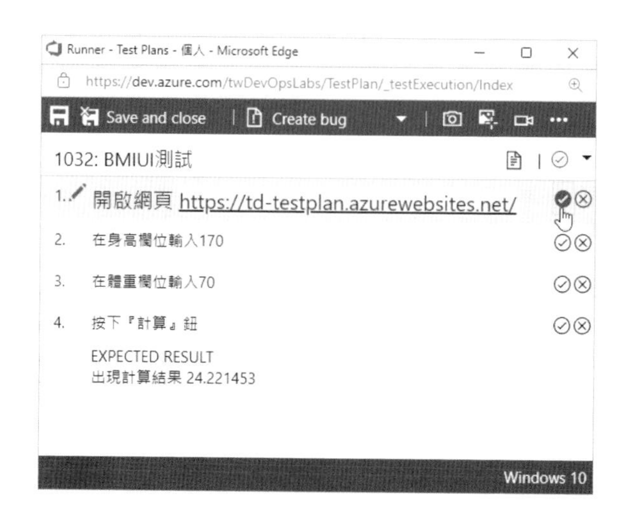

畫面中的內容，就是剛才我們建立的測試案例中的每一個執行步驟，測試人員可以在該視窗的旁邊，開啟要測試的網站，例如：

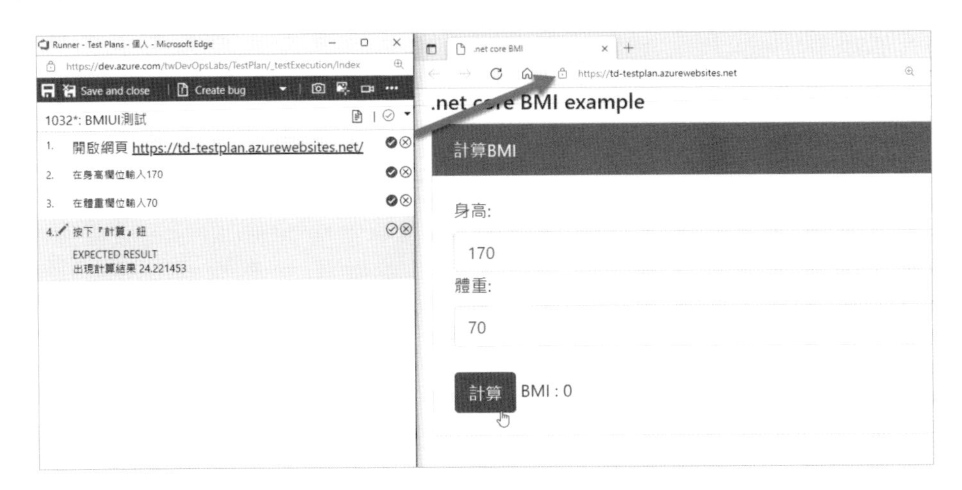

測試人員可對照測試步驟，逐一執行每一個動作，如果成功，就在右方的（下圖 A）的選項上打勾，如果失敗，則打叉：

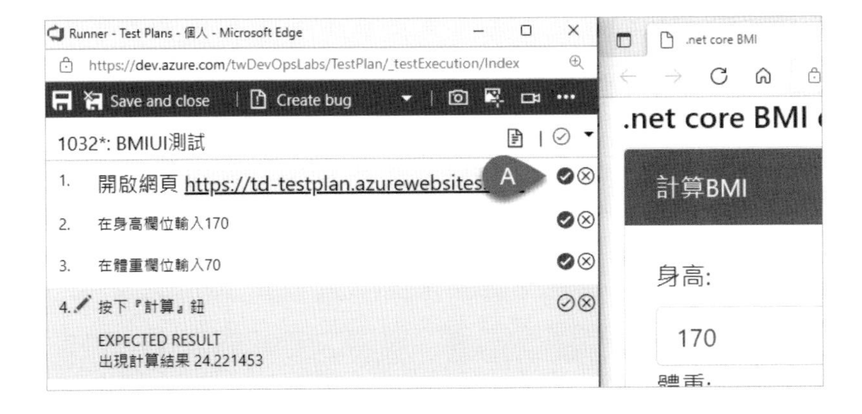

若某一個測試步驟執行後，結果不如預期，在打叉之後，測試人員可以順便開立 bug：

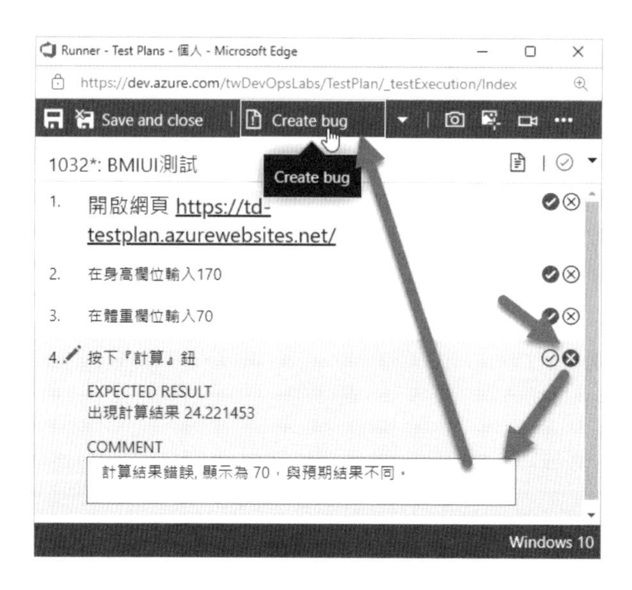

當你點選 create bug 之後，會看到底下畫面：

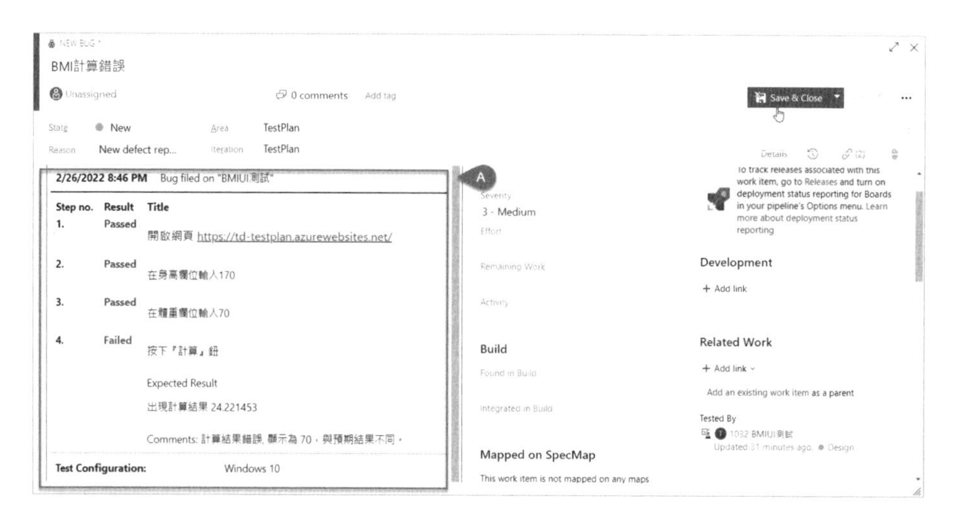

你會發現，這個畫面就是一般建立 bug work item 的畫面，但 Prepro Steps 欄位中，已經帶入了剛才我們的操作步驟，並且也撰寫了測試者剛才輸入的 Comment（上圖 A），不僅如此，還包含了測試人員測試的系統環境資訊，這

些對於開發人員來說，都是相當有價值的資訊，對於偵錯或重現該錯誤，都非常有用。

建立好 bug 之後，我們可以關閉這個測試案例的運行：

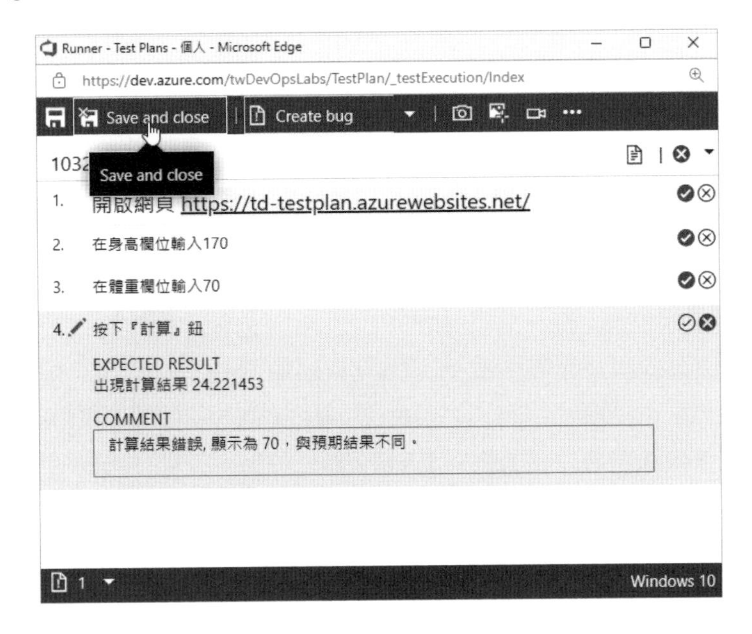

回到 Test Plan 的檢視畫面，你會看到剛才運行的 TestCase 是 failed 的（下圖 A）：

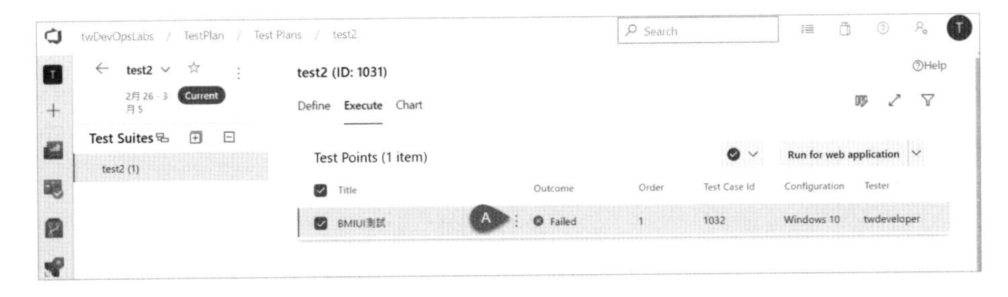

這不打緊，這只是我們第一次 Run 這個測試案例，當測試人員把這個 bug 單交付給開發人員，開發人員處理完畢之後，我們可以讓測試者重複執行這個測試案例，直到通過為止。

同時，因為測試案例有撰寫標準的測試步驟，因此不管是由哪一位測試者來進行測試，也不該有太大的差別，如此可以確保測試的品質。

總的來說，使用 Test Case 有底下這些好處：

1. 確保測試流程、測試動作不會因人而異。
2. 可結合 bug 單的建立，並自動帶入 Repro Steps，以及測試者的系統環境，這對於開發人員來說，較容易重現此錯誤進行除錯。
3. 可以將測試案例以 Test Suite 來歸類，或連結特定的 product backlog item，讓手動測試更有針對性。

上面的第三點要特別說明，最近幾年，由於敏捷開發與頻繁交付開始盛行，測試團隊逐漸感受到前所未有的壓力。過去軟體產品的上線流程，很可能從開發到 SIT 到 UAT，有相當長的一段時間（例如好幾個月），測試人員可以充分的測試每一個測試案例，在每次上線前，可以從頭到尾跑完幾十個甚至上百個測試案例，以確保每一次的產品上線都是高品質的。

但這件事情被頻繁交付給打亂了，如果我每兩週要交付一次，其中可能包含 bugs 的更新、可能包含新功能的上線、可能包含舊功能的調整，測試人員已經不可能像是過去那樣，每次交付都從頭到尾跑一次每一個測試案例，因為可用的時程從過去的三個月、半年縮短成兩週。

所以，測試必須變的更精準，必須更有針對性。

4-5-4 將 Test Csae 連結至 backlog

因此，當我們採用 Test Plan 進行規畫時，我們可以針對每一個 product backlog item/user story/requirement，設計一個或多個測試案例，並將其連結在一起：

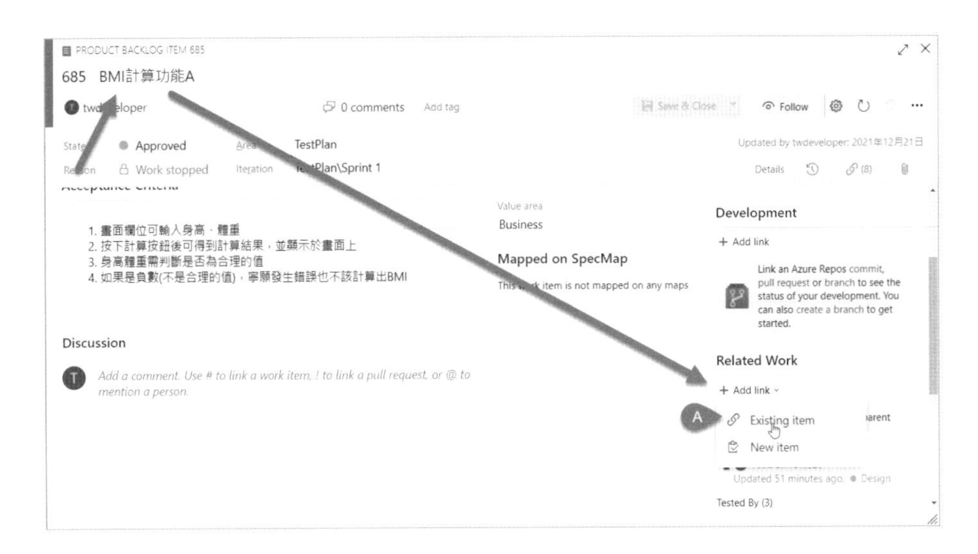

你可以在 backlogs 畫面，透過 Related Work 底下的 Add Link，連結將此 backlog 連結到特定的 Test Case：

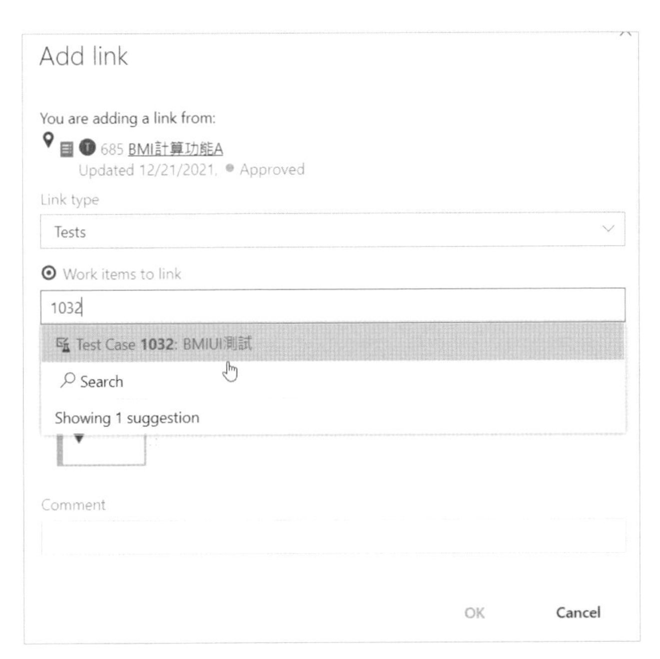

在上圖 Work Items to link 中，可以輸入 Test Case 編號或名稱，都可以找到特定測試案例。連結完成後，你回到該 Test Case，會發現該 Test Case 的 View Linked Items 選項中：

已經可以找到關聯的需求（Backlogs），以及先前我們在測試的時候所產生的bugs：

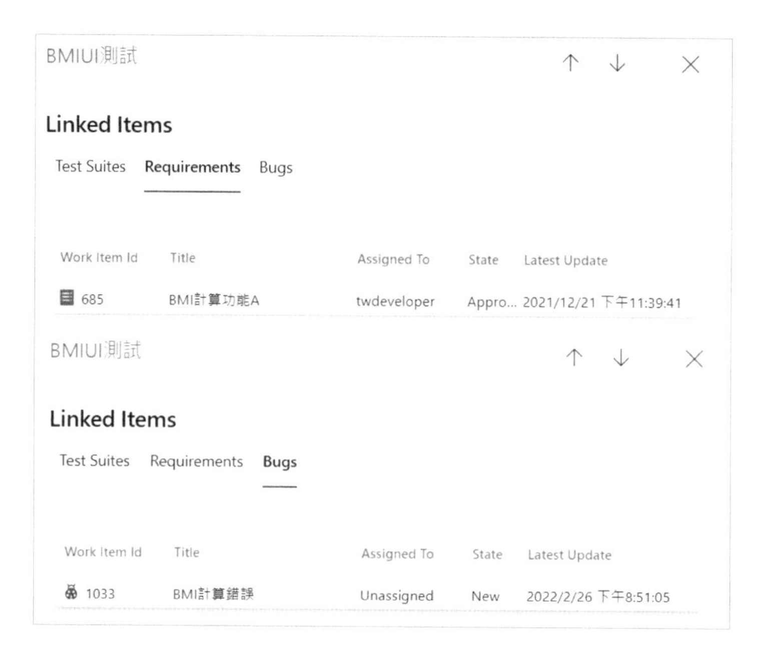

如此一來，需求、測試案例、Bugs，三者之間就被有效的連結在一起了，未來，當某一個需求進行調整時，測試者就可以找出相關的測試案例來執行，而非從頭到為漫無目標的進行亂槍打鳥的測試。

4-5-5 建立 Test Suites

除了透過連結的方式將 Test Case 與 Backlogs 做連結之外，你還可以適當的使用 Test Suites，來針對 Test Case 進行歸類，以便於篩選或選取特定情境下要運行的測試案例：

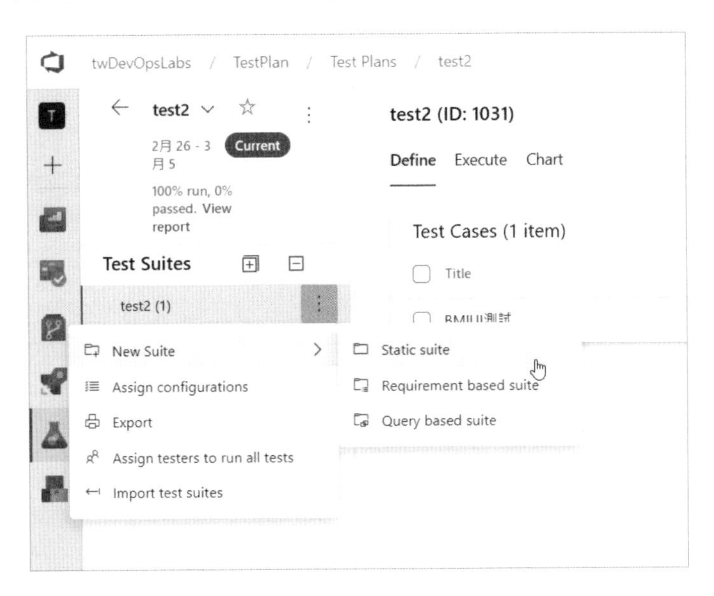

Test Suites 可以視為 Test Case 的次分類。一般來說，我們在 Test Plans 中建立 Test Case 之後，每一個 Test Case 可能是獨立鬆散的，也可能與部分的 backlogs 有所關連。

但傳統測試人員在測試時，往往需要依照產品釋出的規模或範圍，做不同強度的測試。例如，如果這次的版本釋出，是年度的新版釋出，很可能測試人員會對產品做相對全面的測試，執行的測試案例較多。如果是季度或是月度的 hotfix 釋出，可能測試人員就只會進行比較小規模的測試，跑的測試案例就少。

因此，我們可以透過 Test Suite 將 Test Cases 做適當的分類，以便於讓測試者在進行測試時，可以選擇相對應的 Test Cases 來運行。

Test Suite 有三種類型，分別是 Static Suite、Requirement based suite、Query based suite。

Static Suite 在建立時，你可以（也必須）手動將既有的 Test Case 納入，或是新增新的 Test Cases：

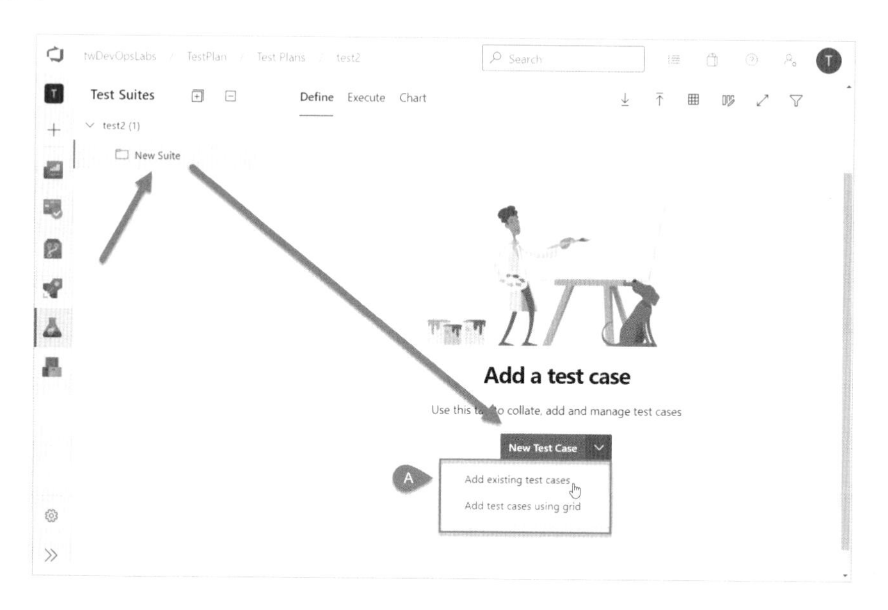

這讓測試人員可以依照自己的需要，將特定的 Test Cases 納入該 Suite。

而 Requirement based suite，則是一個好東西，你在建立的時候，會出現底下這樣的畫面：

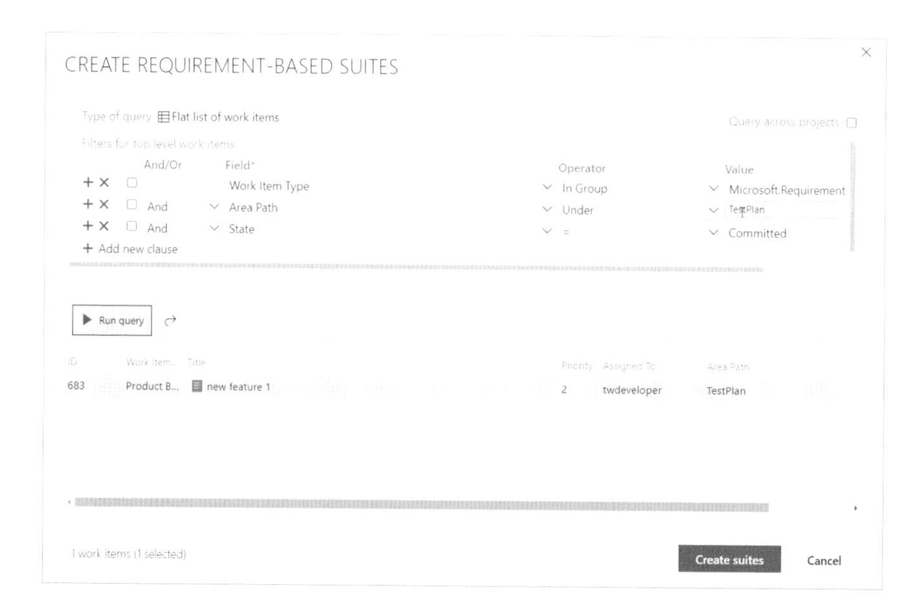

你會發現，出現的其實是需求（backlogs/user story/requirement...）的查詢畫面，你可以在這個畫面中，透過過濾的方式找到你有興趣的需求。當你選定後，系統會自動幫你帶出與這些需求相關的測試案例。

這意味著，如果先前我們在建立測試案例時，已經將測試案例跟需求做過關聯（類似下圖 A），這樣一來，Requirement Based Suite 會自動幫我們帶出來所有相關的測試案例：

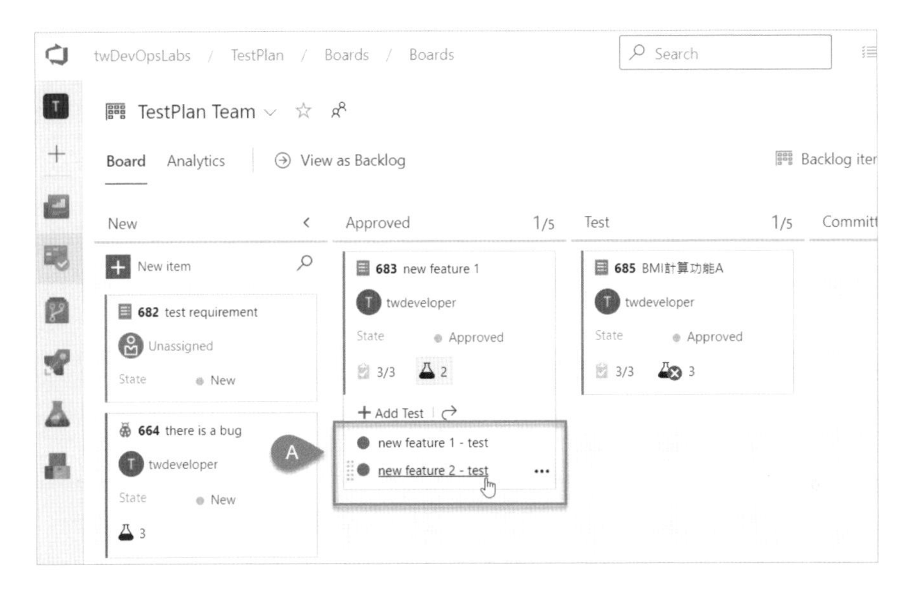

這樣 Requirement based suite 則會自動帶出：

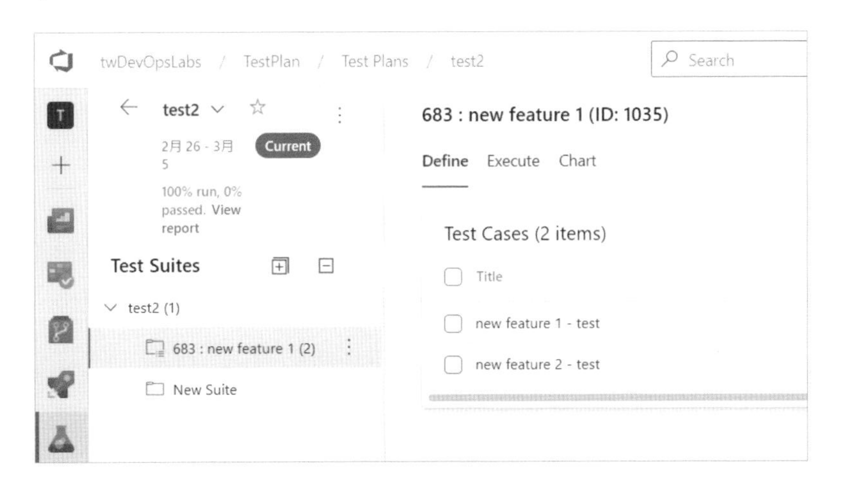

上圖中只查詢一個需求，你可能沒有明顯的感覺，但如果查詢出的是多個需求，這樣 Requirement based suite 帶出的 Test Case 則會是多個。這對於我們先前提到的精準測試，有非常大的幫助。

最後一個是 Query-Based Suite，它也是透過查詢來建立測試案例的集合，但和 Requirement based suite 不同的是，它可以透過任何規則進行查詢，挑選測試人員所需要的測試案例，而非聚焦在**特定需求所關聯的測試案例**。

這意味著，Query-Based Suite 主要的目的並非是針對需求所關聯的測試案例，而是**特定類型的測試案例**。例如，如果測試人員想要挑選所有重要程度為 Priority 2 等級的測試案例，則可以透過 Query-Based Suite 進行查詢，把 Priority 欄位為 2 的 Test Cases 都查詢出來：

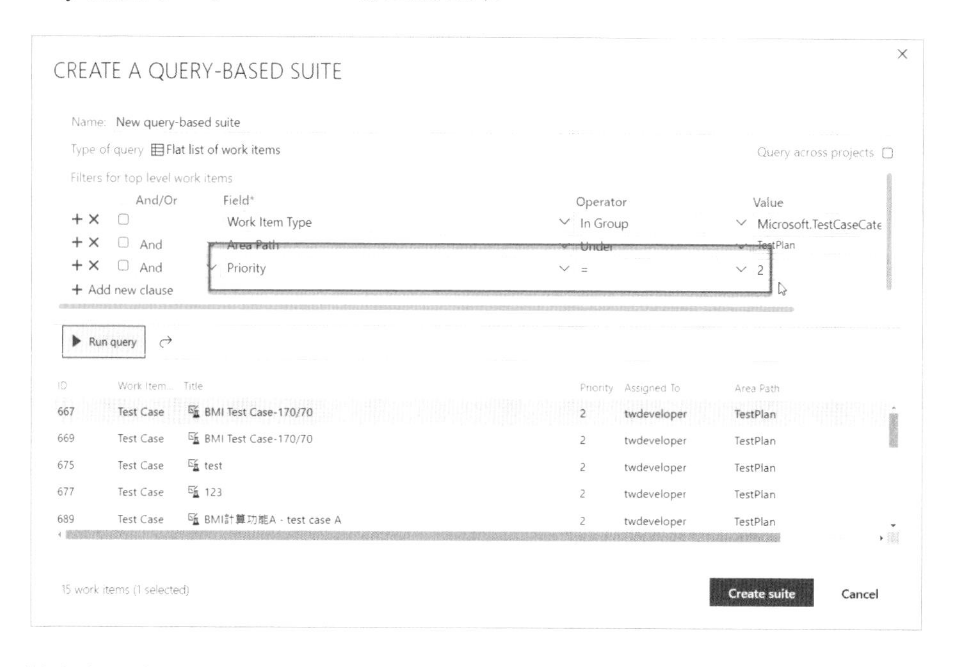

這樣建立出來的 Query-Based Suite，就可以便於開發人員在需要時針對特定的測試案例來執行。

透過這些機制，我們可以讓測試人員在搭配敏捷開發與 DevOps 快速交付時，更加的得心應手。

4-6 小結

軟體品質不該是空談。

在這一章中，我們談到了在 DevOps 過程中，提升軟體品質的幾個面向。單元測試與系統可測試性的提升，主要是讓軟體更容易修改、更方便地添加新功能，但卻不需要擔心造成額外的副作用。足夠完善的單元測試，並且適當的整合在 Pipeline 當中，讓我們可以對系統的品質更有確據，對系統的調整更無後顧之憂。

有效的管理軟體組件的相依性，則可以讓軟體的重用性大幅提升，並且讓開發能夠有效的分工，這對軟體品質看似沒有直接的幫助，但其實可以讓開發流程和團隊合作更加的便捷。

而自動化測試雖然在這個面對需求快速調整、快速交付的時代已經是必然的趨勢，但並非所有測試行為，都可以全面的自動化，且經驗豐富的測試者，可以透過探索性測試，找出讓系統更加完善的路徑。因此，善用 Azure DevOps 中的 Test Plan 功能，可以讓手動測試成為助力，讓軟體的品質更無後顧之憂。

當然，這只是開始。

優秀的敏捷開發與 DevOps 絕不只是快速交付而已，而是在快速交付的同時，兼顧品質和安全性。期待透過這一個章節的介紹，在這條路上，你可以有一個好的起步，而後續更多技巧與方法，我們也會在筆者的部落格和 FB 粉絲專頁中更多的介紹。

4-6-1 Hands-on Lab 1

1. Clone GitHub 上的原始程式碼：
   https://github.com/isdaviddong/HOL-UnitTestWithIoC_Before.git
2. 依照本章介紹的方式，設計 fake 類別，以便於提高程式碼 Financy.cs 中 SplitMoney()方法的可測試性。
3. 為 SplitMoney()方法撰寫單元測試程式。
4. 檢視單元測試可否正常運行？

4-6-2 Hands-on Lab 2

1. 建立一個新的 Azure DevOps 專案，並透過 import 方式，將底下網址的 source code 匯入：

   https://github.com/isdaviddong/dotNetCoreBMISample.git

2. 依照本章介紹的方法，將 WebBMI 對 HealthMgr 的專案相依性移除。
3. 將 HealthMgr 建立成 NuGet 套件（記得修改套件 ID 與版號，避免衝突）。
4. 將產生的套件上傳至 NuGet Gallery。
5. 讓 WebBMI 專案，參考在 NuGet 上的套件。
6. 檢視 WebBMI 可否正常建置運行？

4-6-3 Hands-on Lab 3

1. 在 Azure DevOps 專案中，建立 backlogs。
2. 為 backlogs 建立相關聯的測試案例（Test Cases）。
3. 建立 Reqirement based suite，搜尋上述 backlogs。
4. 檢視 Reqirement based suite 中，是否包含剛才建立的測試案例？

CHAPTER

持續交付的各種情境

交付，是軟體被完成（Done）的真正指標。只有當功能被交付到用戶手上並且真的開始使用，才意味著某一個需求真的被完成了。

由於真實世界的需要，功能的新增、修改、交付如今變得異常的頻繁，如何透過自動化的 Pipeline 來實現高強度的頻繁交付，是這一章要談論的重要主題。同時，現代部署和過去已大不相同，因應網站的部署需求，藍綠部署、金絲雀部署都是坊間時常被討論到的主題，如何透過 Azure DevOps 的 Release Pipeline 來實現，我們也將一併在這個章節中介紹。

最後，則是 Feature Toggle，它是高強度頻繁整合、持續交付之所以能夠被實現的關鍵，如果讀者還不熟悉 Feature Toggle，也請務必留意這個章節中的介紹。

5-1 關於持續交付

5-1-1 真實世界的需求

當我們在談持續交付的時候，大多討論的是一天數次或一週數次的高強度頻繁交付，並且我們希望盡可能將其全面自動化。看到這個，你可能的問題是，一天數次或一週數次的交付，到底有沒有實務上的需求？

這個問題其實要問你自己。

就像前面講過的故事，2021 年台灣因為疫情，導致一夕之間大夥都學會了用手機掃 QR Code，幾乎所有人都有上網登記疫苗的經驗。倘若當你在上網登記時，發現網站壞了，登記的結果不正確，你也沒能登記成功，這時候，你希望網站多久才能完成更新修正？

當你在雙 11 購物，你追蹤已久的產品即將售罄，正準備下單時，網站居然故障了，這時你會希望網站多久才能完成更新修正？

如果網站遲遲不更正，但你卻發現有另一個站台提供相同的產品和價格，這時候你會怎麼做？

因為疫情的關係，餐飲、醫療、零售、交通...幾乎各行各業的資訊系統都需要因應真實世界的變化而及時調整。每延遲一天，就意味著更巨大的損失，而我們能讓客戶等多久？

所謂的**持續交付**，背後並沒有什麼宏大的理論或抱負，基本上就是面對真實世界實際上的需要而已。

5-1-2 實踐頻繁交付的前提

要實現**有價值**的頻繁交付，持續整合是前提，我們對需求和程式碼品質的控管也必須有一定的成熟度。我們在前面討論持續整合與程式碼版控時，曾經詳細的介紹了讀者需要的各種能力。

來到**頻繁交付**其實已經屬於整體流程的後段，如果前段的程式碼品質控管並不完善，那即便我們建立的流程再怎麼自動化，也只是持續把低品質有 bugs 的成品交付給用戶而已，這樣的結果可想而知。

要開始實現頻繁交付，我們建議在持續整合的部分，你的團隊至少已經有在 CI Pipeline 及開發流程當中納入底下這些：

- PR、PR-CI 與 Code Review
- 單元測試（Unit Test）
- 靜態程式碼掃描
- 套件安全性掃描

有上面這些作為基礎，你的頻繁交付才更為務實，否則頻繁交付只是頻繁發生災難的開始。

5-1-3 將傳統的部署行爲自動化

在過去，部署的行為大概就是典型的開發環境（Dev）、測試機（Testing）、正式機（Production）...等，而這些環境上，有時還分屬不同的開發人員、測試人員、或維運人員來管理。

過去的流程可能是，每當軟體有一個階段的釋出，開發團隊會先將其部署到自己管理的 Dev 環境上做測試，倘若無誤，就將這一整包產出 的 Artifacts，交給測試人員再次部署到測試環境。原則上，測試環境與 Dev 環境上的差異，很可能是測試環境上只有必須的測試工具（像是掃描、檢測軟體）和執行階段（run-time）所需要的套件，而開發環境則是開發團隊內部共用的測試機，上面可能還額外安裝了開發工具（SDK）。

而正式機，上面當然就沒有任何運行該系統所必須的套件以外的任何安裝。

當然，這是一般來說，總會有團隊把環境愈搞愈雜亂。

5-1-4 建立 Release Pipeline

有了上面的概念之後，接著，我們來介紹，如何透過 Azure DevOps 來建立一個適合傳統部署流程的自動化 Pipeline。

我們的範例 Source code 依舊使用 dotNetCoreBMISample，位於：

```
https://github.com/isdaviddong/dotNetCoreBMISample.git
```

請自行在 Azure DevOps 站台中，Import 上述位置的 repo，完成後，為其建立一個 CI Pipeline，記得勾選「Enable continuous integration」：

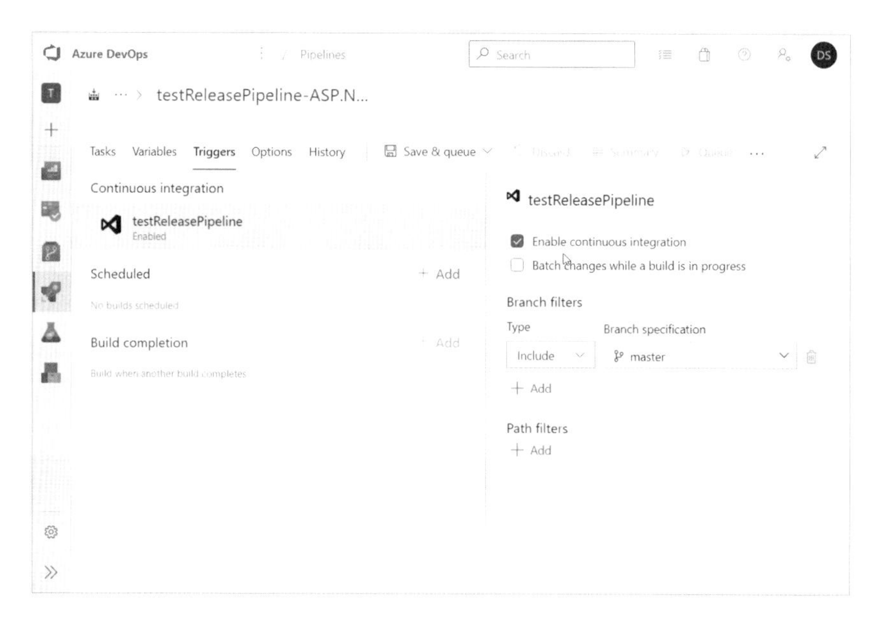

完成後，我們就要來設計部署 Pipeline 了。

部署用的 Pipeline 一般我們會用 Release Pipeline 來設計：

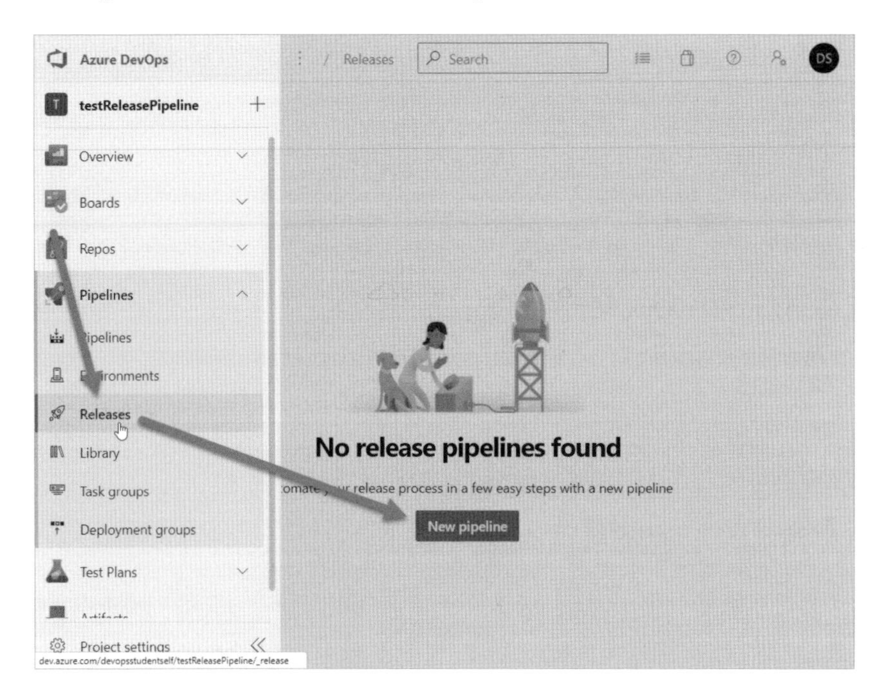

總的來說，CI Pipeline 的責任到產出 Artifacts 為止，雖然某些 CI Pipeline 也**順便**將產出的 Artifacts 部署到測試環境，但如果是比較正規的流程，使用 Release Pipeline 進行連續性的部署會比較好。

Release Pipeline 和 CI Pipeline 最大的不同，除了功能之外，另一個就是生命週期，一般 CI Pipeline 大概運行個幾分鐘就應該結束，畢竟，Build 的時間，沒有理由太長，但一條 Release Pipeline 就大大的不同了，一條 Release Pipeline 很可能可以運行超過數天以上，主要的原因是過程中可能需要人簽核、或是進行 Release Gate 的判斷，這些細節在下一節中我們會詳細討論。

在這邊，我們先看看 Release Pipeline 的設計。一個設計好的傳統 Pipeline，大概會是底下這樣：

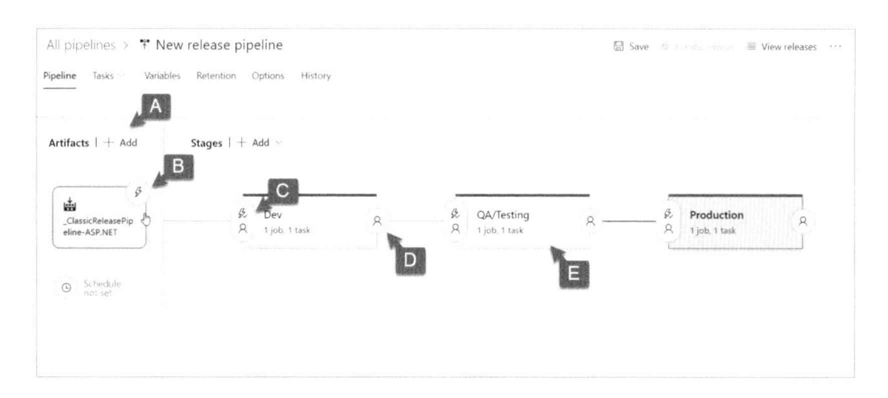

上圖（A）的部分，是選擇要部署的 Artifacts 來源，而圖（B）則是設定整條 Pipeline 的觸發條件，也就是 Trigger。

圖（C）是 pre-deployment conditions，而圖（D）則是 post-deployment conditions，圖（E）則是 Stages。在上圖中，共有三個 Stages，分別是 Dev、QA/Testing、和 Production。

整條 Pipeline 大概就是上面這樣的組成，Stages 在這邊是不同的部署環境（Enviroment），像是圖中的 Dev、QA/Testing、和 Production。但其實也有可能是不同的階段，這部分在後面再談。

deployment conditions，則是進入或離開該 Stage 的條件。我們可以設定一個或多個條件，當滿足該條件的時候，即可進入或離開該 Stage。

當你建立一條新的 Pipeline 的時候，會出現底下畫面：

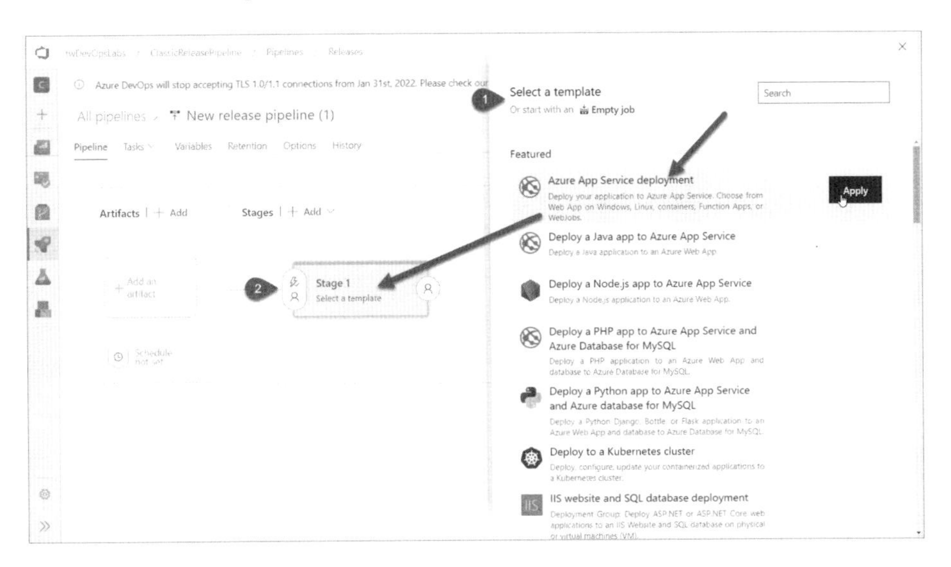

這時你可以從上圖 1 的地方，選擇一個 template，這個 template 是用來設計 Stage 用的，這邊的一個 Stage，裡面可以放多個 tasks，其實在技術上，跟一條 CI Pipeline 很像。

Artifacts 的部分，你可以點選下圖（A）的「+Add」：

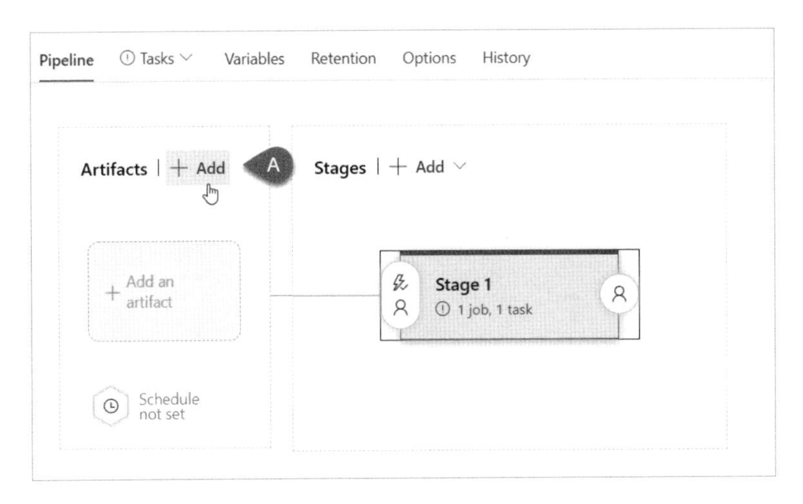

在出現的畫面中，你可以選擇 Artifacts 來源：

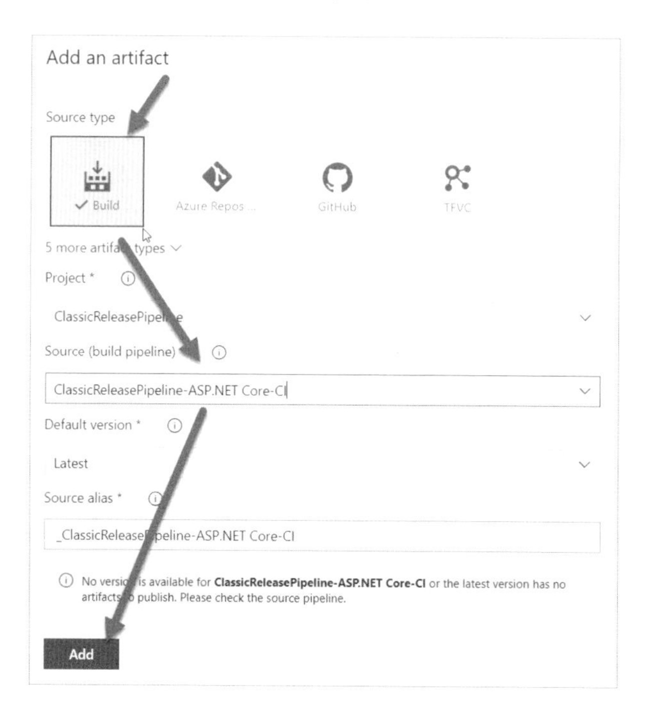

一般來說，大部分狀況下，我們會選擇 Build Pipeline 作為來源。其實它也就是 Build Pipeline 在完成任務後，打包封裝保存的 Artifacts。同時，你應該也會發現，上圖中還有許多其他類型的 Artifacts 來源也是可以選擇的。

當你選擇好 Artifacts 的來源之後，你還可以選擇 Trigger（下圖 A）：

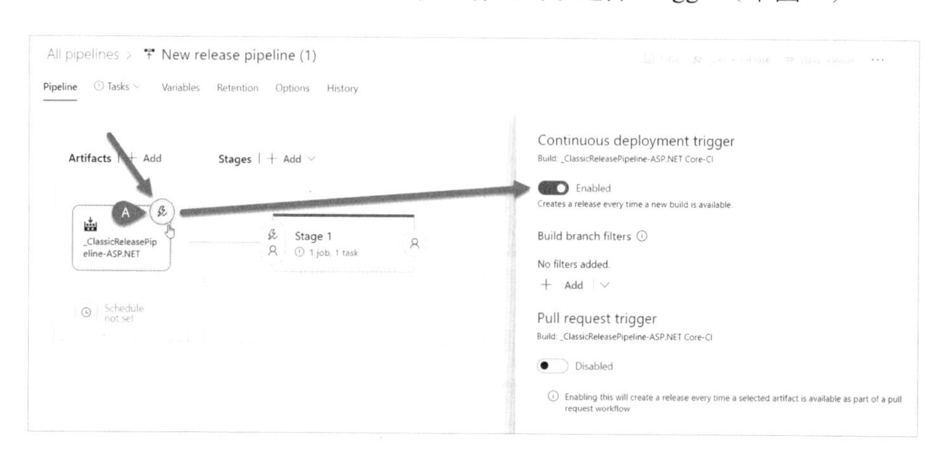

倘若你選擇「Continuous deployment trigger」，則這條 Release Pipeline 將會在選定的 Build Artifacts 有新版釋出時（也就是 Build Pipeline 順利跑完時），被自動觸發，且帶入新版 Artifact 跑接下來的每一個 Stage。

我們接著看 deployment conditions：

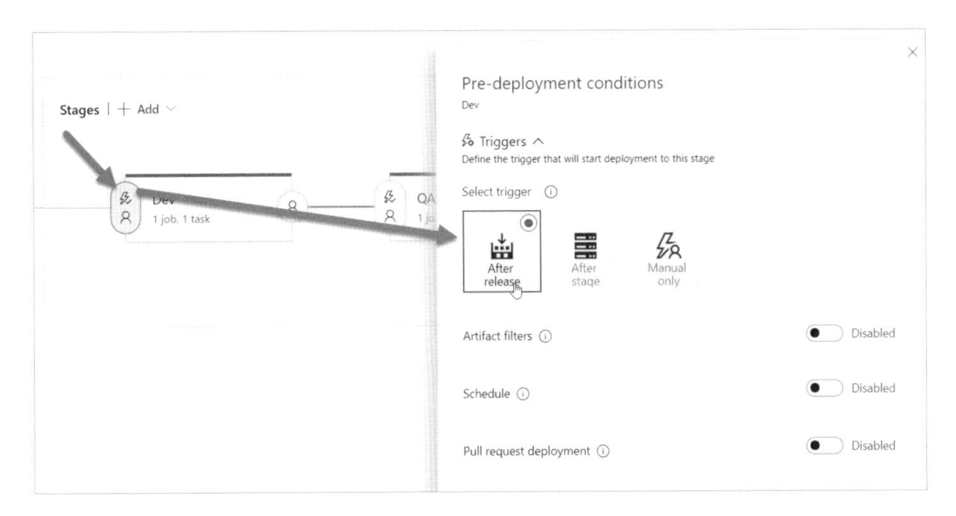

首先看 Triggers 的部分（請注意，這邊是 Stage 的 Trigger，不是剛才介紹的 Pipeline 的 Trigger），如果你選擇 After Release（上圖），則該關卡（Stage）會被放在最前頭，也就是 artifacts release 之後。

倘若，你勾選的是 After stage，並選擇了特定 stage，則該 stage 會被安排在你選定的另一個 stage 之後：

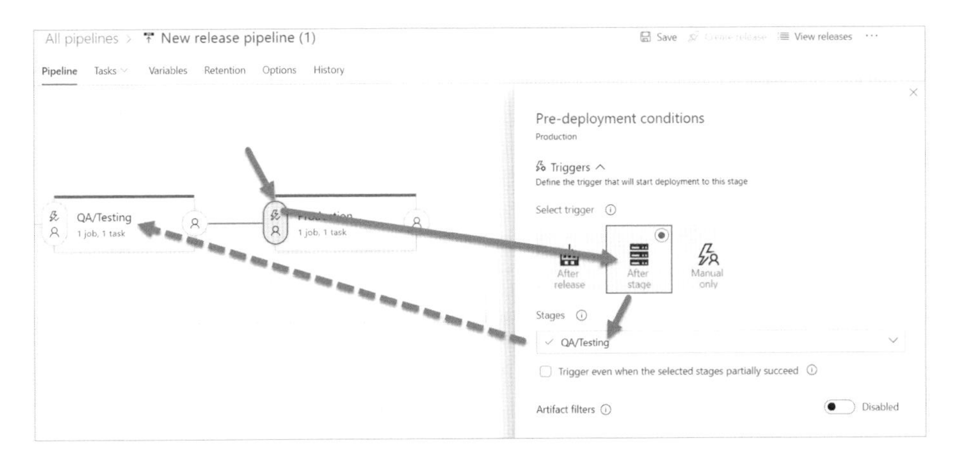

另外，前面說過 conditions 分為 pre, post 兩種：

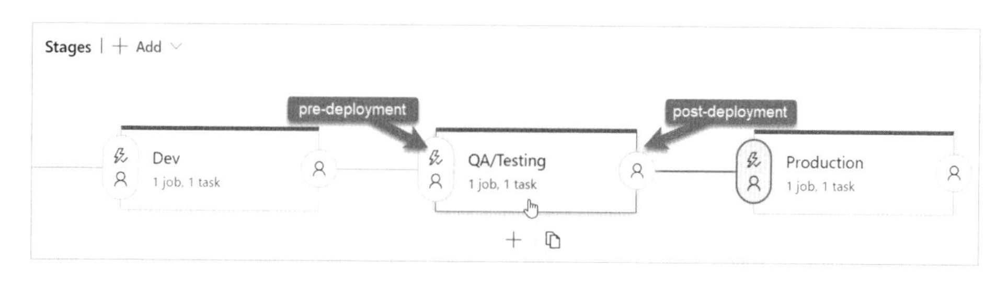

功能是相同的，但最大的差別在，一個判斷是在進入關卡前，另一個判斷則是在離開關卡前。

如此一來，我們可以透過上面這些條件，來設計各種不同的運行流程與邏輯。

備註

上述整個 Release Pipeline 的具體設計，可參考底下 Youtube 影片：
https://wwjd.tw/577k977

5-2 Release Pipeline 的重要功能

從前面的介紹你可以發現，Release Pipeline 的行為其實並不複雜，主要只是將 CI Pipeline 產出的 Artifacts 依序的部署到不同的環境（stage）而已。然而，在**進入特定環境前**、**運行特定環境的部署時**、**離開特定環境前**，分別都有一些設定與內容必須要注意，我們分別來看。

5-2-1 Stage Template / tasks

你可以點選 Stages：

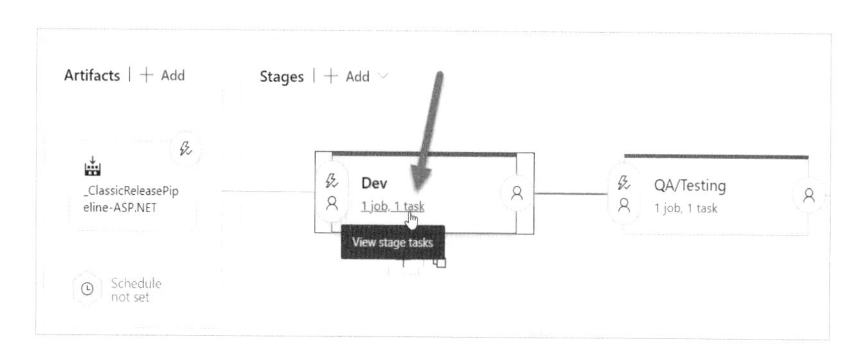

將會開啟該 stage 的 tasks：

裡面的 tasks 可多可少，有時候只需要一個單純的部署設定而已（如上圖）。有時候，則會撰寫很多的 script，這完全依照你實際部署的需要而定。

還記得一開始建立 Release Pipeline 的畫面嗎？其實一開始，就會讓我們選擇 Stage 的 tempalte：

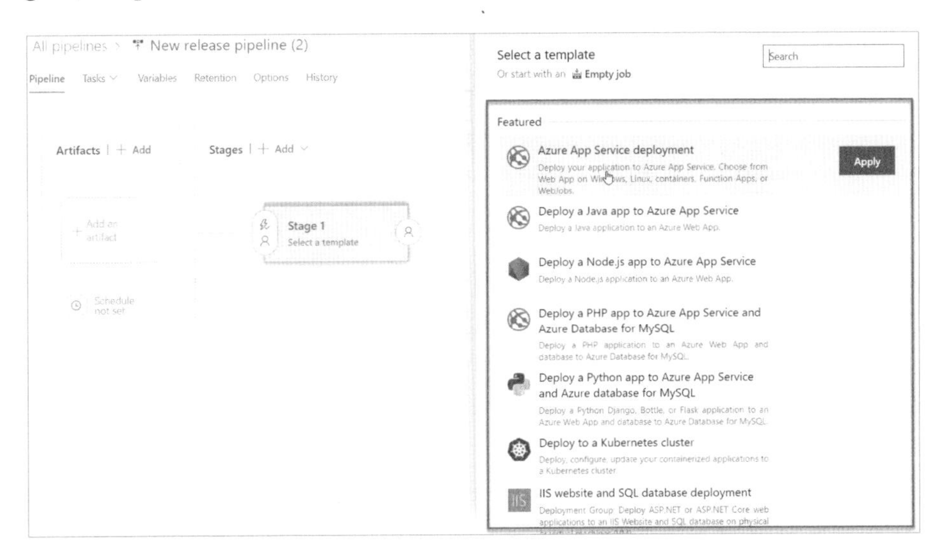

系統有許多的 template 可供選擇，每一個 template 可能是一個或多個 tasks 的集合，這點如同我們建立 CI Pipeline 的時候，系統讓我們選的 template 一樣。

所以，再強調一次，CI Pipeline 的主要內容，其實就是 Job 中的 tasks，一條 CI Pipeline，可能有一個或多個 jobs。而每一個 Job 中，大多會由多個 tasks 來組成。

而一條 Release Pipeline 呢，除了選擇 Artifacts 作為部署的來源之外，還會設定有多個 stage，每一個 stage 中可以設定多個 jobs，就如同一個 CI Pipeline 中的 jobs 一樣。加上 stage 的前後，都可以設定 conditions，這也是 Release Pipeline 的存活期要比 CI Pipeline 長很久的原因。

5-2-2 Approver

Approver，是企業尚未準備好完全自動化前的一個好選擇。

坦白說，我們對於上新版程式前的 Approval 行為，在態度上是不鼓勵的。因為多年下來，並沒有案例顯示，上版前的簽核真能夠減少什麼風險或是降低問題發生的機率。反倒是常常因為 Approver 卡住流程，造成自動化效率的降低。

如果企業是為了要有人負責，才配置這個 Approver，那我們就更不鼓勵了。因為大部分的 Approver 其實無法在上版前真的做什麼檢查，大部分能做的檢查，根本早就在（也應該在）自動化流程中完成了。

除非，目前貴單位的自動化程序還不夠完善，沒有在上版前進行該做的測試或掃描，也沒有跑太多的自動化 UI 測試，那或許手動簽核可以讓上版程序比較令人安心一點。

在 Release Pipeline 中設定 Approvers 的方式非常簡單，你只需要在 Release Pipeline 的設計畫面，stage 前後的人形圖示（下圖 A）上按下即可出現底下畫面：

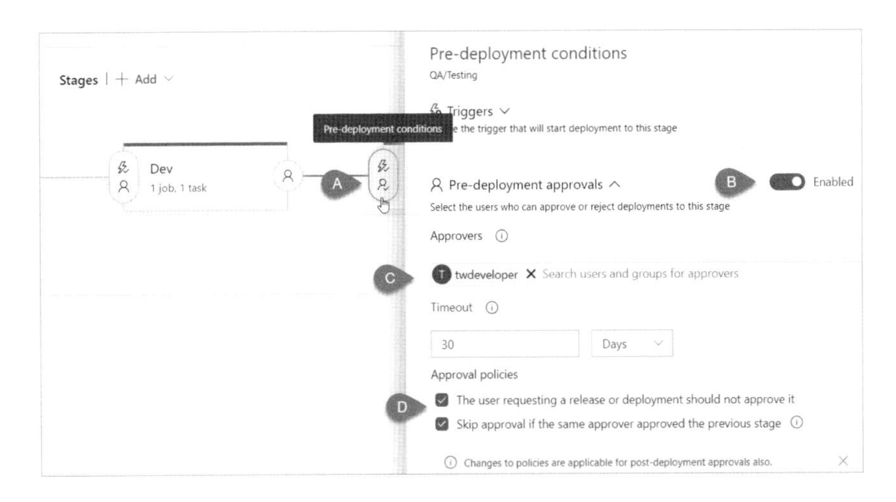

在出現的 deployment appovals 項目上，選擇 Enabled （上圖 B），接著再鍵入 Approvers 名稱即可（上圖 C）。另外，有兩個選項（上圖 D）你可能會感興趣，一個是設定此流程的觸發者自己能否簽核，另一個是如果某位簽核者已經簽核過前面的關卡，那這一關是否要繼續簽核。

當你設定好之後，這個 Pipeline 在運行時，會暫時停止在你設定簽核的關卡，並且發送 mail 通知給簽核者，當簽核者開啟 mail 點選後，會連結到簽核畫面：

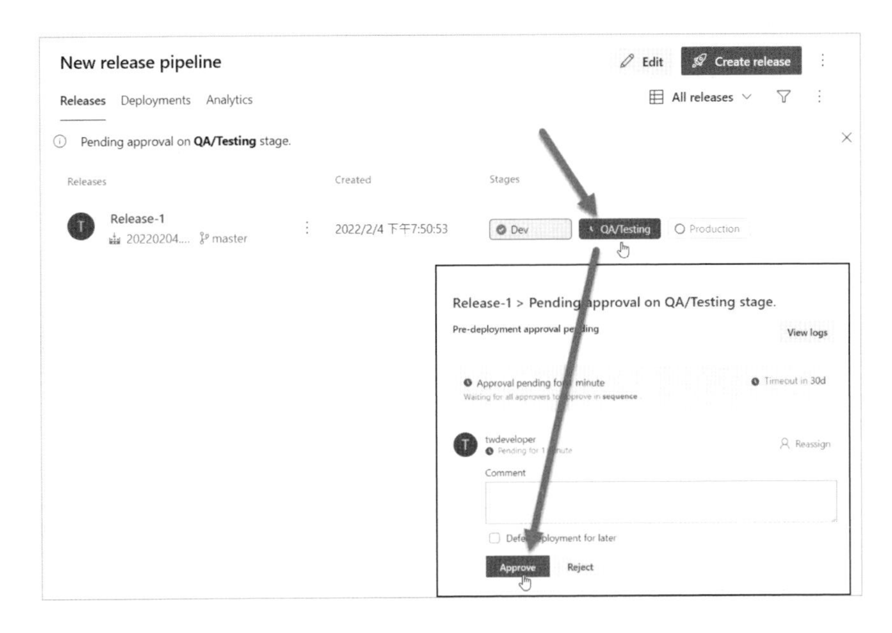

當簽核者按下 Approve 後，流程即可繼續運行。若按下 Reject，此流程當然就不會繼續運行下去。你也可以設定多位簽核者，雖然這個功能並不是設計的非常複雜，但這樣一個簡單的簽核設定，大致可以滿足大部分企業對於上版前的簽核需求，不失為一個全面自動化前暫時的過渡性選擇。

5-2-3 Release Gate

比起 Approvals 的設定，Release Gate 其實是配合自動化部署更好的選擇。設定的方式類似 Approvals，只需要將選項設為 Enabled 即可啟動（下圖 A），接下來就是設定要作為 Gate 的機制（下圖 B）：

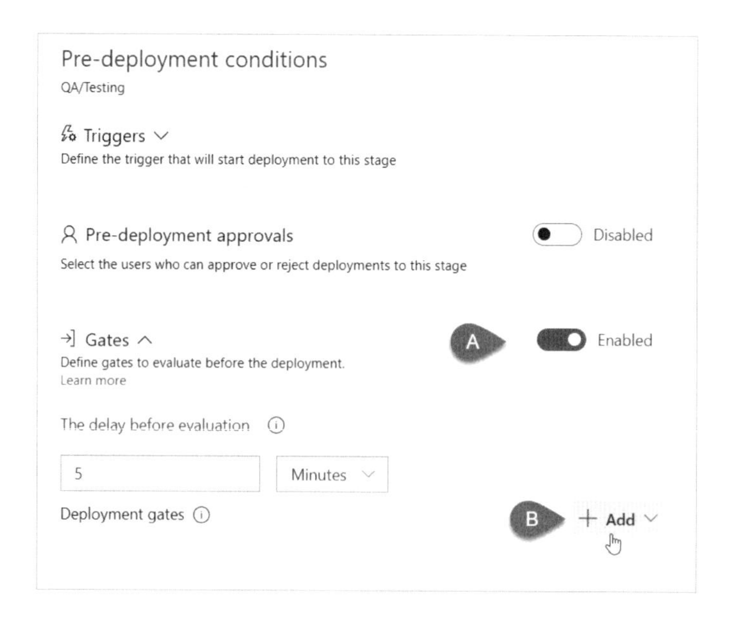

按下 Add 之後，你可以選擇要作為 Gate 的機制：

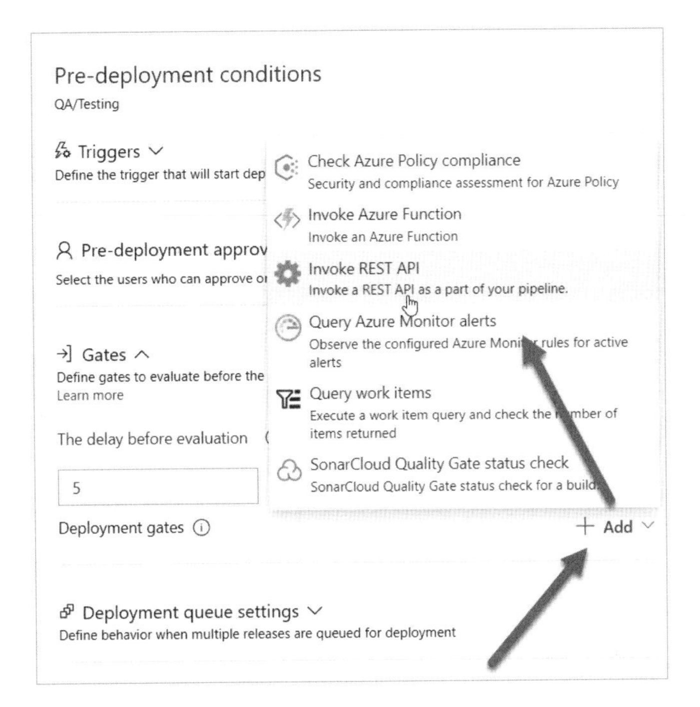

系統已經內建不少的 Gate 類型可供選擇，其中比較常用的大概是「Invoke REST API」和「Query work items」。另外「SonarCloud Quality Gate」則是外掛的套件，配合 SonarCloud 軟體品質掃描用的。

當你設定了 Release Gate 這個機制，它將會每隔幾分鐘（最少五分鐘）檢查一次你設定的條件，當該條件成立的時候，才會允許 Pipeline 繼續往下進行。

這個功能可以幫助我們，在自動化的過程中減少不需要的人力介入或簽核，即可自動檢查特定條件是否成立。你也可以撰寫 Azure Function，或是使用 Invoke REST API 方法來呼叫特定 API，取得回傳值，以判斷是否可以讓 Release Pipeline 繼續往下運行。

5-3 現代化部署模型

剛才你看到的是傳統的部署方式和流程。

每一個 stage 的部署內容，理論上最好來自於同一個 Build Artifacts。然後循序的部署在需要的環境。

不過，現代化的部署有著更不一樣的邏輯。有時候並非是部署環境的差異，而是部署流程上的差異。常見的現代化部署情境包含：

- 藍綠部署
- 金絲雀部署
- A/B Testing
- Dark Launching

我們後面針對這些部署方式中的藍綠部署和金絲雀部署，以及常常與這些部署流程搭配使用的 Feature Toggle 做一些介紹。

5-4 實現藍綠部署

藍綠部署最大的價值是實現 zero-downtime，讓上版的過程可以得到近乎不停機的效果，必要時也方便 rollback。具體實現的方式有很多種，而 Azure Pipeline 所扮演的角色，則是將這整個動作，建立成可重複運行的流程。每當有新版 artifacts 產出上線的時候，可以自動完成藍綠部署的機制。

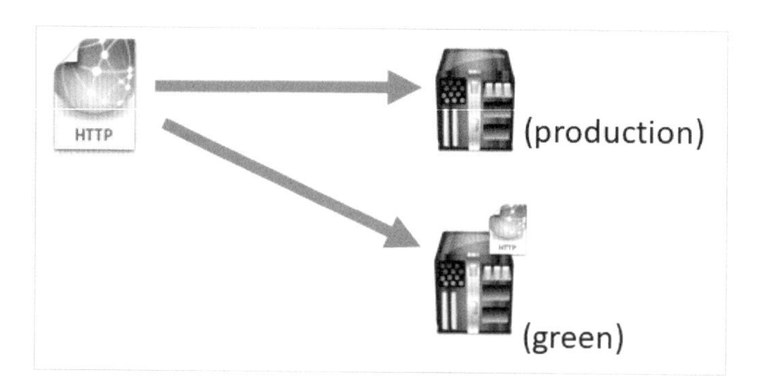

參考上圖，當有新版產出時，我們可以先將其部署到 green 環境，green 環境在定義上已經非常接近 production，可以視為 pre-production 環境。接著，我們會在該環境上進行 warm-up，或是跑一些自動化測試的 script，當然也可以由測試人員甚至早期用戶先上去使用看看，待確認正確無誤之後，我們透過將 green 環境與 production 環境對調（swap）：

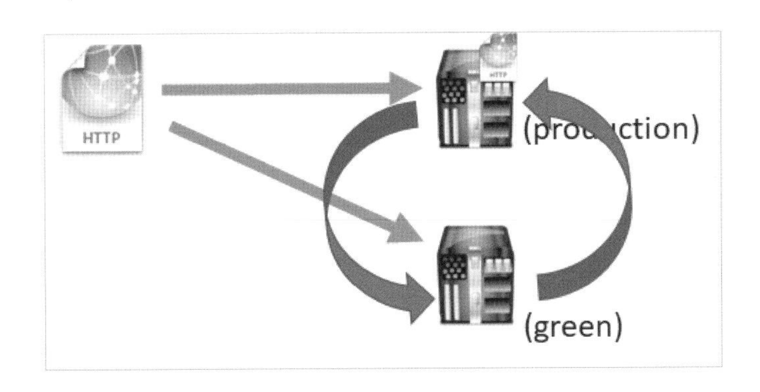

即可實現藍綠部署的功能。

萬一上線之後真的有問題，我們也可以隨時再對調（swap）回來，實現 rollback。

要實現網站上線的藍綠部署，使用 Azure Web App （S1 Level）是一個很好的選擇。因為它內建了我們需要的 swap 功能，且在 swap 的過程中，用戶並不會被迫掉線（當然我們在程式碼的撰寫上要維持 Stateless 的形式）。

要實現 swap，我們採用的是「部署位置 （Slot）」，該功能在 Azure Web App S1 等級以上的服務都有提供。你可以在 Web App 的管理站台，選擇部署位置，然後新增一個 Slot（下圖 A）：

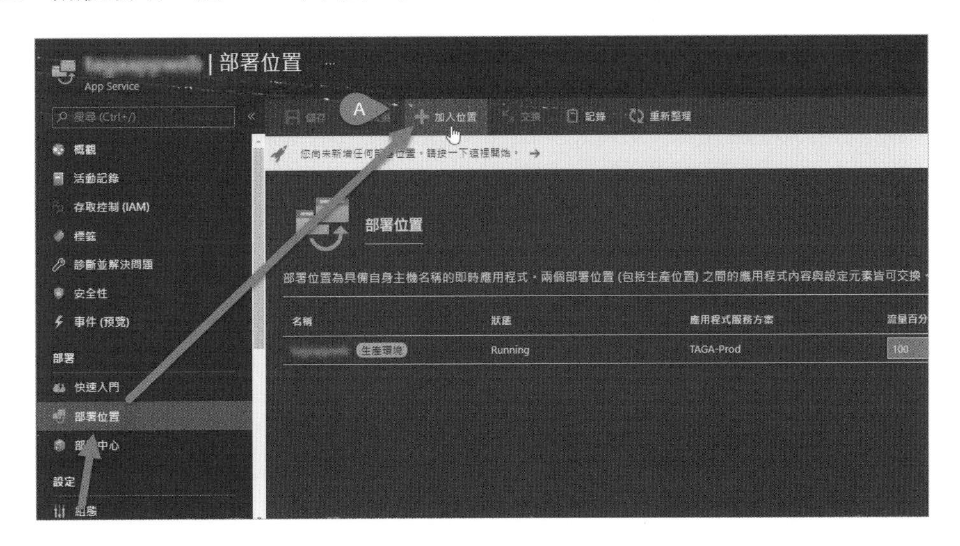

這樣，你其實會得到一個新的網站，但網址是原本網站的名稱，加上「-部署位置名稱」。

例如，倘若你的網站名稱是 webapp.azurewebsites.net ，slot 名稱是 green 那新生出來的網站名稱會是：

```
webapp-green.azurewebsites.net
```

當你透過 Azure Portal 的 Swap 功能，可以直接對調兩個網站：

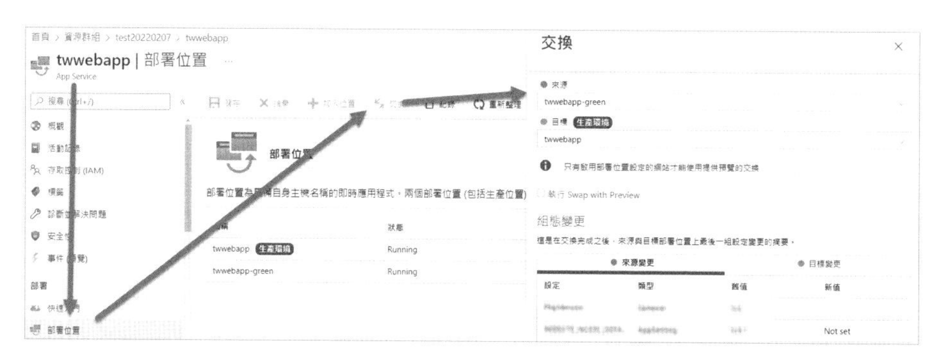

由於是 Azure 上的內部對調，所以對外界的用戶來說，連上的網站（網址）還是同一個，但一瞬間，用戶其實就被換到新版的站台了。

透過 Swap 這個功能，要實現藍綠部署可說是易如反掌。不過，真正重要的，是這個程序如何自動化，特別是透過 Azure Pipeline 來自動化。我們看底下這個 Pipeline 設計：

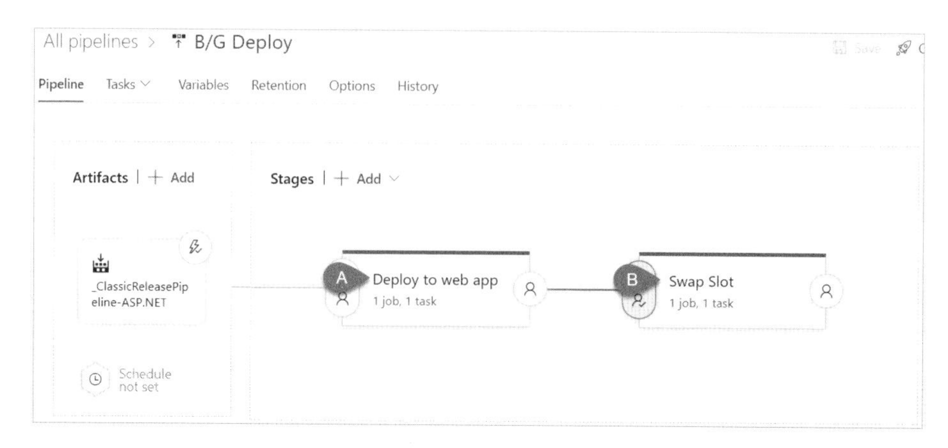

當有新版 artifacts 的時候，這個 Pipeline 會被觸發，第一個部署環境（上圖 A）乍看之下很尋常，就是一個 Web App 的部署，但不同的地方是，它並非部署到一般環境，而是部署到特定的 slot：

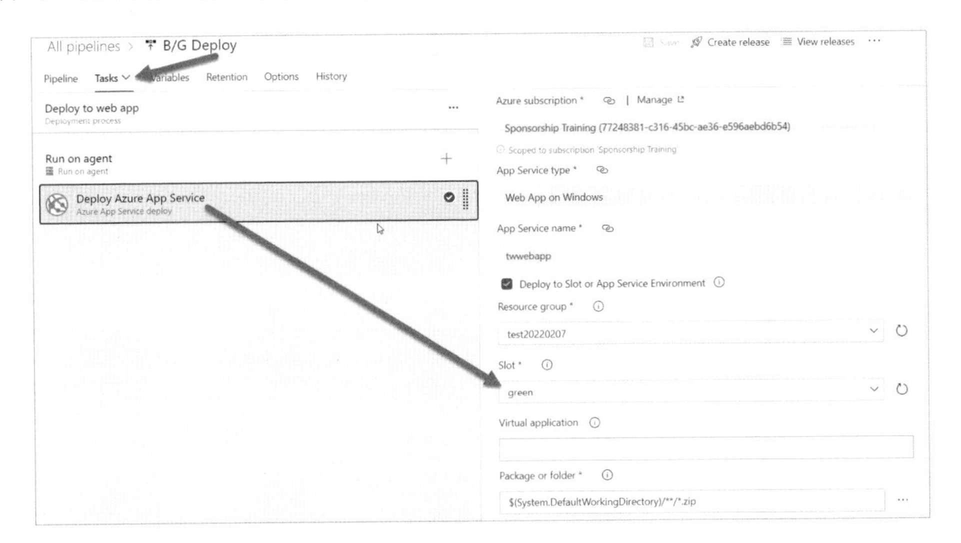

從上面展開來的 tasks 中你會發現，Deploy Azure App Service 這個 task 的配置中，有一個 slot 的設定，我們可以將其設定為 green，也就是說，將產出的 artifacts 部署到 green 這個 slot。

如此一來，每當有新版產生，就會自動部署到 green slot，完成後，就可以讓相關人員上去操作或測試，一但確認無誤，就可以進行 Approve。

你仔細看，會發現下圖 B 這個 stage，設定有 approver：

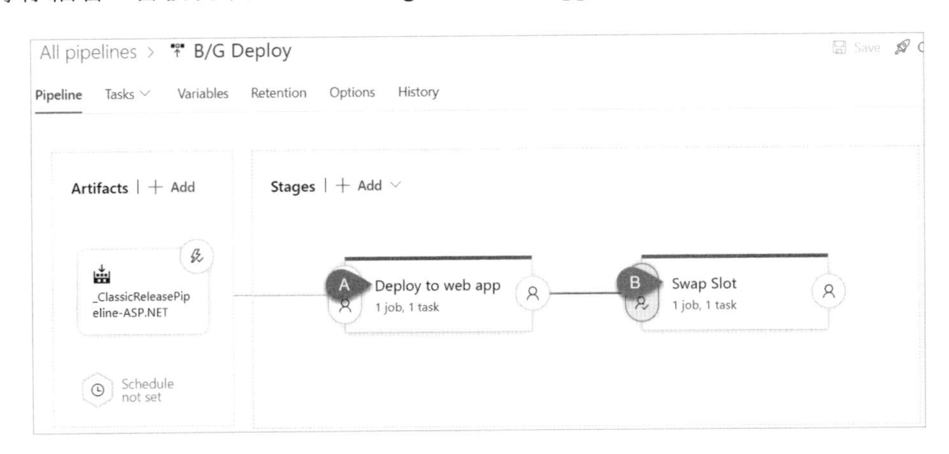

Approve 完成後，就進入到 Swap Slot 這個 stage：

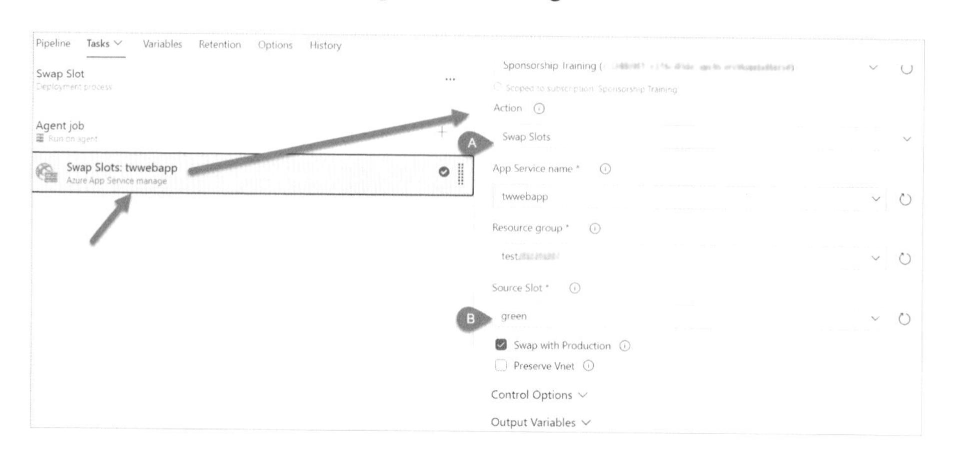

當你開啟這個 stage，會發現其中根本沒有任何部署行為，只有一個名稱為 Azure App Service manage 的 task，在該 task 中，我們選擇進行 slot 的 swap（上圖 A），並且指定將 green 與 production 交換（上圖 B）。

由於這個 stage 進入前，是需要由特定人員 approval 的，因此整條 Pipeline 就形成了我們想要的藍綠部署的結果。

關於整個藍綠部署的設計操作流程，可參考底下連結的影片介紹：
https://wwjd.tw/372k545

5-5 實現金絲雀部署

金絲雀部署和藍綠部署有所不同。

會叫作金絲雀部署，是因為國外早年礦場工人在進入礦坑時，會隨身攜帶一隻金絲雀，以防礦坑中有無色無味的有毒氣體。倘若發現金絲雀有異樣或死亡，礦工可以立刻離開，避免發生危險。換一句華人習慣的稱呼，金絲雀其實就是白老鼠是也。

因此，所謂的金絲雀部署，大多是選擇不特定的一群用戶（也許 20%數量），針對這些用戶上新版，讓這些用戶先行使用，再觀察結果，倘若結果理想，我們就可以進行全面的上線。

而要滿足這樣的部署模型，該如何設計呢？首先我們看底下這個 Web App 的 slot 設計：

我們建立了一個名為 canary 的 slot，並且分配 20%流量給該 slot，這會讓部分的用戶被導流到 canary 站台，如此一來，我們只需要在有新版的時候，將其發布至 canary 站台，並將其設為 20%流量即可，當新版內容驗證無誤，可在特定人員簽核後，將新版部署至原始的正式站台，再把流量 100%切回原始站台即可。

而這樣的 Pipeline 該如何設計呢？ 請看：

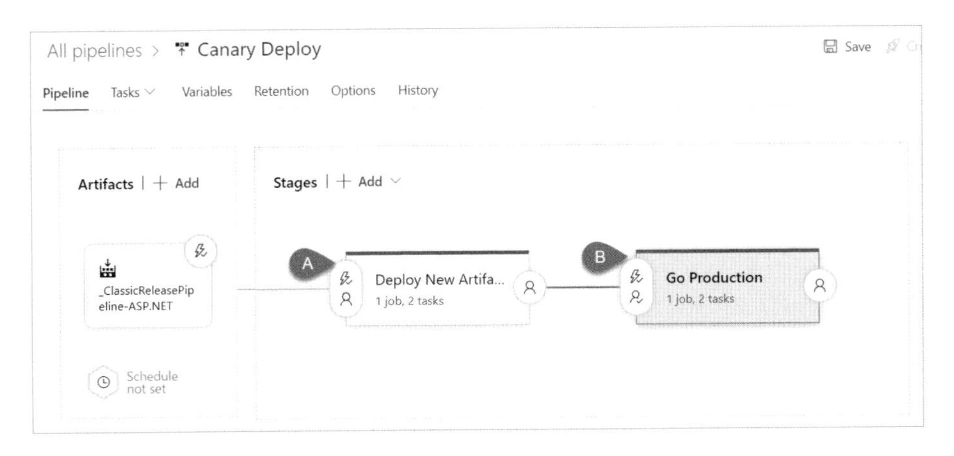

一樣只需要兩個 stages。

當有新版的時候，我們先部署到 canary 站台（上圖 A），並且將流量的 20%導入 canary 站台。部署的部分讀者應該沒有問題，我們在之前藍綠部署的時候已經知道如何將新版 artifacts 部署到特定 slot：

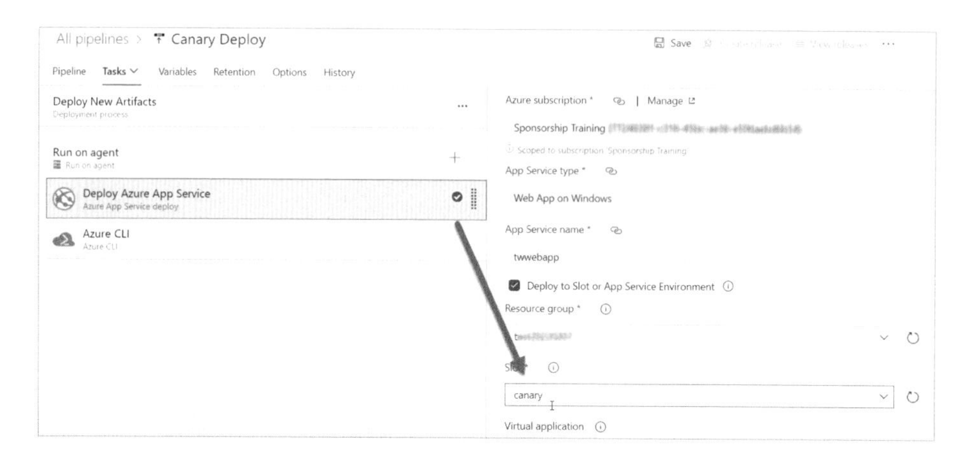

但比較特別的地方，是部署後的導流部分，因為沒有現成的 tasks 可以使用，因此，我們採用 Azure CLI，以下指令碼的方式來完成 20%的導流：

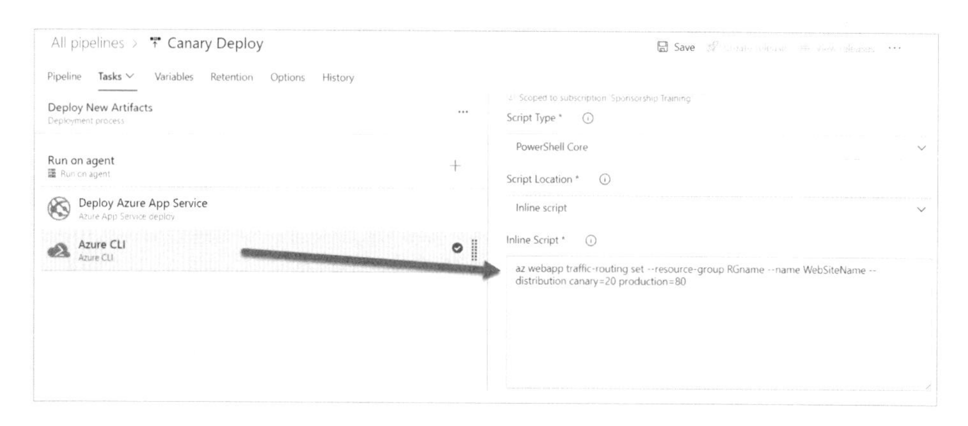

具體的指令是：

```
az webapp traffic-routing set --resource-group 資源群組名稱 --name 網站名稱 --distribution canary=20 production=80
```

其中的 canary, production 就是 slot。

同樣的 canary 部署測試之後，如果沒有問題，簽核後，我們會在接下來的 stage 中，將這個版本的 artifact 透過標準的 task 部署到正式環境（下圖 A），然後依舊透過指令把流量導回來（下圖 B）：

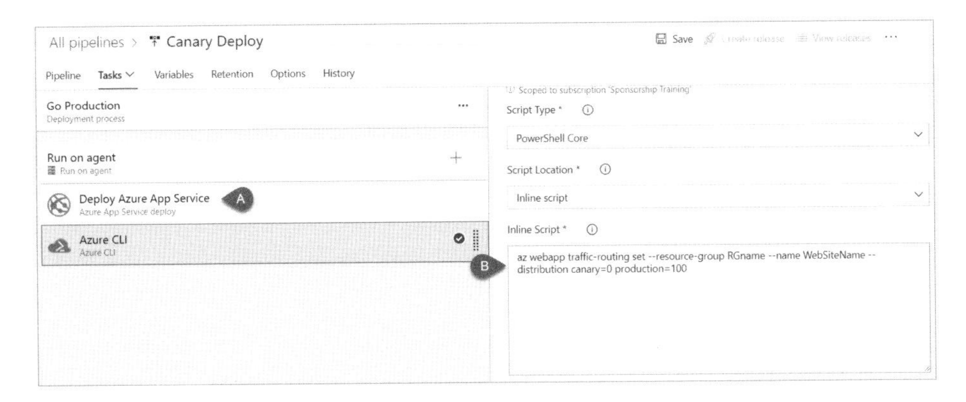

具體的指令是：

```
az webapp traffic-routing set --resource-group 資源群組名稱 --name 網站名稱 --distribution canary=0 production=100
```

透過這樣，就完成了一個可以重複使用、重複執行的金絲雀部署 Pipeline 了。

另外，一種類似金絲雀的部署模型，則是選擇自願成為金絲雀的一群用戶，讓他們作為新版 artifacts 的投放標的，這也是近代軟體開發常見的手法，而實務上的運行方式，我們會建議透過後面即將介紹的 feature toggle。

具體金絲雀部署的方式，可以參考底下連結：

```
https://wwjd.tw/960k675
```

5-6 關於 Feature Toggle

Feature Toggle 在近代軟體開發當中，有著異常重要的價值。對於 CI/CD 的自動化部署更為重要。它不是什麼新的概念，一點都沒有神奇之處，但卻巧妙地為自動化部署這件事情帶來重大的影響。

請回憶剛才我們一開始介紹的傳統部署流程，在傳統部署流程中，一般來說是底下這樣的循序進行：

```
Dev → QA → Testing → Production
```

但我們先前在談的時候，常會強調，這個部署應該是用同一個 artifact 來進行的。但說到這裡，一定很多人覺得有問題。因為 Dev、QA、Testing、Production 這幾個環境，所需要部署的內容，怎麼可能會來自於同一個產出或同一個版本呢？

有時候我們不是應該會需要把不同的開發進度（也意味著不同的 branch 分支）部署到不同的環境嗎？怎麼會是使用同一個 artifacts 來部署所有環境呢？

這個問題很好。

記得我們先前在介紹 repos 和 branch 的時候有談過，頻繁交付的前提是持續整合，當你的頻繁已經頻繁到一天數次或一週數次的時候，分支數量將成為頻繁持續整合的障礙。所以，如果可以，**分支數量應該愈少愈好，分支生命週期應該愈短愈好**。

因此在這個原則下，當我們的交付愈來愈頻繁的時候，若有多個分支，顯然不利於整合、當然更不利於交付。所以，極端理想的狀況，就是採用 TBD（Chunk Base Development），如果不行，退而求其次，也可以採用最簡單的分支形式，在同一個迭代中，所有開發成員都使用同一個 feature branch，採 Github Flow，盡可能讓不必要的分支數量趨近於零。

當然這也表示，所有開發中的功能必須都寫在同一個分支上，那這樣不是會把尚未成熟的功能自動部署到正式環境上嗎？有可能，所以，這就是 feature toggle 出場的時候了。

Feature toggle 其實就是一個後台開關，搭配在程式碼中的 if...then，讓某一個功能被開啟或關閉，如此一來，我們可以把不適合在正式環境中出現的功能，透過正式環境的後台開關（feature toggle）將它關閉。這樣，即便所有開發人員都把開發中的程式碼寫在同一個分支（branch）上，也不會有不小心讓正式環境上的用戶使用到的狀況。

Feature goggle 還有個好處，透過這樣的方式，可以快速地**撤回**一個功能，有那麼點 rollback 的意味在。

如此這般，用同一個 artifacts 上架到不同的環境（或 stage）的問題就被輕易的解決了。連帶的，開發團隊就可以將所有功能撰寫在同一個分支上，大幅度的減少不必要的分支產生。以實現高強度的持續整合、頻繁交付的最終目的。

而 Feature Toggle 的使用，可以採用 Azure 雲端的 App Configureation 服務。具體的使用方式，可以參考底下影片：

```
https://wwjd.tw/644k175
```

5-7 小結

持續交付（CD）看似 DevOps 的主要目標，但實則不然。它其實只是我們想要達成的成果的開端。

我們一再強調：「**缺少安全性與品質的頻繁交付絕對會是個災難**」。因此，專案團隊必須有這個認知，頻繁交付的前提絕對是持續整合，而良好的持續整合實踐，則勢必會帶出高品質程式碼的這個綜效。

在這個前提下，我們談持續交付才開始有意義。

接著，我們可以透過 Azure DevOps 的 Release Pipeline，設計出可靠穩定的 Pipeline，幫助開發/維運團隊，可以輕鬆的將整個流程自動化。

除了傳統的部署方式之外，由於近代化網站的需求，我們在本章中也介紹了像是藍綠部署、金絲雀部署等模型，這是讀者必須特別留意的。同時，讀者也要掌握 Feature Toggle 的技術，因為它是之所以團隊能夠實現持續交付的關鍵要素之一。

5-7-1 Hands-on Lab 1

1. 建立 Azure DevOps 專案
2. Clone source code：
   https://github.com/isdaviddong/dotNetCoreBMISample.git
3. 建立 CI Pipeline
4. 在 Azure 上分別為 Dev 環境、Testing 環境、Production 環境建立三個不同的網站。
5. 設計自動化佈署流程（Release Pipeline），當有新版 Artifacts 時，會自動佈署到 Dev 環境，簽核後佈署到 Testing 環境，完成後，再自動佈署到 Production 環境。

5-7-2 Hands-on Lab 2

承上題。修改 Pipeline 在 Production 環境佈署階段，實現藍綠佈署的功能。

提示 A：為 Production 網站建立 slot

跋

現在寫書，很麻煩。

主要的原因是，軟體改版的速度實在太快。我知道，這個現象有點令人莞爾。因為，改版速度變得飛快，不就是我們在這本書裡介紹的 DevOps 和敏捷開發所搞出來的嗎？現在怎麼又覺得它是個問題了呢？

其實，軟體的快速改版，是為了回應真實世界的需求，並非 DevOps 或敏捷出現的『目的』。頂多，可以說是 DevOps 或敏捷出現的「原因」。

然而，對一名技術書籍的作者來說，快速更迭卻也造成了一些副作用，現在我們幾乎無法完整的陳述一套資訊系統（或工具）所有的功能，每每書稿撰寫告一段落，系統卻又改版、又有新的功能或 UI 出現調整，不僅如此，各種方法論或解決方案也持續層出不窮。儘管我們想在截稿前持續加入，卻也力有未逮。這讓必須以規律的週期進行印刷的紙本書籍出版，有著很大的挑戰。

因此，我們只能將最核心、最重要的議題，優先收錄在本書中，並且以條理分明的方式、結構化的呈現在讀者面前，以彌補網路資訊碎片化的遺憾。

在此同時，我們也會嘗試將紙本書籍（或電子書）持續更新、持續迭代。

慶幸的是，如今藉著資訊科技，我們和讀者、網友之間，可以有更多更頻繁的互動機會，藉由像是 FB 粉專、YouTube 頻道、線上課程和影片…等，我們可以把更多的第一手資訊，迅速的提供給大家。

因此，歡迎讀者可以隨時造訪我的網站，和我們有更進一步的互動與學習。希望本書只是一個開端，除了帶您進入 DevOps 的領域之外，還能夠與您一同持續的學習和成長，這才是我們想實現的主要目標。

底下，是筆者長期經營的空間，歡迎您持續造訪：

- FB 粉專：https://www.facebook.com/DotNetWalker
- YouTube 頻道：https://wwjd.tw/809k364
- Udemy 線上課程：https://wwjd.tw/282k339
- 實體課程：https://www.studyhost.tw/NewCourses

最後祝您在持續學習的道路上 成為一個令自己都敬佩的強者。

May the force be with you. 😎

董大偉

2022

Azure DevOps 顧問實戰

作　　者：董大偉
企劃編輯：莊吳行世
文字編輯：江雅鈴
設計裝幀：張寶莉
發 行 人：廖文良

發 行 所：碁峰資訊股份有限公司
地　　址：台北市南港區三重路 66 號 7 樓之 6
電　　話：(02)2788-2408
傳　　真：(02)8192-4433
網　　站：www.gotop.com.tw
書　　號：ACL066000
版　　次：2022 年 04 月初版
建議售價：NT$500

國家圖書館出版品預行編目資料

Azure DevOps 顧問實戰 / 董大偉著. -- 初版. -- 臺北市：碁峰資訊, 2022.04
面；　公分
ISBN 978-626-324-125-1(平裝)
1.CST：軟體研發　2.CST：專案管理
312.2　　111002713

讀者服務

- 感謝您購買碁峰圖書，如果您對本書的內容或表達上有不清楚的地方或其他建議，請至碁峰網站：「聯絡我們」\「圖書問題」留下您所購買之書籍及問題。(請註明購買書籍之書號及書名，以及問題頁數，以便能儘快為您處理)
http://www.gotop.com.tw

- 售後服務僅限書籍本身內容，若是軟、硬體問題，請您直接與軟體廠商聯絡。

- 若於購買書籍後發現有破損、缺頁、裝訂錯誤之問題，請直接將書寄回更換，並註明您的姓名、連絡電話及地址，將有專人與您連絡補寄商品。